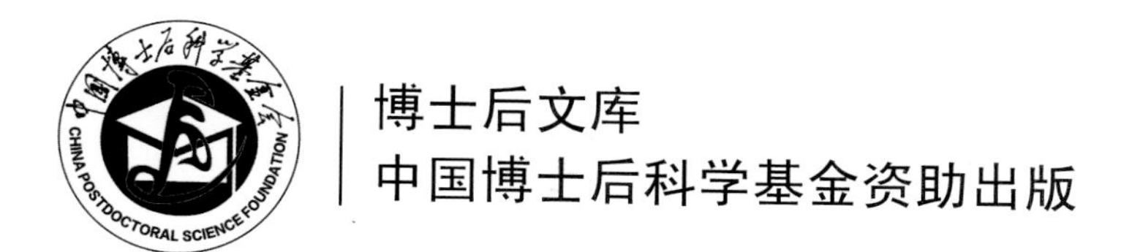

基于多源数据融合的干旱综合监测与分析

张 翔 著

科 学 出 版 社
北 京

内 容 简 介

干旱是我国最常见、影响最大的气候灾害之一，严重威胁我国粮食安全和社会稳定，成为制约社会经济可持续发展的重要挑战之一。针对干旱关键变量精度不一、指数适用性不明、干旱演化过程不清和未来干旱情景不定等关键科学问题，本书提出构建"基于多源数据融合的干旱综合监测与分析"的创新策略，从干旱变量、干旱事件、干旱过程和干旱格局4个方面开展综合性的干旱监测与分析，支撑科学的干旱防灾减灾工作。本书主要研究内容包括干旱监测分析进展、关键干旱变量的评估与融合、典型干旱事件的综合监测、复杂干旱演变过程的综合解析和未来干旱格局的综合预测。本书对构建新一代干旱监测预测系统，实现科学的干旱防灾减灾具有一定的探索意义。

本书可供从事遥感、地理、气象和干旱灾害等专业领域研究的学者和研究生参考阅读，同时能够为从事干旱灾害管理的相关人员提供技术参考。

图书在版编目（CIP）数据

基于多源数据融合的干旱综合监测与分析/张翔著.—北京：科学出版社，2021.11

（博士后文库）

ISBN 978-7-03-070076-6

Ⅰ.①基… Ⅱ.①张… Ⅲ. ①干旱-监测预报-研究 Ⅳ. ①P426.615

中国版本图书馆CIP数据核字（2021）第210657号

责任编辑：杨光华/责任校对：高 嵘
责任印制：彭 超/封面设计：陈 敬

科学出版社 出版
北京东黄城根北街16号
邮政编码：100717
http://www.sciencep.com
武汉精一佳印刷有限公司印刷
科学出版社发行 各地新华书店经销
*
开本：B5（720×1000）
2021年11月第 一 版 印张：13 1/2
2021年11月第一次印刷 字数：292 000

定价：118.00元

（如有印装质量问题，我社负责调换）

1-800

《博士后文库》编委会名单

《博士后文库》序言

1985年，在李政道先生的倡议和邓小平同志的亲自关怀下，我国建立了博士后制度，同时设立了博士后科学基金。30多年来，在党和国家的高度重视下，在社会各方面的关心和支持下，博士后制度为我国培养了一大批青年高层次创新人才。在这一过程中，博士后科学基金发挥了不可替代的独特作用。

博士后科学基金是中国特色博士后制度的重要组成部分，专门用于资助博士后研究人员开展创新探索。博士后科学基金的资助，对正处于独立科研生涯起步阶段的博士后研究人员来说，适逢其时，有利于培养他们独立的科研人格、在选题方面的竞争意识及负责的精神，是他们独立从事科研工作的“第一桶金”。尽管博士后科学基金资助金额不大，但对博士后青年创新人才的培养和激励作用不可估量。四两拨千斤，博士后科学基金有效地推动了博士后研究人员迅速成长为高水平的研究人才，“小基金发挥了大作用”。

在博士后科学基金的资助下，博士后研究人员的优秀学术成果不断涌现。2013年，为提高博士后科学基金的资助效益，中国博士后科学基金会联合科学出版社开展了博士后优秀学术专著出版资助工作，通过专家评审遴选出优秀的博士后学术著作，收入《博士后文库》，由博士后科学基金资助、科学出版社出版。我们希望，借此打造专属于博士后学术创新的旗舰图书品牌，激励博士后研究人员潜心科研，扎实治学，提升博士后优秀学术成果的社会影响力。

2015年，国务院办公厅印发了《关于改革完善博士后制度的意见》（国办发〔2015〕87号），将“实施自然科学、人文社会科学优秀博士后论著出版支持计划”作为“十三五”期间博士后工作的重要内容和提升博士后研究人员培养质量的重要手段，这更加凸显了出版资助工作的意义。我相信，我们提供的这个出版资助平台将对博士后研究人员激发创新智慧、凝聚创新力量发挥独特的作用，促使博士后研究人员的创新成果更好地服务于创新驱动发展战略和创新型国家的建设。

祝愿广大博士后研究人员在博士后科学基金的资助下早日成长为栋梁之材，为实现中华民族伟大复兴的中国梦做出更大的贡献。

中国博士后科学基金会理事

前　言

干旱自古以来就是我国和全球都面临的典型灾害之一。然而，由于干旱的物理形态不可见、表现形式不固定、时空尺度变异大、涉及自然社会变量多，监测分析的科学难度很大。本质上，干旱灾害就是一种典型的自然与社会交织的复杂系统，具备鲜明的多学科交叉特征，主要涉及气候、气象、水文、农业、工业和人居等多个领域，涵盖降水、气温、径流、土壤水分、植被蒸腾、光合作用、供水、用水和物价等多种跨学科变量及其复杂交互关系。特别是进入人类世以来，人类社会活动加剧使得大气环流、地表覆盖和水文循环等要素变化日益频繁和强烈，使干旱灾害复杂系统的研究，特别是破解干旱感知、认知和预知等关键问题存在更大挑战。

在此背景下，作者一直聚焦于干旱灾害复杂系统的研究，以地理科学为主体，融合信息、气象、水文、农业和社会等多学科知识，探究自然与社会的水互馈机制，创新构建城市和农业干旱灾害"监测-分析-预测"的理论方法体系，为构建干旱综合减灾体系和支撑人类可持续发展提供参考。本书特别阐述星地多源数据融合策略对提升数据质量和支撑更高精度干旱监测、分析和预测的关键性作用，以期为形成新的干旱监测预测方法，构建我国和区域干旱监测预报系统和提升干旱管理能力提供科学依据。本书共包括 5 章，各章内容如下。

第 1 章为干旱监测分析进展，主要综述当前关于干旱监测方法、干旱监测区域适应性、干旱演变过程解析和城市干旱的研究进展，并指出城市干旱对联合国 2030 可持续发展目标的挑战。

第 2 章为关键干旱变量的评估与融合，主要介绍表层土壤水分数据精度评估、根区土壤水分数据精度评估、基于光学和主动微波融合的高空间分辨率土壤水分数据获取与融合，以及基于星地多源数据融合的高精度降水数据获取与融合。

第 3 章为典型干旱事件的综合监测，主要介绍典型复合干旱指数的适用性对比、美国中西部干旱灾害综合监测、印度北部干旱灾害综合监测、长江中下游五省干旱灾害综合监测，以及我国农业区域骤旱监测与时空分析。

第 4 章为复杂干旱演变过程的综合解析，主要介绍基于多源数据融合的长江流域农业干旱过程解析和基于多源数据融合的华北平原农业干旱过程解析。

第 5 章为未来干旱格局的综合预测，主要介绍融合机器学习和小波分析方法提升干旱预测精度、全球升温背景下降水可预测性分析，以及在 1.5℃和 2℃升温背景下全球干旱格局分析。

本书的学术思想主要由张翔博士提出。张翔博士完成了写作框架，并负责全书的内容写作和统稿工作。研究生许磊、马宏亮、王思琪、黄舒哲、王雪琴、胡承宏、李蓉辉、林欣和程博文等参与了部分内容整理、数据处理、图表清绘及文字校对工作。

本书的出版得到了国家重点研发计划项目（2018YFB2100500）、中国博士后科学基金面上项目（2017M620338）、中国博士后科学基金特别资助项目（2018T110804）、国家自然科学基金青年基金项目（41801339）、2021 年度中国博士后科学基金及中国气象局兰州干旱气象科学研究所开放基金项目（IAM201704）等的资助，得到了武汉大学测绘遥感信息工程国家重点实验室、中国地质大学（武汉）国家地理信息系统工程技术研究中心、科学出版社等单位的大力支持。

本书是作者多年项目研究成果的汇总和集成，鉴于对内容完整性和结构合理性的考虑，对部分已在国内外期刊发表的内容也进行了梳理。同时，在本书的写作过程中，引用了相关专家学者的研究成果，虽然已有标注和说明，但不可避免地存在遗漏之处，谨向他们表示感谢。

限于作者水平，书中不足之处在所难免，恳请广大读者不吝赐教。

张翔

2021 年 8 月于中国地质大学（武汉）

目　　录

第 1 章　干旱监测分析进展

1.1　干旱监测方法总体研究进展

干旱灾害，伴随着人类社会发展至今，始终是人类面临的重大自然灾害之一（王劲松 等，2012）。近些年，随着气候变化的不断加剧，干旱灾害有日益加剧的趋势，成为阻碍实现联合国 2030 可持续发展目标（SDGs）的关键挑战之一（张红丽 等，2016；Trenberth et al.，2014；符淙斌 等，2008）。然而，由于干旱的物理形态不可见、表现形式不固定、时空尺度变异大，监测分析的研究难度很大。其中，物理形态不可见意味着缺水的状态并无可视化的直接体现，这与洪涝、地震和火灾等具有显式物理形态的灾害截然不同。表现形式不固定意味着干旱灾害的间接表征呈现出多样化的特点，在不同的地球和社会系统中，有着不同的间接表现形式，例如河床龟裂、植被萎蔫和农产品物价上涨等。时空尺度变异大意味着干旱灾害的空间范围可以从几十到几十万平方千米不等，且历时既可能长达数年，也可能仅持续几个月。特别是人类社会活动导致全球变暖，气候极端变化现象持续增加，使得干旱灾害复杂系统的研究，特别是破解干旱感知、认知和预知等关键问题存在更大挑战（AghaKouchak et al.，2015a；张强 等，2011）。

由于干旱的复杂性，一般将干旱进一步分解为气象干旱、水文干旱、农业干旱和社会经济干旱等多个子类进行研究，并基于地面监测或遥感数据计算干旱指数模型对干旱进行监测和分析。目前科学家已提出了超过 150 种干旱指数（王鹏新 等，2003），涉及大气、作物、水文、土壤和环境等多种干旱因子（周磊 等，2015；姚玉璧 等，2007），典型的干旱指数包括标准化降水指数（SPI）（McKee et al.，1993）、帕尔默干旱严重度指数（PDSI）（Palmer，1965）、植被状态指数（VCI）（Kogan，1997）和 Z 指数（王志伟 等，2003）。地面监测数据一直是干旱监测的重要数据源，例如在精确计算地面蒸散变量中（吴霞 等，2017），具有精度高和实时性强的优势，目前仍然是部分区域和部门的主要干旱监测数据。同时，地面监测数据一般也作为干旱监测的局部真值，用来检验其他数据（杜灵通 等，2012）。

相比于地面监测技术，遥感技术拥有大面积快速连续监测的优势，已经成为干旱监测研究的主要手段之一（刘宪锋 等，2015；周磊 等，2015；AghaKouchak et al.，2015a；Tucker et al.，1987）。早期的干旱遥感研究关注于对核心干旱变量的孤立监测与分析，例如卫星遥感监测降水（刘元波 等，2011）、地表温度（Prihodko et al.，1997）和植被状态（Kogan，1997），研究相对基础和单一。随着干旱遥感研究的逐步深入，多源遥感技术的优势迅速体现出来。多源遥感弥补了单一遥感源的不足，以一种科学的组织方式实现异构观测能力的协同增强，是遥感环境应用研究的重点之一（周磊 等，2015；李德仁 等，2012）。得益于此，近二十年来，干旱指数已从单一气象状态建模逐步发展为干旱环境集成建模，形成了大量基于多源遥感数据的集成干旱指数，如表 1.1 所示。典型的集成干旱指数例如归一化湿度指数（NDMI）（Wang et al.，2007）、归一化旱情综合指数（SDCI）（Rhee et al.，2010）、植被干旱响应指数（VegDRI）（Brown et al.，2008）、地表干旱综合指数（ISDI）（Wu et al.，2013）、综合干旱指数（SDI）（杜灵通 等，2014）、微波温度-植被干旱指数（MTVDI）（Liu et al.，2017）及基于过程的累计干旱指数（PADI）（Zhang et al.，2017a），同时还不断有新的干旱变量被引入，如日光诱导叶绿素荧光（SIF）（Sun et al.，2015）。另外也有新的干旱分析技术被引入，如连接函数和数据挖掘方法。相比于单一变量干旱指数，这些集成干旱指数在时空分辨率、时效性和准确性等方面有了诸多提升，已经在局部、国家甚至是全球尺度得到较多探讨和应用，一些还取得了不错的效果，对量化干旱状态和构建高精度的灾害监测系统产生了积极的推动作用（Mishra et al.，2010；侯英雨 等，2007）。

表 1.1　典型农业干旱指数对比分析

序号	名称	变量	特点	参考文献
1	归一化植被指数（NDVI）	红、近红外波段	基于作物光谱反射物理特性；表征干旱状态具有不定时延	（Tucker，1979）
2	植被状态指数（VCI）	NDVI	表征植被指数与长期相比的异常变化；与作物产量有一定的相关性	（Kogan，1995）
3	植被健康指数（VHI）	温度和 VCI	线性加权方程的参数可能需要局部调整	（Kogan，1997）
4	温度-植被干旱指数（TVDI）	地表温度和植被指数	基于 Ts-NDVI 特征空间；与浅层土壤含水量具有显著相关性	（Sandholt et al.，2002）
5	条件植被温度指数（VTCI）	NDVI 和地表温度	强调了 NDVI 值相等时地表温度的变化；与土壤表层含水量和近期累计降水量有一定相关性	（王鹏新 等，2001）
6	植被供水指数（VSWI）	NDVI 和叶表温度	适用于植被蒸腾较强的季节；与浅层土壤含水量有显著负相关性	（董超华，1999）

续表

序号	名称	变量	特点	参考文献
7	作物水分胁迫指数（CWSI）	植被冠层温度和空气温度	基于地表能量平衡原理；与降水和土壤水分有较一致的时空分布	（Jackson et al.，1981）
8	K 指数	降水和蒸发量	物理含义明确；采用相对变率的比值进行标准化	（王劲松 等，2007）
9	植被干旱响应指数（VegDRI）	温度、降水、植被、土壤和生物物理参数	使用数据挖掘算法；空间分辨率较高	（Brown et al.，2008）
10	帕尔默干旱严重度指数（PDSI）	温度、降水和土壤水分供给	受参考蒸散发计算模型影响较大；适用于降水为主要水分来源的区域	（Palmer，1965）
11	归一化旱情综合指数（SDCI）	NDVI、地表温度和降水	在湿润和干旱区域均有效；线性加权方程的参数需要局部调整	（Rhee et al.，2010）
12	干旱严重指数(DSI)	蒸散发和植被指数	时空分辨率较高；与初级净生产力较相关	（Mu et al.，2013）
13	基于过程的累计干旱指数（PADI）	降水、土壤水分、植被状态	融合干旱过程和作物物候信息；与作物因旱减产相关性较高	（Zhang et al.，2017a）

虽然遥感干旱监测技术有了很大发展，但现有大部分干旱监测方法都只针对某个阶段的干旱状态，周期性刷新监测结果，而不是干旱演变的整个过程，因此导致不同部门或不同干旱监测产品往往会给出不一样的干旱监测结论，进一步限制了后续的干旱机理分析与监测应用（张强 等，2015；Li et al.，2014）。例如，现有干旱指数尚未科学考虑干旱发展演变过程及地面作物生长过程对监测结果的影响。这与干旱是由降水量、下垫面条件和地面需水要求三方面共同决定的基本原理不符，也忽略了干旱致灾的传递机制（张强 等，2014）。更为合理的干旱指数应该是环境、作物生理、形态指标和土壤水分参数的动态结合（张强 等，2011；Wilhite et al.，1985）。同时，受到气象条件、平台状态和传感器条件影响，现有遥感监测方法得到的数据经常出现时间周期不稳定、空间覆盖不完全，即时空相对不连续的问题，也限制了后续的科学应用分析，迫切需要利用多源数据融合生成更高时间分辨率的连续数据来实现地理过程的动态监测（董金玮 等，2018）。

1.2 干旱监测区域适应性研究进展

虽然 1.1 节介绍了当前主要的干旱监测方法，但在具体使用这些监测方法（指数）时，首先要回答一个区域适应性（适用性）问题。干旱指数的区域适应性评估是干旱监测和预报业务及研究工作的最基本和最重要的问题（杨庆 等，2017），其目的就是给出特定区域特定监测需求下最合适的干旱指数。然而，如表 1.2 所示，由于分析中采用的空间尺度和位置、时间尺度和长度、指数及其计算模型、评价的方法和评价的依据等条件均可能不同，可能导致最终得到的适应性结论不一致。类似的情况也出现在以美国 2012 年干旱为研究对象的干旱指数适应性分析中（Zhang et al.，2017b；Zhang et al.，2017c；Otkin et al.，2016；Hoerling et al.，2014）。在适应性分析中，除了比较指数结果的异同，最好还需要有干旱指数之外的“真值”（实际灾情）作为指数结果精度对比的核心（王劲松 等，2013）。然而，目前“真值”的来源非常多样，常见的包括基于遥感、实测和模拟的土壤水分、径流量、植被生产力、美国干旱监测器（USDM）评价结果（Svoboda et al.，2002）、基于文献的干旱严重程度及基于统计数据的减产率或成灾率等。即使是减产率，也有多种不同的计算公式（王胜 等，2015；Dutta et al.，2015；Mishra et al.，2010），导致目前适应性分析的复杂性进一步提升。造成这一现象的根本原因就是干旱的复杂演变过程和多重表现形式。因此，这一研究现状一方面揭示出干旱指数区域适应性分析的复杂性，另一方面也揭示出继续开展此类研究的必要性和重要性，以及未来形成标准化适应性分析数据集及技术流程的科学需求。

表 1.2 中国区域干旱指数适应性分析现状对比

序号	区域	分析时间	适应性分析主要结论	参考文献
1	全国	1981～2013 年	scPDSI 在中国地区的适用性最优，但其数值范围明显小于 PDSI 和 PDSI_CN；SPI 和 SPEI 在湿润地区的适用性较好，而在干旱半干旱地区的适用性较差；7 种干旱指数的长期趋势检测结果一致	（杨庆 等，2017）
2	西北	1960～2011 年	GEVI 在拟合降水量分布函数时更为详尽和客观；在甘肃，GEVI 在干旱强度判定方面优于 SPI；在新疆，GEVI 比 SPI 在干旱监测方面更适用	（王芝兰 等，2013）
3	黄河流域	1961～2010 年	K 指数和 CI 与实际情况吻合较好，其次是 SPI、PA 和 PDSI；CI 结果偏轻；K 指数在某些区域偏重；总体来说，K 指数最优	（王劲松 等，2013）

续表

序号	区域	分析时间	适应性分析主要结论	参考文献
4	西南和华南	1961～2012 年	MCI 和 K 指数在各季干旱监测中表现均较好；K 指数对干旱演变过程的刻画能力最强；MCI 在干旱缓解阶段存在监测偏重的情况；SPI 及 GEVI 存在监测偏轻、缓解或解除过快情况；PDSI 对干旱波动发展过程反映能力较差	（王素萍 等，2015）
5	西南	1961～2011 年	Z 指数定义的冬半年气象干旱优于 PDSI、SPI 和 PA	（何俊琦 等，2015）
6	滇西南	1961～2013 年	SPEI 和 SPI 在同一时间尺度下的干旱事件次数和发生时间基本统一；4 个季节连旱时段上两种指数均存在 3 年左右显著周期变化；同一时段上，两种指数在趋势变化格局空间分布和变化程度上均存在着较大差异	（赵平伟 等，2017）
7	淮河流域	1961～2010 年	对于干旱季节演变及空间分布，PA、MI、CI 和 CINew 优于 Z 指数和 SPI；对于干旱过程和与土壤墒情及历史灾情，CI 和 CINew 优于其他指数	（谢五三 等，2014）
8	安徽	1960～2012 年	CWDI、CI、SPI 和 PA 的干旱日数时空分布趋势基本一致；SPI 和 PA 计算简单稳定，但容易导致干旱程度跳跃发展；CWDI 与冬小麦减产相关性最高	（王胜 等，2015）

1.3 干旱演变过程解析研究进展

随着近些年国内外对干旱研究的逐步深入，干旱演变过程逐渐引发学术界重点关注。简要来说，在本书中，干旱演变过程就是缺水状态从气象系统（降水减少）传递到水文系统（径流减少）和土壤系统（土壤水分减少），再传递到农作物系统（作物受旱胁迫），最后表现为作物产量骤减的一系列连续现象（张强 等，2011）。现有的研究从理论上认为，干旱演变过程是一个多系统间信息和能量传递的动态耦合过程（张强 等，2014），其主要驱动因素包括气候变化和人类活动两大类（AghaKouchak et al.，2015b；蒋桂芹 等，2012）：气候变化通过短期降水减少导致土壤水分供给减少，同时风速、温度、湿度和光照等气象因子相互联系且共同增大作物蒸腾量。而人类活动通过水资源开发利用和改变下垫面条件等既可缓解干旱，又可加重或引发干旱（van Loon et al.，2016）。同时，干旱演变过程也受水文条件、作物的生理结构和生态特征等多种因素影响，变异性很大（Vicente-Serrano et al.，2013）。例如对于雨养农业系统而言，干旱从气象系统向其传递的过程很快，仅短期气象干旱就有可能导致严重的农业干旱；而对于有小型水库的灌溉农业系统而言，干旱向下传递得相对较慢，短期气象干旱并无大碍；对于有大型水库灌溉的农业而言，致灾过程则更慢，即使几年的气象干旱可能也不会有显著的农业灾害发生（张强 等，2014）。因此，干旱演变过程是一种新型的干旱特征，与现有研究较多的其他干旱特征，如历时、面积、严重程度、烈度和频率等，有着明显的不同。

近二十年来，中国气象局兰州干旱气象研究所、南京信息工程大学、中国气象科学研究院、兰州大学和宁夏回族自治区气象局等单位以“中国西北干旱气象灾害监测预警及减灾技术研究”为主题，围绕西北干旱气象灾害形成机理、监测和预警方法及减灾技术开展了比较系统的研究，并认为对干旱传递过程的监测仍然是后续需要解决的重大科学问题（张强 等，2015）。近年来，中国气象局兰州干旱气象研究所等科研单位正持续开展多项干旱气象科学研究，其中一项重要科学目标，就是要完整揭示干旱灾害形成的物理及生物过程特征与机理，并对其进行定量表述（李耀辉 等，2017）。

关于干旱演变过程研究，最开始集中在理论分析方面，例如蒋桂芹等（2012）和裴源生等（2013）就从理论上分析了各类干旱形成过程，尤其对各类驱动因素做了具体阐述，并提出了干旱演变驱动机制研究总体框架。而张强等（2014）和van Loon 等（2016）从理论上归纳了干旱过程基本规律，并认为利用这种逐阶特征，原则上可以对干旱灾害进行早期预警。AghaKouchak 等（2015b）指出人类活动与气候异常在干旱形成过程中具有同等重要的地位，并号召干旱研究必须考虑人类活动与干旱过程的多向交互。

随着研究的深入，针对干旱演变过程的监测与分析研究已经逐步开始从定性转为定量，取得了一些较新的研究成果，目前最具代表性的是针对水文干旱的演变过程研究。例如 van Loon 等（2012）和 van Loon（2015）基于水文模型模拟，分析了欧洲局部地区水文干旱过程，同时对水文干旱基本特征（频次、时长和严重度）、传导特征（合并、衰减、间隔和延长）和传导形态开展了初步分析；Huang 等（2017）采用交叉小波分析方法，揭示了我国渭河流域水文干旱演变过程的时空特征及驱动因素；许继军等（2014）也从降水距平、相对湿润度、径流距平、土壤墒情和帕尔默干旱严重度指数等变量对干旱的部分演变过程进行了模拟推演。同时也注意到，目前针对农业干旱演变过程，即完整的干旱演变过程的研究还比较薄弱。例如：Li 等（2014）基于降水、土壤水分和植被状态三种遥感数据，对农业干旱的形成过程开展了初步分析，并提出了一种农业干旱过程概念模型，在我国半干旱区域的实验表明，土壤水分与植被状态异常之间的间隔大概为 1 旬；Lesk 等（2016）分析了干旱和极端高温导致作物减产的过程，并从中分解出了二者对减产的不同作用结果。近几年，作者与团队在干旱演变过程监测与分析方面也开展了一些前期研究工作，例如基于降水、土壤水分和植被状态三种干旱监测指数，对干旱形成过程进行了简单的时间阶段划分，同时也在中美两地开展了验证实验（Zhang et al.，2017a，2017d），另外也对气象、水文、土壤和植被干旱指数间的相关性进行了分析（Zhang et al.，2017b），但目前仍欠缺对过程时空特征及演变形态的系统分析与典型区域对比。因此，总体来说，从定性调查分析向基于物理成因解析的定量分析方向发展，已经成为未来干旱研究的重要发展趋势之一（金菊良 等，2016；van Loon et al.，2016）。

1.4　城市干旱研究进展

1.4.1　城市干旱特征

如前所述，干旱分为气象干旱、水文干旱、农业干旱和社会经济干旱 4 种类型。它们分别代表了在降水、径流、作物和城市生活方面的短暂性缺水（Wilhite et al.，1985）。前三类已有较好的研究基础，而最后一类社会经济干旱则一直处于较为初级的研究阶段。具体来说，社会经济干旱与具有气象、水文和农业干旱因素的多种经济商品（如水、草料、粮食、鱼和水电）的供需有关，具有较深度的社会和自然交叉属性。虽然城镇地区面积只占地球陆表的 3%，但目前全球约有 54%的人口居住在城市。人口的聚集进一步放大了城市干旱带来的系列后果（AghaKouchak et al.，2015a）。在城市区域发生的干旱会直接影响城市的生态系统，从农业产量到工业生产率、城市居民的健康和社会稳定等多个方面。最近几年发生在洛杉矶、墨尔本、开普敦、北京和圣保罗等城市的干旱凸显了这一现象的严峻性（Mao et al.，2015）。事实上，许多现有的城市社区仍远未达到必要的干旱韧性。城市干旱韧性的定义是城市供水在受干旱冲击的情况下仍然蓬勃发展并继续为人类提供必要水服务的能力。然而，学术界尚未对这一日益严峻的挑战作出有效的回应。

在此背景下，作者认为城市干旱是社会经济干旱的一种子类，是指由于供水急剧减少或需水量突然增加而导致的城市地区和城市生活暂时缺水的状况。城市干旱会直接或间接导致城市公共卫生问题、经济形势的紧张、水价的上涨和城市生活质量的总体下降，属于目前干旱灾害研究的前沿之一。据估计，到 2030 年，城市居民将增加20亿人，气候变化将显著改变全球供水格局和分布（Taylor et al.，2013；Immerzeel et al.，2010）；而到2050年，预计超过27%的世界主要城市（总人口2.33亿）将耗尽其现有的水资源（Flörke et al.，2018）。这一趋势将继续加剧城市干旱的严重程度，使城市面临巨大的水资源压力和干旱风险（Zhang et al.，2018a）。因此，加强城市应对干旱时的韧性被认为是实现联合国2030可持续发展目标的重要任务之一（Griggs et al.，2013）。

首先，对“城市干旱”和“水资源短缺”两个概念进行区分是很重要的。这两个术语都被用来描述水的供应和需求之间的不平衡。根据联合国粮食及农业组织的定义，水资源短缺是指“在某特定领域内，淡水可用性的供需矛盾”（Steduto et al.，2012）。在大多数情况下，“城市干旱”和“水资源短缺”两个术语在学术界是交替使用的。然而，作者认为二者仍有所区别（表1.3）。首先，“城市干旱”一词主要指的是城市地区的水供需不平衡，而“水资源短缺”可用于描述不同地理位置各种形式的水资源短缺情况。其次，“城市干旱”是用来描述一种短暂而不是长期的水资源短缺。此外，城市干旱本质上也是水资源短缺的主要原因，城市干旱代表着（水资源）平衡状态的波动，而“水资源短缺”主要描述的是这种不平衡状态。

表1.3　城市干旱和水资源短缺的概念区别

项目	城市干旱	水资源短缺
定义	短期的城市地区可用水供小于求	在某特定领域内的供需不平衡
时间	短暂性缺水	长期缺水
主要关注	变化	状态
因果关系	原因	结果

据作者不完全统计，自2000年以来，全球至少有79个大城市至少遭受过一次城市干旱灾害。与此同时，城市干旱不仅会发生在干旱半干旱地区，也会发生在半湿润地区，甚至在湿润地区。根据世界自然基金会的数据，大城市普遍都会受到城市干旱的影响（Carrão et al.，2016），如悉尼、休斯顿、上海、墨西哥城、金奈、孟买、首尔、伊斯坦布尔、洛杉矶、拉各斯、北京、利马、里约热内卢和开普敦等。因此，必须意识到城市干旱是一项会影响发展中国家和发达国家的全球性挑战。

不同于其他的城市灾害（如洪水、地震和火灾），城市干旱的发生通常是悄无声息的，没有预警。2018年，当开普敦面临“零日”危机时（指全市供水系统因完全缺水而正式关闭的那一天），科学家们对其进行了研究，表示在非洲和世界其他地方，管理干旱风险的行动往往是在干旱发生之后才开始的。此外，无论在南非和美国，还是世界上的其他国家，同时发生干旱和热浪的概率在大幅增加（Sheridan et al.，2018；Mazdiyasni et al.，2015）。这两个极端事件同时发生会对城市社区和整个生态系统造成毁灭性的后果（Ciais et al.，2005）。基于最近 20 年内洛杉矶、圣保罗、墨尔本和开普敦 4 次城市干旱的分析，进一步提供了关于城市干旱的原因和影响的论述，如表 1.4 所示。

表 1.4　近年来全球发生的 4 次具有代表性的城市干旱

城市(持续时间)	水供应	分析/影响	措施	经验
洛杉矶（2012～2016 年）	复杂且高度分散，有 400 多家公用事业公司	出现有记录以来的最高气温。在头两年，内华达山脉积雪中储存的水减少，低于正常的水库水平，逐步影响农业部门（特别是牧场放牧）和城市生活	干旱情况的紧急通报，城市用水报告；20%自愿保护；要求 25%的水资源节约；延长强制性保护规例的适用范围	协调缺水应急计划和实施；森林供水系统的灵活性和一体化；提高供水商的财政灵活度；解决脆弱社区和生态系统的水资源短缺问题；平衡长期水分利用效率和抗旱能力
圣保罗（2014～2015 年）	Cantareira 水库系统	两个旱季，最低 3%的水库库容，影响市民日常生活，甚至产生一些暴力事件	刚开始措施较为混乱，官方饮水倒计时	避免水库和河流污染，实时监测城市干旱，在城市发展的所有部门综合气候变化和变化性的长期规划
墨尔本（2000～2010 年）	供水由 10 个蓄水池组成	30%寒冷季节降水量少，温暖季节降水量减少，储水量降至 30%以下	人均用水量减少了近 50%	优先保障措施，通过电子广告牌节约用水，为环境购买水权，水务局开展征税，并使用这些钱来促进可持续的水管理，解决与水有关的不利环境影响
开普敦（2015～2018 年）	6 座水库大坝，约 9 亿 m^3 供水	连续 3 年（2015～2017 年）降水低于平均水平，大坝蓄水能力低于 20%，影响了当地居民日常生活和旅游产业	强制执行郊区限制每人每天用水 50 L，“零日”开始时每天 25 L	减少水的消耗，增加水的储存，改善现有资源的管理

圣保罗和开普敦的供水主要来源于水库。这些水库在很大程度上依赖于自然降水和河流流量。在世界上许多地区，基于规则曲线的管理仍被用于运行的水坝和水库的调节（Wan et al.，2019），几乎不考虑季节性或次季节性的变异预测。这类供水（系统）应对干旱的恢复力较差。全球的卫星系统已经探测到，许多城市的水库在面临干旱时会急剧萎缩（Busker et al.，2019）。同时干旱与河流含盐量的增加有关，这进一步减少了可用水量（Jones et al.，2018）。在菲尼克斯和图森这类城市，长达 1 年、5 年和 10 年的干旱都会对现有的供水/需求预算产生较大压力（Morehouse et al.，2002）。

长期以来，联合国一直将清洁用水的可得性视为基本人权保障（Gleick，1998），然而，这一保障经常受到干旱胁迫的影响（Vörösmarty et al.，2010）。洛杉矶和墨尔本等城市已经制订了适应措施和进一步的行动，来减轻城市干旱的影响，而圣保罗和开普敦则在采取水资源恢复战略方面较为落后。出于多种原因，很少有城市能够应对长期干旱的影响。因此，认识到建设有适应性的供水能力和增加对城市干旱的应对准备，是实现城市长期稳定和联合国 2030 可持续发展目标的关键。

城市干旱的另一个显著特征是它的链式效应。城市干旱带来的风险就像传染病一样，可以传播到其他城市。例如，澳门每天从珠海进口淡水 20 多万 m^3。如果珠海的西江水库上游发生水文干旱，那么珠海和澳门都会发生城市干旱。在这种情况下，澳门将调用香港但实际上来自深圳的水。这种链式效应说明了两点。首先，如果这 4 个城市中有一个发生城市干旱，其他 3 个城市都将受到这一干旱事件的影响。其次，无论是城市还是城市群，当其供水仅依赖于单一水源时，都无法认为其具备对抗城市干旱的韧性。类似的链式效应也存在于巴基斯坦和印度的城市之间（印度河、杰赫勒姆河和奇纳布河），以及世界上其他与水相连的城市（Zawahri，2009）。干旱的链式效应还会延伸引起其他城市问题，如野火、疾病传播、空气污染、人口迁移、自杀率上升和其他形式的社会动荡（Hanigan et al.，2012；O'Loughlin et al.，2012）。一项针对不同群体的环境敏感性影响的研究结果表明，在不发达国家，干旱在很大程度上加剧了农业依赖群体和政治边缘化群体之间的持续冲突（von Uexkull et al.，2016）。

1.4.2 城市干旱驱动力

从表面看，城市干旱是由城市供水和用水需求暂时失衡及水资源管理不善造成的。然而，从系统的角度来看，城市干旱的发生是由与水供需相关的多种物理和人为因素共同决定的，包括气候、水文、人类活动、城市需求和环境需求，如图 1.1 所示。也就是说，城市干旱是一种典型的人地耦合系统（CHES）（Turner et al.，2003a，2003b）异动。

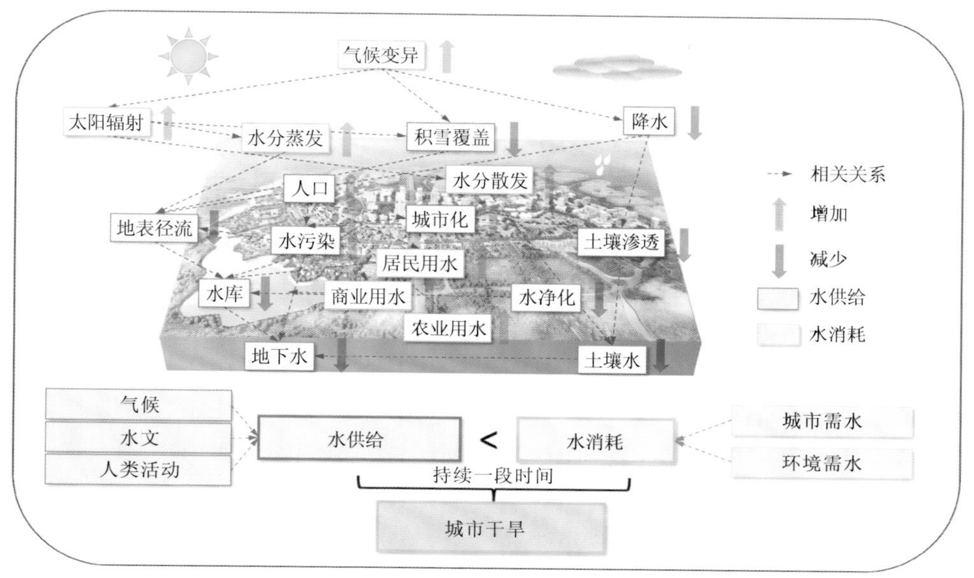

图 1.1　城市干旱发生的气象水文机制和人为机制概图

一方面，地球的气候系统决定了来自降水、降雪和融雪等潜在水的总量。另一方面，气候也控制着蒸发和蒸散过程，这些过程消耗的是植物、土壤和地表的水分。与此同时，水文系统负责地表水和地下水的自然转移，从而控制这一部分水的可用性。因此，城市地区的潜在供水量受到来自气候和水文系统的共同调控。而人类活动直接决定了一个城市的实际供水情况，包括供水管道和水库建设、海水淡化和水污染等。水资源配置网络中的一个关键特征在于它可以不受时间、空间和环境的影响而重新分配水。一个具备韧性的水网即使在巨大的水资源压力下，也能够稳定供水或者快速恢复供水能力。

城市对水资源的需求主要取决于城市和环境的需水量，包括蒸发量和蒸散量、住宅用水、商业用水和农业用水。城市需水量的波动主要取决于城市一天中的用水时间和公民的行为（Diffenbaugh et al.，2015）。当需水量远大于供水量时，意味着整体的水需求无法得到完全满足，最终就会导致水资源短缺。如果缺水状态持续很久，并对城市地区开始造成不利影响，此时城市干旱就发生了。在干旱对城市产生不利影响之前，抗旱基础设施必须能够尽可能地延长这一段时间，满足城市最基本的用水需求。

人类活动对城市干旱造成的不利影响也值得关注。土地利用与土地覆盖（LULC）的急剧变化、地下水的过度开发及大规模玻璃幕墙的建造等改变了水循环和水的可持续性利用，并且这种影响是不可逆的（Howells et al.，2013；Zhang，2013）。大都市气象观测试验计划（METROMEX）已经证明，不透水面（面积）的急剧增加不仅阻碍了地表水的入渗和降水对地下水的补给，而且通过改变反照率增加了反射率能量，从而显著地影响了温度和降水（Sarojini et al.，2016）。人为热浪和城市气溶胶也对城市水文气候造成了极大的影响（Cao et al.，2016）。因此，在研究城市干旱发生机制时，对自然因素和人为因素进行全面考量至关重要。

基于上述分析，作者认为城市干旱的形成是由城市供水（比如气候、水文和人类活动）、需水量（城市需水量和环境需水量）和持续时间共同决定的。为了更好地理解这一物理和人为共同决定机制及城市干旱的复杂性，新的城市科学范畴需综合自然、社会和工程领域的多学科知识，来构建一种新的方法（Acuto et al.，2018）。为了更好地分析城市干旱，本书建议将其分为 4 个不同的类型：降水引起的城市干旱、径流引起的城市干旱、污染引起的城市干旱和需求引起的城市干旱。

降水引起的城市干旱和径流引起的城市干旱是城市干旱中最常见的两种类型，分别代表了由缺乏降水和地表径流而导致的城市供水短缺。与此同时，由于大多数发展中国家的工业活动越来越频繁和激烈，由污染引起的城市干旱正迅速成为一个主要问题。污水、工业废水和农药等都会影响水源和配水系统的水质，最终导致城市可用水总量的减少。例如，2007 年发生在中国太湖的蓝藻水华导致了其周边城市的干旱。此外，供水还面临恐怖主义的风险，恐怖分子会以城市供水系统为目标，污染水源，从而阻断城市安全清洁水的正常供应（Beering，2002）。此外，咸潮也会引发城市干旱，例如海水回流到内陆河流，会导致珠江三角洲和长江三角洲等沿海城市的可用淡水资源急剧减少。然而，目前还没有一个全面的计划，涵盖所有必要的方面，以确保有效的水质监测（Behmel et al.，2016）。有鉴于此，欧盟第七框架计划（FP7）资助建立了一个名为“解决方案”（SOLUTIONS）的项目，该项目旨在探索有效的工具以识别和评估这些水污染物（Brack et al.，2015）。根据预测，污染导致的城市干旱将在印度、巴西、南非和中国等发展中国家变得更加普遍。这也是提出“可持续修复”概念的原因之一（Hou et al.，2014），这是一个在国际上广泛采用的术语，包括对潜在污染土地和地下水的调查、评估和管理的可持续方法。

由需求引发的城市干旱将是未来不可忽视的另一个问题。高精度长期的预测仍然是一个对城市需水量预测工作的重大挑战。现有的模拟研究表明，在当前的人类活动和气候变化趋势下，对水资源的需求增加将持续到 2050 年（Flörke et al.，2018；Piao et al.，2010）。因此，确保城市有一个可持续和不断增长的供水系统至关重要，这一系统能够满足未来的用水需求，同时最大限度地减少城市干旱带来的风险（Greve et al.，2018）。

1.4.3　城市干旱对实现可持续发展目标的挑战

虽然各城市已采取一些措施来应对城市干旱，然而这些措施并不足以减轻城市干旱的破坏性后果。而且，城市干旱不均匀地影响着边缘化的群体和人口。因此，发展中国家的居民更有可能直接受到城市干旱影响。这与《2030 年可持续发展议程》"宣言"中的"绝不让任何一个人掉队"背道而驰（Griggs et al.，2013；Sachs，2013）。通过对可持续发展目标及相关指标的分析，作者认为，无论是国家层面还是城市层面，城市干旱都至少与 5 个可持续发展目标、20 个可持续发展子目标、28 个可持续发展目标子指标直接相关。包括可持续发展目标中的第 6、11、12、13 和 15 项，它们分别涉及"清洁饮水与卫生设施""可持续的城市和人类住区""可持续的消费和生产模式""气候行动""陆地生态系统"。表 1.5 列出了相应的 20 个子目标和 28 个子指标。这些目标和指标的具体内容可以在 Griggs 等（2013）和 Sachs（2013）等相关资料中找到。总体来看，城市干旱严重阻碍了近期可持续发展目标的实现，相应的 28 个子指标表现不佳。

为了应对城市干旱带来的挑战，人们需要思考如何构建城市干旱韧性战略，并将其纳入城市议程中的优先事项。此处提出 5 项城市决策者可以采取的行动，以增强城市抗旱能力，实现相关的可持续发展目标。其中，每项行动存在优先次序，但总的来说，这些行动是城市干旱防控的基本步骤。

（1）水权意识和节水意识。发生在开普敦的城市干旱提醒人们，水不是凭空从水龙头流出的。随时拥有自来水的现代生活方式正受到快速城市化和频发气候灾害的双重威胁。在正式实施限水措施之前，人们往往无法意识到发生了干旱，而局部的用水活动确实会产生全球性影响（Jaramillo et al.，2015）。因此，在教育宣传公众了解当前所面临的水资源挑战时，信息透明度和水信息的可得性发挥着重要作用。因此，有意识地进行一些宣传推广是一个十分重要的途径，有利于科学决策及进一步的行为转变（Attari，2014）。因此，第一个工作建议是充分开展教育宣传，来提高民众对城市干旱的认识和理解，特别是提高居民在干旱韧性上的认知。

首先，水安全与粮食安全同等重要。目前亟需一项综合凝聚的战略，让人们认识到城市干旱的挑战及相关的国际承诺，包括可持续发展目标和减少灾害风险的《2015—2030 仙台减灾框架》（Aitsi-Selmi et al.，2015）和水资源在国际事务方面的重要性。例如，世界卫生组织注意到，32%以上的水资源在使用过程中被

表 1.5　城市干旱对 2030 全球可持续发展目标的挑战

可持续发展目标	目标/指标	城市干旱与全球可持续发展目标之间的联系
目标 6: 清洁饮水与卫生设施	子目标：6.1，6.3，6.4，6.5，6.6，6.A，6.B 子指标：6.1.1，6.3.1，6.3.2，6.4.1，6.4.2，6.5.1，6.5.2，6.6.1，6.a.1，6.b.1	① 2015 年，全球 29%的人口缺乏安全管理的饮用水供应。在面临城市干旱灾害时，特别是在北非、西亚、中亚和南亚地区，水资源压力水平超过 70%，且这一比例将大幅上升 ② 实施水资源综合管理的平均比例为 48%，但仍须改善，特别是在发生干旱时 ③ 只有 59%的国家跨界流域签署了可执行的合作管理协议，当其他河流水资源被用于抗旱时，将导致国际冲突的发生
目标 11：可持续的城市和人类住区	子目标：11.3，11.5，11.6，11.B 子指标：11.3.1，11.5.1，11.6.1，11.b.1，11.b.2	① 生活在贫民窟的实际人数从 2000 年的 8.07 亿人增加到 2014 年的 8.83 亿人。这些人特别容易受到城市干旱的影响，因为贫民窟往往缺乏适当的水管理设施和可持续的水供应 ② 虽然目前有 75%的城市固体废弃物被收集，但这些废弃物往往没有用可持续和环保的方式进行处理和处置。这种固体废弃物是城市周边地下水和水源的主要污染物 ③ 1990～2013 年，90%由灾害造成的死亡发生在低收入和中等收入国家。城市干旱和热浪直接导致了缺水、疾病爆发和热浪的风险
目标 12：可持续的消费和生产模式	子目标：12.1，12.2，12.5，12.8，12.A 子指标：12.1.1，12.2.1，12.2.2，12.5.1，12.8.1，12.a.1	① 截至 2018 年，共有 108 个国家制定了与可持续消费和生产相关的国家政策和倡议，越来越多的公司正在报告可持续发展问题。然而，整个社会仍然缺乏负责任的用水意识。缓解战略还应采取全面和包容的做法，并征求所有相关利益方的意见 ② 可追踪的水源是衡量城市水可持续性、提高水意识和发展干旱应急反应的有用工具
目标 13：气候行动	子目标：13.1，13.2，13.3 子指标：13.1.1，13.1.2，13.1.3，13.2.1，13.3.1，13.3.2	① 城市干旱等极端事件频发佐证了气候变化。然而，干旱和气候变化之间的关系仍需定量研究 ② 在 2016 年 4 月 22 日的《巴黎协定》开放签署首日，已有 175 个缔约方签约了这一协议，并有 10 个缔约方成功完成了应对气候变化的国家适应计划。然而，大多数国家仍然不知道针对城市干旱的具体适应计划
目标 15: 陆地生态系统	子目标：15.3 子指标：15.3.1	① 尽管自 2000 年至 2005 年以来，地球变得更加绿色，森林损失率减少了 25%（Chen et al.，2019），土地整体退化仍在减少城市的可用水 ② 城市干旱会威胁到当地物种的生存，改变森林结构，引发野火，并对生物多样性造成负面影响

浪费了。其次，需要推进城市居民的行为和用水习惯的改变。鼓励居民改变消费模式，是城市避免潜在水危机发生的最佳机会。基于全球重力卫星的相关研究表明，全球水循环存在明显的“人类指纹”，由于过度消耗，淡水资源正在迅速消失（Rodell et al.，2018）。通过对人们进行节水政策、技术和战略的教育活动，可能有助于减少城市用水量，从而增强抵御城市干旱危机的弹性（Dilling et al.，2019）。除了传统的教育方式，电子游戏等媒体形式也是提高公众对城市干旱等气候变化问题认识的一种有效手段。在培养下一代关注城市干旱后果时，可以纳入考虑范畴（Wu et al.，2015）。考虑极端气候条件在现代社会中不断发挥着重要作用，城市干旱灾害也将要求现代城市居民做出新的应对和解决方案。

提高不同城市部门的节水意识同样重要。例如，仅农业用水量就占全球用水量的 70%左右。据估计，只要农业用水量减少 10%，饮用水供应量将增加一倍。农业工作者需要知道，通过采取改进的灌溉技术（如滴流灌溉），一样可以提高作物产量，并显著降低用水量。研究表明，将回收的城市废水用于灌溉等在技术上十分适合城市农业节水（Palmer，2018）。通过开展提高（民众节水）意识和传播知识等宣传活动，这些节水技术将能够提高城市的抗旱能力，特别是在水资源十分紧张的城市。

（2）灵活可靠的城市供水系统。气候变化使得大坝和水库易受干旱的影响，因而城市需要多种供水来源，以避免成为下一个开普敦，出现另一个“零日”。如前所述，水源单一的城市更容易受到城市干旱及其连锁反应的影响。因此，为了提高城市的供水可靠性，它的供水来源应尽可能地多样化。近期的研究强调了多样化替代水源的重要性，包括人工降水、城市雨水蓄水池、海水淡化、雨水利用、分段调水、废水回用和志愿水交换（Grant et al.，2013；Grafton et al.，2013；Elimelech et al.，2011）。其中，海水淡化在沿海城市尤其受欢迎，特别是在澳大利亚、沙特阿拉伯和以色列等地区的沿海城市海水淡化有显著上升趋势。然而，海水淡化仍然面临技术上的限制和不确定性，成本也相对较高，但某些公用事业公司仍然愿意为海水淡化支付高昂的费用，就是因为海水淡化在发生干旱时具备相当的可靠性。因此，开发可替代水源，在全球商业市场有巨大的发展价值。

同时，对于具备多样化供水能力的城市而言，应将重点转移到提高供水商的效率和协作上，包括国家和地方的多层级供水商（Porse et al.，2018）。建议建立一个政府领导的委员会来推进城市供水系统的发展，以应对气候变化而导致的特大干旱事件。对于依赖跨界河流供水的城市，建议应寻求国际平台的协助，在紧急情况下加强其供水的可靠性。此外，每个家庭应该有一个双水供应系统，这个系统将处理过的水用于饮用，而未经处理的水则用于清洗和浇水。这种方法已在巴黎得到应用，并证明可用于城市水供应恢复力的构建。在我国最成功的供水多样化项目之一是南水北调工程（Zhang，2009）。该项目旨在通过三条线路，每年将 448 亿 m^3 的淡水从我国南方的长江输送到更加干旱和工业化的北方城市（例如北京和天津）。自 2014 年以来，虽然南北水权之争仍未结束，但总的来说该工程还是显著提高了北京的供水恢复力。在澳大利亚，在干旱发生之前，大坝水是农业、工业和居民用水的唯一来源。干旱改变了澳大利亚对水资源的处理方式，建立的 6 个海水淡化厂是其主要城市的用水来源。许多州政府也在努力建设一个“抗旱”的州，并采取了各种解决方案，如污水循环利用，为安装水箱的业主提供政府补贴，以及对工业生产进行更严格把控。在印度，干旱的频发催生了许多大型项目，如河流互联项目（ILR），该项目将修建一条 1.5 万 km 的新运河，约 3 000 座水坝和水库，将印度所有的水资源连接起来。当印度季风无法为城市带来足够的水源时，该项目有望提供额外的紧急供水。

另一种改善水供应的方法是彻底改造传统的城市结构，使自然水能够被吸收和暂存到地下。研究表明，只有 20%～30%的雨水渗透到城市地下，其余则造成内涝和地表水污染。为了解决这个问题，临港（上海的一个新区）、柏林、日内瓦、北京和新加坡等地已经实施了“海绵城市”的方法来保存雨水，提升应急用水能力（Xia et al.，2017）。具体的措施包括建造能够储存径流水的透水路面，以及用植物覆盖屋顶。类似于树木根部储存天然水的方式，这些措施有助于城市在雨季储存水，而在旱季使用水（Chan et al.，2018）。但因为海绵城市实施成本较高、在现实中性能较低而备受争议。因此，海绵城市要在世界范围内推广应用，还需要进一步的科学、工程和经济研究。

（3）提高城市水资源的管理效率。城市水资源管理，包括流域水资源在内的管理，决定了水资源利用的整体效率（Pistocchi et al.，2017）。目前仍有许多城市水资源管理者用一些过时的数据和策略。为了提高城市水资源管理的效率，建议开发一个关于城市水管理的信息物理系统（CPS）。利用当前越来越多可上网的传感器、万维网基础设施、互操作标准和分散计算机资源，这一信息物理系统可以实时获取和分析水数据，并对水基础设施（每条河流、水库、管道、工厂和家庭）进行反馈管理。城市水管理的信息物理系统将由一些前沿技术驱动，包括不同的物联网解决方案、传感器网络（Zhang et al.，2018b）、空间网络基础设施（Wright et al.，2011）、大数据挖掘和云计算等。其中，城市用水大数据可协助城市管理者和科学家挖掘出深层的用水规律并做出科学决策，进而为开发可持续的水管理和消费方法提供有价值的输入。国际社会最早开发的一种城市水 CPS 范例是国际电信联盟（ITU）于 2014 年提出的智能水管理（SWM）。SWM 项目已经在世界各地的不同城市成功测试。我们相信，这种大数据驱动的方法在不久的将来能在提高城市水资源韧性方面发挥重要作用。

联合水管理（CWM）是提高水管理效率的另一个关键工作，它通过地表水和地下水的结合使用，来提高水的可用性和可靠性。在这一工作中，要特别关注湿地中的淡水资源（Creed et al.，2017），它们是紧急情况下城市供水的重要后备水源。人们需要新方法来提高和保护淡水资源的可持续性，以应对不断变化的社会需求和基于科学的自适应管理，比如 2015 年美国引入的清洁水法案、欧盟-FP7 全球淡水项目 GLOBAQUA （Navarro-Ortega et al.，2015）及多重压力下水生态系统和水资源管理项目（MARS）（Hering et al.，2015）。同时，也提出了一种基于预测告知的水库运营（FIRO）方法，作为水库运营和水管理的一种新的管理策略（Turner et al.，2017）。FIRO 方法利用流域监测和现代天气和水资源预报的数据，帮助水资源管理人员有选择地从水库蓄水或排水，以应对当前和预测的天气状况。考虑水管理的多个方面，十分有必要对各种水资源管理策略进行综合评估（Momblanch et al.，2015）。

改善水的分配对加强城市水管理也很重要，特别是要减少水运输网络中的损耗（Abdulshaheed et al.，2017）。例如在法国，平均有 25%的饮用水因输水网络泄漏而流失（在偏远地区这一数字高达 40%）。但考虑输水网络的规模，定位和修复泄漏是一项具有挑战性的任务。同时，通过降低管网夜间压力，可以大大降低已有泄漏的损失。这也强调了建立城市水管理的信息物理系统的重要性，从而提高整个供水系统的智能化。

（4）可持续性科学研究的投资。在气候变化方面的一些开创性研究，让人们对城市干旱有了一些基本的认识。例如，White（1935）讨论了水资源对人类生活的影响。Groopman（1968）调查了艾奥瓦州和纽约市降水不足对市政供水的影响。加利福利亚州各城市还对干旱情形下的节水措施的接受程度进行了评估（Bruvold，1979）。但城市干旱仍有许多未解决的科学问题，还需开展多学科的交叉研究。

首先，要根据城市干旱形成的物理机制与人为机制，建立系统、可靠、高精度的城市干旱数值模型。在这其中，量化各种人为活动和干旱变量是开发该模型最具挑战性的工作（Trenberth et al.，2015；Haddeland et al.，2014）。建立这样的模型需要大量的数据集来描述城市干旱的各个方面，即城市干旱大数据。考虑了水资源管理的城市干旱数值模型可获得更准确的流量信息。建立城市干旱数值模型后，可以对城市干旱的传播进行模拟和测试，进而帮助人们理解城市干旱如何在特定地区发展演变。这是提高城市干旱可持续管理效率最有潜力的工具之一。

同时，还需要对城市干旱的预测开展相关的研究，特别是在季节尺度和年尺度上的研究。城市干旱的预测主要包括气候预测、水文预测、水再分配能力预测、人类活动预测和需水量预测。尽管生成准确的季节性气候和水文预测仍然是一个巨大的挑战（AghaKouchak et al.，2015b），但最近的研究表明，对水文集合开展科学的后处理，可极大地提高降水和水文预测的准确性（Khajehei et al.，2017）。

水资源再分配能力的预测与管理政策、基础设施建设和分配配置等人为因素密切相关。这类研究在很大程度上取决于地理空间分析和人工智能模拟的可用性。在城市需水量预测方面，近期的一些研究表明，统计、机器学习和人工智能方法的应用有助于高精度预测的实现（Zubaidi et al.，2018）。为进一步降低预测的不确定性，Srinivasan 等（2017）提出了一个社会水文模型，该模型可以明确解释水资源对多个社会尺度的反馈，并提高决策者的参与度。准确的预测结果和可靠的干旱传播模型为建立城市干旱预测系统奠定了基础。该预测系统将模拟一个数字孪生城市，预测未来可能出现的干旱情况并推演后续发展。这一系统将为灾害响应部门提供有价值的决策参考，使第一批应急人员准确地确定城市干旱的中心和受影响最严重的地区（Gampe et al.，2016）。需注意的是，干旱的起因和影响是不同的，必须谨慎地利用过去干旱经验，来制订未来干旱的解决方案和应对措施（AghaKouchak et al.，2015b）。

另一项有潜力的研究是开发城市干旱指数。基于城市干旱指数，可以推导出城市脆弱性和恢复力分析的干旱级别（Turner，2010），这可以与联合国 2030 可持续发展目标联系起来。该指数应能很好地表示城市短暂缺水情况。城市干旱指数的质量与数据输入的完整性和准确性密切相关。在设计城市干旱指数时，可以参考现有的干旱指数，例如美国干旱监测器（USDM），但也要考虑城市对干旱的脆弱性和城市用水量（Buurman et al.，2017）。

（5）通过国际合作加强城市水韧性。为解决严重的全球城市干旱问题，还须注重国际城市管理者、学术界、技术专家和所有其他决策者之间的合作努力。城市干旱的复杂成因要求国际社会建立全球平台，促进集体参与，包容地解决这一问题。

联合国已经在这方面起了带头作用。联合国信息和通信技术专门机构（国际电信联盟）早就指出信息和通信技术是实现智能水资源管理的关键。为了支持城市实施城市水资源管理的信息通信技术解决方案，国际电信联盟电信标准分局（ITU-T）第七研究小组已经开展了标准化工作，协助城市开发气象卫星、基于无线电的气象援助系统、跟踪干旱和其他灾害的雷达系统，以及各种可以用于紧急情况的无线电通信系统。ITU-T 第五研究小组也开展了标准化工作，来评估城市的水资源情况，促进城市地区的智能水管理。与此同时，ITU-T 第二研究小组制定的相关标准对开展城市灾害救援工作十分重要。城市决策者可以参与这些全球化的平台，以获得建设城市抗旱能力的技术，并与同类城市结成战略伙伴关系。联合国的其他倡议，如联合国水机制和栖息地机制，也一直在提高对关键水问题的认识，它们是进行城市干旱和相关可持续发展目标多边讨论的理想平台。此外，虚拟水贸易网络有助于全球水资源的节约（Dalin et al.，2012）。因此，在解决城市干旱的若干问题中，世界贸易组织（WTO）、联合国粮食及农业组织（FAO）、“一带一路”倡议（B&R）等国际组织和平台也将发挥重要作用。

第 2 章　关键干旱变量的评估与融合

2.1　表层土壤水分数据精度评估

2.1.1　表层土壤水分评估需求和方法

土壤水分作为陆-气交互的核心参数之一，是众多领域物理模型中的关键变量。近几十年来随着遥感技术的发展，全球土壤水分的监测能力取得了较大的进展，一系列的卫星土壤水分产品如主被动土壤水分（SMAP）卫星数据、土壤水分和海洋盐度（SMOS）卫星数据和欧洲空间局气候变化倡议（ESA CCI）数据等正式对外发布。然而，受限于不同的卫星平台和反演算法，这些产品在不同气候带的精度也不一样。因而开展这些产品的验证和误差分析工作对后续的产品选择及产品改进至关重要。近些年来，尽管出现了很多针对土壤水分产品的验证和比较工作，但是现有大多数工作只是专注于遥感产品和地面真实值的直接比较，针对产品的反演误差来源分析工作则极为有限。另外大部分研究在局部区域开展，在全球尺度的系统性研究则较为稀少，更缺乏对不同产品在不同气候带条件下表现差异的系统性分析。基于上述现状和分析，目前仍有如下问题亟待解决：①缺乏针对现有遥感土壤水分产品的误差来源分析；②缺乏全球尺度上遥感土壤水分产品尤其是包含 SMOS-IC 数据产品的系统性验证；③缺乏现有遥感土壤水分产品在不同气候带下的精度比较分析。

为此，本节的内容和目标包括：①利用全球地面观测数据对 SMAP、SMOS-L3、SMOS-IC、AMSR2 LPRM 和 ESA CCI 这 5 种主要的土壤水分产品进行系统性验证；②在验证工作中，全面考虑微波遥感土壤水分反演中的扰动因子（地表温度、植被光学厚度及地表粗糙度）和空间异质性，通过分析遥感土壤水分产品在不同扰动条件下的表现来分析产品的误差来源；③分析 5 种遥感土壤水分产品在不同气候带下的表现，为水文气象领域的产品使用者提供可行的建议。

本节中用于评估遥感土壤水分的精度指标包括 4 个：均方根误差（RMSE）、无偏均方根误差（ubRMSE）、绝对偏差（Bias）和皮尔逊（Pearson）相关系数（R）。

在密集观测网中，4 种误差指标均被采用；但是对于稀疏观测网来说，虽然地面单一观测站点和卫星像素的变化趋势是一致的，由于地面单一观测值和卫星像素存在较大的不匹配性，此处只采用了相关系数 R。另外，为了保证各种指标计算的有效性，还做了以下筛选：用于验证的数据少于 20 个样本的站点被排除；只有当显著性概率值（p-value）小于 0.01 时，R 值才被认为具有可信度。为了分析植被光学厚度、地表粗糙度、空间异质性和气候带类型对土壤水分产品精度的影响，分别采用 AMSR2 LPRM 的 VOD 产品、1 km 的 DEM 标准差、基于 IGBP 的土地利用数据计算出来的异质性指标 GSI 及柯本-盖格（Koeppen-Geiger）气候分类体系来标记包含有地面观测数据的像素。

2.1.2 研究数据和实验区

用于此处评估分析的遥感土壤水分产品分别为 SMAP、SMOS-L3、SMOS-IC、AMSR2 LPRM 和 ESA CCI。此处选取早上或者凌晨过境的数据，同时采用最近邻插值的方式统一空间分辨率。SMAP 是最新的 L 波段用于土壤水分反演的卫星计划，该卫星提供从 2015 年 4 月的多种土壤水分产品，此处选取的产品为 SMAP L-3 产品，该产品的分辨率为 36 km，时间分辨率为天。目前 SMAP 的标准算法为单通道 V 算法（SCA-V）。SMOS 卫星是欧洲空间局 2009 年 11 月发射的 L 波段卫星计划，这是最早的用于全球土壤水分制图的 L 波段卫星计划，此处选取两种 SMOS 土壤水分产品，即 SMOS-L3 和 SMOS-IC。这两种产品的反演算法都是以 L 波段生物微波辐射（L-MEB）为基础。不同的是，SMOS-IC 是相对于 SMOS-L3 的改进产品，主要区别在于：①新的算法不依赖辅助数据，在 SMOS-L3 产品生产算法中需要输入 MODIS LAI 和 ECMWF 土壤水分数据，而在新算法中不需要；②新算法采用了新的植被反照率和土壤粗糙度参数；③卫星像素被当作均质的。AMSR2 是 AMSR-E 的后续卫星计划。一系列研究表明，C 波段的卫星信号容易受到射频干扰（RFI）的影响，因此此处采用 X 波段的 AMSR2 LPRM 土壤水分产品。ESA CCI 项目是欧洲空间局推出的主被动融合土壤水分产品，此处采用的是 V04.2 版本。除了土壤水分数据，此处还收集了 GEOS-5、ECMWF、LPRM 地表土壤温度数据，用于评估地表温度对微波土壤水分数据精度的影响。

另外，此处收集整理了全球 16 个密集观测网和 5 个稀疏观测网的地面观测数据。它们主要有三个来源，分别为国际土壤水分网络（ISMN）、美国农业部（USDA）及澳大利亚南部的 OzNet 水文监测网络。这些地面观测数据主要分布在北美洲、欧洲、大洋洲和亚洲。

2.1.3　基于密集站网的土壤水分验证

如表 2.1 所示，利用全球的密集观测网对 5 种遥感土壤水分进行了分析。可以看到，在表征地表土壤水分的趋势方面，SMAP 总体优于其他遥感产品，相关系数达到 0.729。另外，可以看到 SMOS-IC 在一部分观测网上（如 Yanco、Kyeamba、Little Washita 和 Fort Cobb）得到的相关系数甚至高于 SMAP，这可能是这些观测网所在的区域较少受到 RFI 影响。与此同时，结果表明 SMOS-IC 相对于 SMOS-L3 在衡量土壤水分变化趋势方面有了较大的提升。在表征土壤水分的动态变化方面，ESA CCI 效果最好，其无偏均方根误差可以达到 0.041 m^3/m^3 的水平。SMAP 和 SMOS-IC 在捕捉土壤水分动态变化方面表现比较接近，另外在这个指标上 SMOS-L3 相对于 SMOS-IC 也有比较大的提升（SMOS-L3 的无偏均方根误差为 0.060 m^3/m^3，SMOS-IC 的无偏均方根误差为 0.048 m^3/m^3）。AMSR2 LPRM 相对来说各方面表现较差，这和以往的验证性工作结论吻合。从绝对偏差的角度来看，ESA CCI 表现最好但对地表土壤水分有轻微的低估，偏差 Bias 值为−0.005 m^3/m^3。总体来看，除了 X 波段的 AMSR2 LPRM 对地表土壤水分高估，大部分遥感产品对地表土壤水分是低估的。另外，以上发现还表明 SMAP、SMOS-IC 和 ESA CCI 在不同的精度指标上（ubRMSE、Bias 和 R）表现出较强的互补性。

2.1.4　植被光学厚度对精度的影响

通过分析不同植被光学厚度下各种遥感土壤水分产品表现的差异（图 2.1），可以发现：①SMAP 和 SMOS-IC 总体在中等植被光学厚度条件下优于其他遥感产品；②考虑 ESA CCI 融合了 ASCAT、LPRM 和 SMOS，可以看到 ESA CCI 在中等植被光学厚度条件下获得的相关系数优于 AMSR2 LPRM，这一点也表明主被动融合的有效性。

通过分析土壤水分反演中使用的地表温度产品在不同植被光学厚度条件下的差异（图 2.2），可以发现，SMAP 和 SMOS-IC/L3 中使用的地表温度存在一定程度的低估，而且 SMOS 的低估更严重。AMSR2 LPRM 在低植被光学厚度下对地表温度存在低估，高植被光学厚度下对地表温度存在高估。

表 2.1　全球密集观测网的土壤水分产品验证结果

站网名称（选取站点数量）	无偏均方根误差 ubRMSE（m^3/m^3）					偏差 Bias（m^3/m^3）					相关系数 R（p-value<0.01）				
	SMAP	SMOS-IC	SMOS-L3	AMSR2 LPRM	ESA CCI	SMAP	SMOS-IC	SMOS-L3	AMSR2 LPRM	ESA CCI	SMAP	SMOS-IC	SMOS-L3	AMSR2 LPRM	ESA CCI
HOBE（21）	0.043	0.040	0.067	0.220	0.039	0.009	−0.076	−0.040	0.209	0.000	0.668	0.587	0.284	0.508	0.519
BIEBRZA-S-1（27）	0.071	0.062	0.073	0.168	0.066	−0.318	−0.391	−0.366	−0.130	−0.289	0.260	0.415	0.310	0.264	0.215
TERENO（3）	0.037	—	0.065	0.191	0.048	−0.042	—	−0.054	0.172	−0.021	0.818	—	0.535	0.591	0.650
RISMA（15）	0.039	0.044	0.057	0.096	0.043	0.018	−0.073	−0.054	0.175	−0.012	0.684	0.623	0.602	0.335	0.478
Reynolds Creek（18）	0.044	0.049	0.052	0.108	0.042	−0.024	−0.058	−0.037	0.040	0.045	0.633	0.488	0.502	0.673	0.653
South Fork（15）	0.047	0.068	0.060	0.164	0.049	−0.084	−0.128	−0.078	0.101	−0.023	0.665	0.439	0.561	0.412	0.546
St. Joseph's（15）	0.035	0.036	0.048	0.177	0.035	−0.003	−0.075	−0.048	0.157	0.029	0.796	0.772	0.679	0.588	0.733
REMEDHUS（15）	0.044	0.041	0.052	0.130	0.036	−0.041	−0.073	−0.072	0.041	0.016	0.815	0.780	0.709	0.756	0.789
Fort Cobb（14）	0.037	0.040	0.058	0.105	0.041	−0.034	−0.067	−0.016	0.065	0.000	0.794	0.810	0.685	0.452	0.666
Little Washita（18）	0.031	0.038	0.052	0.119	0.035	−0.018	−0.040	0.011	0.077	0.017	0.835	0.844	0.716	0.486	0.740
CTP-SMTMN（8）	0.076	—	—	0.152	0.032	0.051	—	—	0.136	−0.053	0.819	—	—	0.678	0.814
Walnut Gulch（13）	0.026	0.031	0.042	0.113	0.021	0.009	0.002	0.027	0.096	0.053	0.737	0.746	0.723	0.585	0.652
Little River（21）	0.026	0.033	0.055	0.188	0.028	0.096	0.042	0.129	0.173	0.127	0.889	0.879	0.613	0.665	0.804
Yanco（31）	0.078	0.063	0.073	0.095	0.062	0.029	−0.002	0.024	0.047	−0.022	0.859	0.886	0.861	0.718	0.850
Kyeamba（4）	0.078	0.074	0.079	0.113	0.045	0.018	−0.015	−0.007	0.028	0.053	0.656	0.668	0.620	0.614	0.660
平均值	0.047	0.048	0.060	0.143	0.041	−0.022	−0.073	−0.042	0.092	−0.005	0.729	0.687	0.600	0.555	0.651

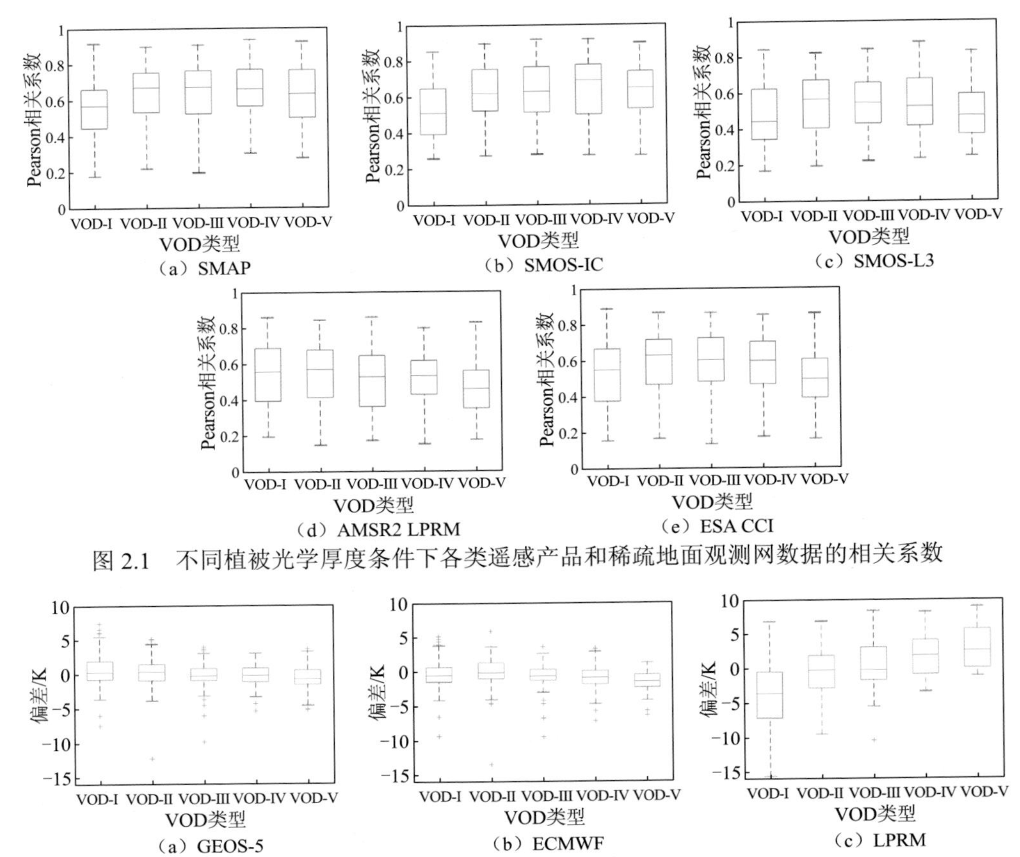

（a）SMAP　（b）SMOS-IC　（c）SMOS-L3　（d）AMSR2 LPRM　（e）ESA CCI

图 2.1　不同植被光学厚度条件下各类遥感产品和稀疏地面观测网数据的相关系数

（a）GEOS-5　（b）ECMWF　（c）LPRM

图 2.2　不同植被光学厚度条件下地表温度产品和稀疏地面观测网数据的相关系数

2.1.5　地表粗糙度对精度的影响

通过分析不同地表粗糙度条件下的土壤水分产品精度（图 2.3），可以看到，随着地表粗糙度的递增，SMAP 和 SMOS-L3/IC 的精度依次降低，表明地表粗糙度的影响是普遍的。这也从侧面说明了土壤发射率只有在光滑的地表环境下才能和土壤水分建立有效的关系。而通过分析 ESA CCI 和 AMSR2 LPRM，可以看到 ESA CCI 在高地表粗糙度条件下精度 R 具有较大的提升。

分析不同地表粗糙度条件下三种地表温度产品的精度差异（图 2.4），GEOS-5 的表现相对稳定。ECMWF 对地表温度存在低估，尤其在中高粗糙度条件下，低估更为严重，这一点与 SMOS-L3 和 SMOS-IC 对土壤水分低估的现象相吻合。而 AMSR2 LPRM 的地表温度数据精度整体较差。

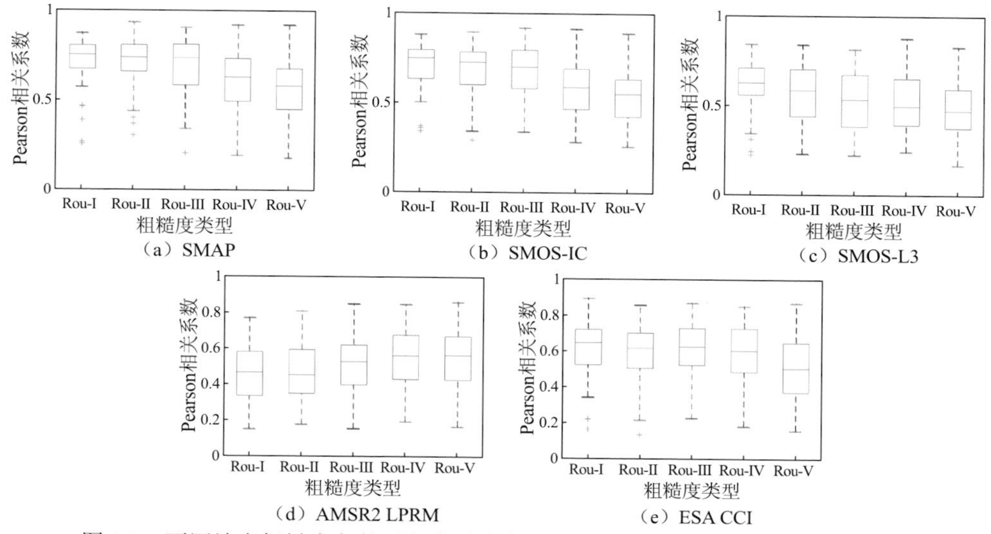

（a）SMAP　（b）SMOS-IC　（c）SMOS-L3　（d）AMSR2 LPRM　（e）ESA CCI

图 2.3　不同地表粗糙度条件下各类遥感产品和稀疏地面观测网数据的相关系数

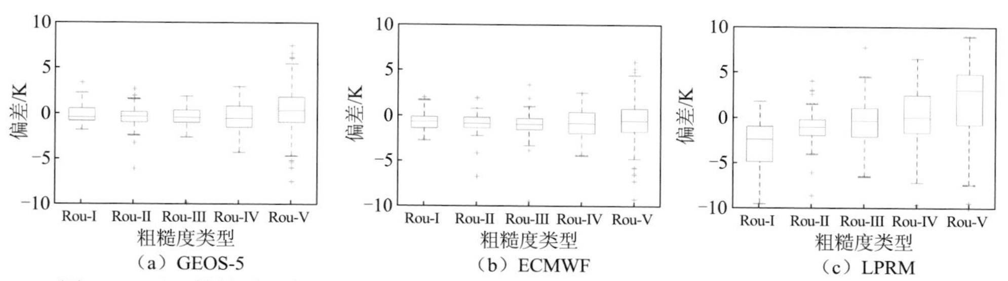

（a）GEOS-5　（b）ECMWF　（c）LPRM

图 2.4　不同植被地表粗糙度条件下地表温度产品和稀疏地面观测网数据的相关系数

2.1.6　地表异质性对精度的影响

不同的空间异质性条件下（图 2.5），均质地表环境中的遥感土壤水分精度更高，这一点在 5 种遥感土壤水分产品上的表现是一致的。而且 AMSR2 LPRM 土壤水分数据受到空间异质性的影响比 L 波段的 SMAP 和 SMOS 受到的影响更大。而通过对温度的分析（图 2.6）同样可以发现，GEOS-5 的地表温度表现最好。LPRM 对地表温度存在高估现象。

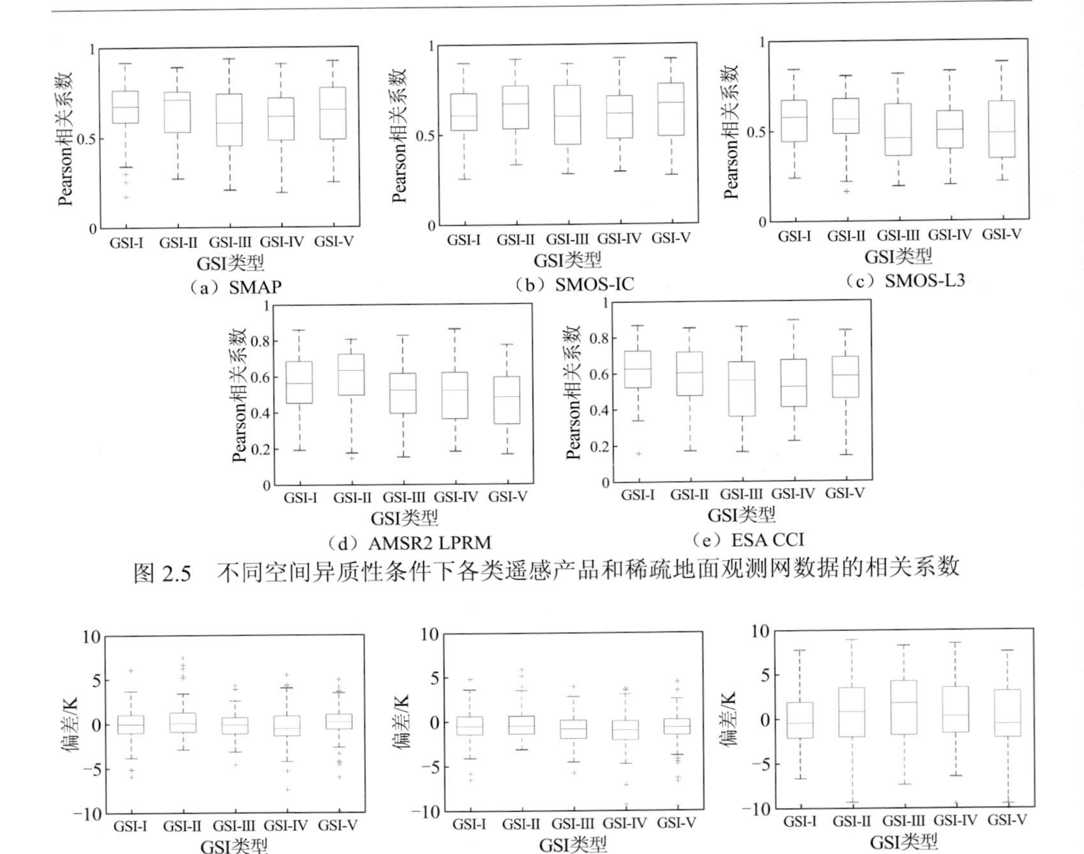

图 2.5　不同空间异质性条件下各类遥感产品和稀疏地面观测网数据的相关系数

图 2.6　不同空间异质性条件下地表温度产品和稀疏地面观测网数据的相关系数

2.1.7　气候带对精度的影响

如图 2.7 所示，在温带气候条件下，SMAP、SMOS-IC 和 ESA CCI 可以获得最高的精度，相关系数分别为 0.780、0.739 和 0.649。在寒带条件下，各类遥感产品的精度相对较高，其中 SMAP 和 SMOS-IC 土壤水分产品优于其他遥感产品。但是在热带和沙漠气候带条件下，遥感土壤水分产品尤其是 AMSR2 LPRM 和 ESA CCI 的产品表现不稳定。

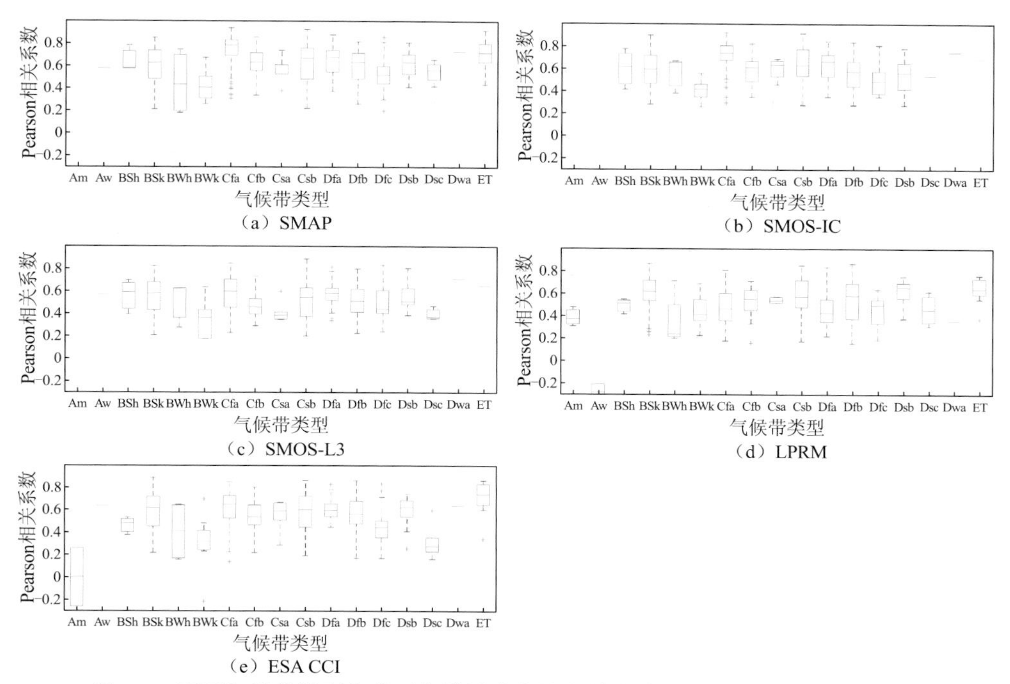

图 2.7　不同气候带类型条件下各类遥感产品和稀疏地面观测网数据的相关系数

Am 表示热带季风气候；Aw 表示热带疏林草原气候；BSh 表示热性草原气候；BSk 表示冷性草原气候；BWh 表示热性沙漠气候；BWk 表示冷性沙漠气候；Cfa 表示亚热夏常湿暖温气候；Cfb 表示温夏海洋性气候；Csa 表示热夏夏干暖温气候；Csb 表示温带海洋性气候；Dfa 表示热夏常湿冷温气候；Dfb 表示温夏常湿冷温气候；Dfc 表示亚寒带大陆性湿润气候；Dsb 表示温夏夏干冷温气候；Dsc 表示亚寒带大陆性气候；Dwa 表示热夏冬干冷温气候；ET 表示极地苔原气候

2.2　根区土壤水分数据精度评估

2.2.1　根区土壤水分评估需求

2.1 节论述了表层土壤水分数据产品的精度评估，本小节进一步论述对根区土壤水分（RZSM）的精度评估工作。相对于表层土壤水分，根区土壤水分与植物活力、光合作用和植被蒸腾密切相关。因此，根区土壤水分适用于估计植被干旱预警、作物需水和农业用水管理。与此同时，根区土壤水分被广泛用作干旱指标，用于监测和预测干旱发展趋势。在当前和未来的气候变化下，一些地区的全球根区土壤水分干旱可能会变得更加严重。

根区土壤水分也可以使用现场土壤水分传感器进行测量。国际土壤水分网络（ISMN）建立了一个全球原位站点土壤水分数据库，可提供全球主要土壤水分站网的数据。然而，安装传感器在大空间范围内测量根区土壤水分需要消耗大量人力物力。目前的卫星遥感传感器只能探测到土壤表面下 0～5 cm 的土壤水分。所以，目前通常通过区域或全球尺度的陆地表面模型或全球水文模型来估计区域根区土壤水分。这些模型从一个特定的初始条件模拟根区土壤水分并向前运行。一些观测数据（如陆地表面温度）可以被同化到这些模型中，以获得根区土壤水分的综合估计。由于表层土壤水分和根区土壤水分相互关联，从卫星传感器获得的表层土壤水分观测数据可以同化到模型中，以改进根区土壤水分的估计。一些基于同化的系统或再分析产品提供了实时、接近实时或比实时晚几个月的根区土壤水分，如全球陆表数据同化系统（GLDAS）、欧洲中期天气预报中心（ECMWF）第五代大气再分析（ERA-5）、研究和应用的现代时代回顾性分析第 2 版（MERRA-2）、国家环境预测中心（NCEP）第一版再分析（NCEP R1）和第二版（NCEP R2）、日本 55 年再分析（JRA-55）、主被动土壤水分（SMAP）4 级根区土壤水分数据和土壤水分海洋盐度（SMOS）4 级根区土壤水分数据。

为了考察土壤水分产品的实际性能，有必要对其进行验证和评价。卫星获取的或基于模型的土壤水分验证通常以原位站点的测量值为基础。原位土壤水分数据是由特定站点的传感器直接测量的，一般能代表被测站点或潜在同质周边环境的土壤水分状况。原位验证受限于现有场地，可能存在代表性误差。基于模型或卫星检索的土壤水分通常代表数百平方千米，而原位站点只能代表几平方米。基于模型或卫星数据集和原位站点数据集之间的差异也可能来自不同的测量深度、土壤、地形、植被异质性和气象强迫数据。因此，基于原位测量对基于卫星或模型的土壤水分进行验证，确实存在代表性误差。然而，原位验证可能是最准确的土壤水分评价方法，因为它直接测量土壤水分。另一种常用的土壤水分评价方法是三重组合分析（TC）。三重组合分析方法可以看作一种工具变量回归方法，用于估计三组独立土壤水分数据集的随机误差方差。三重组合分析广泛用于评价三组独立来源的土壤水分数据，如被动微波遥感、主动微波和陆表模型模拟（LSM）的土壤水分估计，同时适用于没有原位数据时的土壤水分评价。三重组合分析的基本假设包括误差静止性、误差正交性和零误差交叉相关。此处假设这些数据集能够满足三重组合分析方法的假设。

本小节共收集了 2015 年 4 月 1 日至 2020 年 3 月 31 日的 8 个根区土壤水分产品，以评估其基于 ISMN 原位站点的精度。这 8 个根区土壤水分产品包括 GLDAS、

ERA-5、MERRA-2、NCEP R1、NCEP R2、JRA-55、SMAP 4 级和 SMOS 4 级数据集。虽然这些根区土壤水分产品中的一些产品已在以前的研究中进行了评估，但在全球范围内对这些产品进行系统评估和比较是有限的。本节的目的是回答以下问题：①在全球不同区域的根区土壤水分模拟中，哪种产品表现更好？②这些产品对全球根区土壤水分季节性变化的捕捉能力如何？③这些产品在不同土地覆盖上的表现如何？④在根区土壤水分评估中，原位验证和 TC 分析之间是否有区别？为了回答这些问题，本节基于 ISMN 站网和全球范围内的三重组合分析对这些根区土壤水分产品进行评估，特别研究这些根区土壤水分数据集的时间变化和空间精度。这些评价和比较可为改进基于模型的根区土壤水分估计提供新的思路。

2.2.2　评估区域、数据和方法

1. 原位站点土壤水分数据

此处使用的原位站点数据为 ISMN 从 2015 年 4 月 1 日至 2020 年 3 月 31 日的数据。所用原位站点网络汇总见表 2.2。全球共有 259 个站点被选为根区土壤水分产品的验证站，包括北美洲 215 个站点、欧洲 33 个站点、非洲 5 个站点和大洋洲 6 个站点。ISMN 数据中的质量标志用于选择质量好的数据点。然后还对原位数据进行了过滤，确保至少有一个有效年（365 天）的观测数据。随后计算了三个参照数据集（MERRA-2、GLDAS 和 ERA-5）与原位数据之间的标准差（SD）比值，并筛选出比值均小于 0.1 或大于 3 的原位站点。另外，为减小土壤水分验证中的代表性误差，还剔除了与 MERRA-2、GLDAS 和 ERA-5 根区土壤水分数据相关性均小于 0.5 的原位站点。与此同时，还使用了 2018 年的 Terra 和 Aqua 联合中分辨率成像光谱仪（MODIS）土地覆盖气候模型网格（CMG）（MCD12C1）第 6 版数据来展示 0.05° 分辨率的全球土地覆盖分类。主要的土地利用类型包括草地、灌木地、耕地、热带草原、森林、荒地。多个测量深度的土壤水分数据集对每个站点进行加权，用来构建根区（0～100 cm）平均土壤水分。权重由相邻两个深度的距离与根区总深度之比确定。如果土壤水分是在特定的深度而不是范围内测量的，例如 5 cm，则假设深度范围是由目标层的测量深度与上一层的测量深度之差计算的，即 5～0 cm。对原位站点进行过滤，确保每个站点至少包含 0～100 cm 深度范围的一半（即 50 cm）。

表 2.2　在 ISMN 中选取的土壤水分网络

地面土壤水分网络	国家	站点数量	网址
AMMA-CATCH	贝宁、尼日尔、马里	5	http://www.amma-catch.org/
FLUXNET-AMERIFLUX	美国	1	http://ameriflux.lbl.gov/
FMI	芬兰	6	http://fmiarc.fmi.fi/
FR_Aqui	法国	3	https://www.inrae.fr/en/about-us
HOBE	丹麦	24	http://www.hobe.dk/
OZNET	澳大利亚	6	http://www.oznet.org.au/
RISMA	加拿大	18	http://aafc.fieldvision.ca/
SCAN	美国	117	http://www.wcc.nrcs.usda.gov/
SNOTEL	美国	16	http://www.wcc.nrcs.usda.gov/
USCRN	美国	63	http://www.ncdc.noaa.gov/crn/

在验证实验中，对一个粗网格单元内的多个站点需要进行谨慎处理。选取一个具有代表性的地面站可能是验证的有效方法，但这种策略需要仔细选择最具代表性的站点，可能会忽略一个网格单元中土地覆盖率较小地区的一些土壤水分信号。为了解决这一问题，此处首先计算一个网格单元内多个站点的原位土壤水分与三个参照数据集（MERRA-2、GLDAS 和 ERA-5）的相关性，并选择平均相关性最高的站点作为该网格单元的代表站。理论上，本节假设与参考资料相关性最高的站点是一个网格单元内多个站点中最具代表性的站点。

2. 基于模型的土壤水分数据

表 2.3 中列出了 8 个基于模型的根区土壤水分数据，其中 ERA-5、MERRA-2、NEP R1、NCEP R2 和 JRA-55 是基于模型的再分析数据，分别基于物理模型、观测和数据同化产生。这些根区土壤水分数据从 2015 年 4 月 1 日至 2020 年 3 月 31 日收集，进行 5 年的日常分析和验证。这些数据集的根区土层深度各不相同，此处将 0～100 cm 定义为根区深度。根据 GLDAS、ERA-5 和 MERRA-2 的深度范围，对不同深度的数据集进行加权，得到 0～100 cm 的平均土壤水分。例如，将 GLDAS 的 0～10 cm、10～40 cm 和 40～100 cm 土壤水分测量数据进行加权，得到 0～100 cm 的土壤水分，第一层、第二层和第三层的权重分别为 0.1、0.3 和 0.6。对于 NCEP R1 和 NCEP R2，由于其陆面模型方案中没有对 100 cm 深度进行分段，所以用 0～200 cm 作为根区深度的代替。JRA-55 中的土壤层随土地覆盖率的变

表 2.3　研究使用的根区土壤水分数据简要介绍

数据集名称	土壤层	时间段	时间延迟	分辨率	是否同化或者使用表层土壤水分	以往研究中的评价区域	主要结果
GLDAS NOAH v2.1	0～10 cm，10～40 cm，40～100 cm，100～200 cm	2000 年至今	主要产品：3～4 个月；早期产品：1.5 个月	25 km×25 km	否	青藏高原，马来西亚，蒙古高原	低估了表层土壤水分，同时很好地模拟了青藏高原 20～40 cm 层的土壤水分；在马来西亚地区存在潮湿数据偏差。高估了表层土壤水分，未能捕捉到蒙古高原的时间动态
ERA-5	0～7 cm，7～28 cm，28～100 cm，100～289 cm	1979 年至今	～4 天	25 km×25 km	是	美国，印度，全球	土壤水分估计优于 ERA-Interim。在印度季风季节土壤水分方面，ERA-5 优于 JRA-55 和 MERRA-2；在土壤水分方面，ERA-5 的能力高于 MERRA-2、ERA-Interim 和 JRA-55
MERRA-2	0～5 cm，10～100 cm	1980 年至今	～2 个月	56 km×70 km	否，但同化了许多卫星辐射数据	北美洲，澳大利亚，欧洲，中国	MERRA-2 的表层土壤水分和根区土壤水分数据质量最高，略高于 ERA-Interim/Land，高于 MERRA
NCEP R1	0～10 cm，10～200 cm	1948 年至今	～4 天	208 km×213 km	否，但同化了许多卫星辐射数据	全球	与 NCEP R1 相比，NCEP R2 在模拟年际变化、平均季节周期和土壤水分的持久性方面做得更好
NCEP R2	0～10 cm，10～200 cm	1979 年至今	～1 个月	208 km×213 km	否，但同化了许多卫星辐射数据	中国	与 NCEP R1 相比，NCEP R2 显示出更好的年际变化性和更好的土壤水分季节模式；NCEP R1 与 NCEP R2 相比，其时间尺度与观测值接近

续表

数据集名称	土壤层	时间段	时间延迟	分辨率	是否同化或者使用表层土壤水分	以往研究中的评价区域	主要结果
JRA-55	0～200 cm（随地表覆盖变化）	1958 年至今	～1 个月	62 km×62 km	否，但同化了许多卫星辐射数据	全球	ERA-Interim 的表现比 JRA-55 略好，但总体上显示出非常相似的空间信噪比模式；与 ERA-Interim 相比，SMOS 在几乎所有地区都显示出强烈的干燥偏向；与 JRA-55 相比，在北纬及非洲中部和南美洲也显示出强烈的干燥偏向
SMAP Level 4	0～100 cm	2015 年 3 月 31 日至今	～4 天	9 km×9 km	是	全球，法国，马来西亚	基于 SMAP 辐射计的土壤水分数据产品达到了 0.04 m^3/m^3 的预期性能。雷达-辐射仪组合产品接近其预期性能 0.04 m^3/m^3；基于雷达的产品满足其 0.06 m^3/m^3 的目标精度；SMAP-36 km 和 SMAP-9 km 产品比 SMOS 产品能提供更精确的表层土壤水分估算；在马来西亚，SMAP 土壤水分产品对原位数据有高估；降序和升序土壤水分产品表现相似；土壤湿润度/有机碳含量较低、植被稀疏的情况下表现较好；温带和干旱气候区的表现优于寒冷地区
SMOS Level 4	0～100 cm	2010年1月～2020 年 2月	—	25 km×25 km	是	中国，荷兰，美国，全球	在中国玛曲和荷兰特温特地区的上升通道数据中，发现了 SMOS 土壤水分的系统性在干燥情况下的偏差；与 SCAN/SNOTEL 本地测量相比，SMOS 对土壤水分的估计不足；在具体的标称情况下，SMOS 达到了 0.04 m^3/m^3 的精度，但在许多地点观察到了差异；SMOS INRA-CESBIO（SMOS-IC）产品提供的土壤水分季节内变化和动态范围信息比所有 4 种测温仪都要准确

化而变化，可能延伸到 100 cm 或 200 cm，土层深度很难进行区分，假设 JRA-55 中 0～100 cm 或 0～200 cm 以上的地下土壤水分输出作为根区测量的部分。SMAP 和 SMOS 产品的土壤水分测量值超过 0～100 cm，视为根区深度。相对来说，NCEP R1、NCEP R2 和 JRA-55 的根区土壤水分受土壤深度差异影响较大，其他产品受影响程度较小。这些根区土壤水分数据通过双线性插值重新采样至0.25°×0.25°，且本节将时间分辨率高于日尺度的 GLDAS、ERA-5、MERRA-2、JRA-55 和 SMAP 数据进行平均，从而得到日尺度的数据。

GLDAS 是一个全球数据同化系统，目的是在先进的陆地表面建模和数据同化的基础上生成最佳陆地表面状态数据集。采用 GLDAS 2.1 版（GLDAS-2.1）数据集。GLDAS-2.1 采用 2000 年至今的模型模拟数据和观测数据作为驱动数据。驱动降水数据与组合驱动数据包括全球降水气候学项目（GPCP）1.3 版数据，延迟期为 3～4 个月。GLDAS 还生成了一个不包括 GPCP 降水的早期产品，延迟期约 1.5 个月。在实验中，采用了 2015 年 4 月 1 日至 2020 年 1 月 31 日的 GLDAS 数据和 2020 年 2 月 1 日至 2020 年 3 月 31 日的早期产品。

ERA-5 再分析是 ERA-Interim 再分析的后继者，它基于四维变异（4D-Var）数据同化，并对 ERA-Interim 的模型物理学和核心动力学进行了改进。目前，ERA-5 已完成 1979 年至今的数据，并将在 2020 年提供 1950 年以后的全球数据集。ERA-5 提供了更高的空间分辨率（31 km，而 ERA-Interim 为 79 km），并通过有 10 个集合成员的数据同化进行不确定性估计。ERA-5 同化了许多最新仪器的数据，包括高级散射仪（ASCAT）、热带降水测量任务微波成像仪（TMI）、高级微波扫描辐射计二代（AMSR-2）、全球微波成像仪（GMI）和其他卫星传感器。特别是欧洲遥感卫星 ERS-1 和 ERS-2、气象业务卫星 MetOp-A、MetOp-B 和 ASCAT 所观测到的土壤水分散射仪被同化到 ERA-5 中。

MERRA-2 提供了 1980 年至今的全球再分析数据，该数据基于戈达德地球观测系统模型和网格点统计插值同化系统。因为改进了同化系统，使其能够同化现代高光谱辐射度和微波观测数据及 GPS 无线电掩星数据集，从而取代了原来的 MERRA 再分析数据集。与 MERRA 相比，MERRA-2 中做了许多更新，包括预报模型、分析算法、观测系统、辐射度同化、飞机观测的偏差校正及质量保护和水量平衡。MERRA-2 是第一个对气溶胶观测数据进行同化并包括基本物理相互作用过程的长期全球再分析数据集。

NCEP R1 是 1948 年至今的一个全球再分析数据集，它代表了地球大气层的状况，包含了观测数据和数值天气预测模型的输出。它是由 NCEP 和国家大气研究中心（NCAR）联合生成的。NCEP R2 是 NCEP R1 的改进版，包括一个更新的模型，具有更好的物理参数，同时模型修正了一些数据同化错误，并加入了额外的数据。NCEP R2 的时间跨度从 1979 年至今，每天在全球 T62 高斯网格上提供 4 次数据。

JRA-55 是日本第二个全球大气再分析项目，可追溯到 1958 年。与之前的日本气象厅（JMA）25 年再分析（JRA-25）相比，JRA-55 使用了 4D-Var 数据同化方案，提高了模式分辨率（JRA25 中的 T319L60 与 T106L40），并增加了多个观测数据源。JRA-55 数据提供了土壤湿润度比例，并通过将湿润度乘以 JRA-55 的孔隙度数据转换为土壤体积含水量。JRA-55 中部分天数内有一些缺失值，在全球平均时可能会导致偏差，这些缺失值被气象日值数据所替代。

SMAP 的测量提供了对土柱顶部 5 cm 土壤水分的直接感应。SMAP 项目制作了增值的 4 级数据产品，以提供基于 SMAP 表面亮度温度观测的根区土壤水分估计。SMAP 的根区土壤水分数据是通过卡尔曼滤波算法获得的，该算法将 SMAP 亮度温度观测数据与美国国家航空航天局（NASA）集水区陆地表面模型的土壤水分估计值合并。该陆地表面模型由基于观测的气象强迫数据（如降水）驱动。该模型同化了 SMAP 的观测数据，并产生了 9 km 分辨率的 3 h 土壤水分估计值。

SMOS 的表层土壤水分也是在 5 cm 的土壤表层直接感知的。一个简单的水平衡模型被称为指数过滤器，用于计算 5～40 cm 的含水量。然后，采用基于线性化 Richards 方程公式的平衡模型来计算 40～200 cm 的含水量。根区土壤水分为两层土壤水分的加权平均值，用 m^3/m^3 表示。数据集的质量指数从 0（低质量）到 1（高质量）不等。SMOS 根区土壤水分 4 级数据由下游数据处理中心开发，时间范围从 2010 年到近期。

在验证阶段，验证结果基于 2015 年 4 月 1 日至 2020 年 3 月 31 日相同数量的地面观测值计算。进行验证的 8 个根区土壤水分产品使用的是这 5 年期间的数据而不是所有时间段数据。

3. 其他数据集

另外，还收集了 SMOS-INRA-CESBIO（SMOS-IC）数据集的亮度温度均方根误差（TB-RMSE），以探讨射频干扰（RFI）对 SMOS 表层土壤水分数据的影响。TB-RMSE 数据收集于 2015 年 4 月 1 日至 2018 年 12 月 31 日，空间分辨率约为 25 km。

表 2.3 中根区土壤水分的降水强迫数据集是从其网站上收集的，用来探讨降水的不确定性。SMOS 根区土壤水分数据集不是由降水驱动的，因此其降水强迫数据不可用。7 个降水数据集均收集于 2015 年 4 月 1 日至 2020 年 3 月 31 日，通过双线性插值重新采样至 25 km。ISMN 站点包括部分站点的原位降水测量数据。此处收集了 202 个 ISMN 站（约 78%的土壤水分站）的原位站点降水数据，以验证模型的 7 个降水数据集精度，同时此处使用 ISMN 降水数据集中的质量标志来

选择质量好的测量数据。SMAP 4 级根区土壤水分同化了 SMAP L1C_TB 产品中的亮度温度观测数据，亮度温度用于检索 SMAP 2 级和 3 级土壤水分。SMOS 4 级根区土壤水分利用 SMOS 3 级表层土壤水分来推断基于水平衡模型的根区土壤水分。因此，表层土壤水分精度可能通过误差传播与根区土壤水分精度有关。为了探讨表层土壤水分精度对根区土壤水分精度的影响，从 2015 年 4 月 1 日至 2020 年 3 月 31 日收集了 36 km 分辨率的 SMAP 3 级辐射计土壤水分数据集和 SMOS 3 级土壤水分，并重新采样至 25 km 分辨率。SMAP 和 SMOS 表层土壤水分数据集使用 ISMN 站的 0～5 cm 土壤水分进行验证。

4. 三重组合分析

三重组合分析（TC）是一种估计三个独立数据集随机误差方差的统计方法。采用 TC 法依次得到 8 个根区土壤水分产品的相关系数和误差方差。SMAP、ERA-5 和一个额外的土壤水分数据集被视为三个关联数据（三元组）（表 2.4）。MERRA-2 和 SMAP 根区土壤水分数据都使用 GEOS-5 流域陆表模型，因此模型误差可能是相关的。SMAP 和 SMOS 表层土壤水分都是被动微波遥感数据，结果可能会有关联。对于 MERRA-2 和 SMOS 数据集，ERA-5 和 GLDAS 被用作两个额外的数据集来构建三重配准。

表 2.4　用于 TC 分析构建的三元组

根区土壤水分数据集	三元组
GLDAS	GLDAS，SMAP，ERA-5
ERA-5	ERA-5，GLDAS，SMAP
MERRA-2	MERRA-2，ERA-5，GLDAS
NCEP R1	NCEP R1，SMAP，ERA-5
NCEP R2	NCEP R2，SMAP，ERA-5
JRA-55	JRA-55，SMAP，ERA-5
SMAP	SMAP，GLDAS，ERA-5
SMOS	SMOS，GLDAS，ERA-5

5. 评价指标

本小节使用 4 个指标，即相关系数、均方根误差（RMSE）、无偏均方根误差（ubRMSE）和偏差（Bias），来评价根区土壤水分数据产品的准确性。

2.2.3　根区土壤水分的时间规律

图 2.8 和 2.9 显示了 5 年的区域及全球日平均根区土壤水分。可以看到，GLDAS、ERA-5、MERRA-2、NCEP R2、JRA-55 和 SMAP 产品显示出类似的时间变化和幅度，在亚洲和北美洲，NCEP R1 表现出类似但比 NCEP R2 更大的季节性变化。结合以前的一项研究结果，NCEP R2 可以更好地捕捉年际变化和平均季节周期，此处可以推断 NCEP R1 数据具有较大的变异范围。除了大洋洲，SMOS 的根区土壤水分普遍低于 8 个产品中的大多数产品。

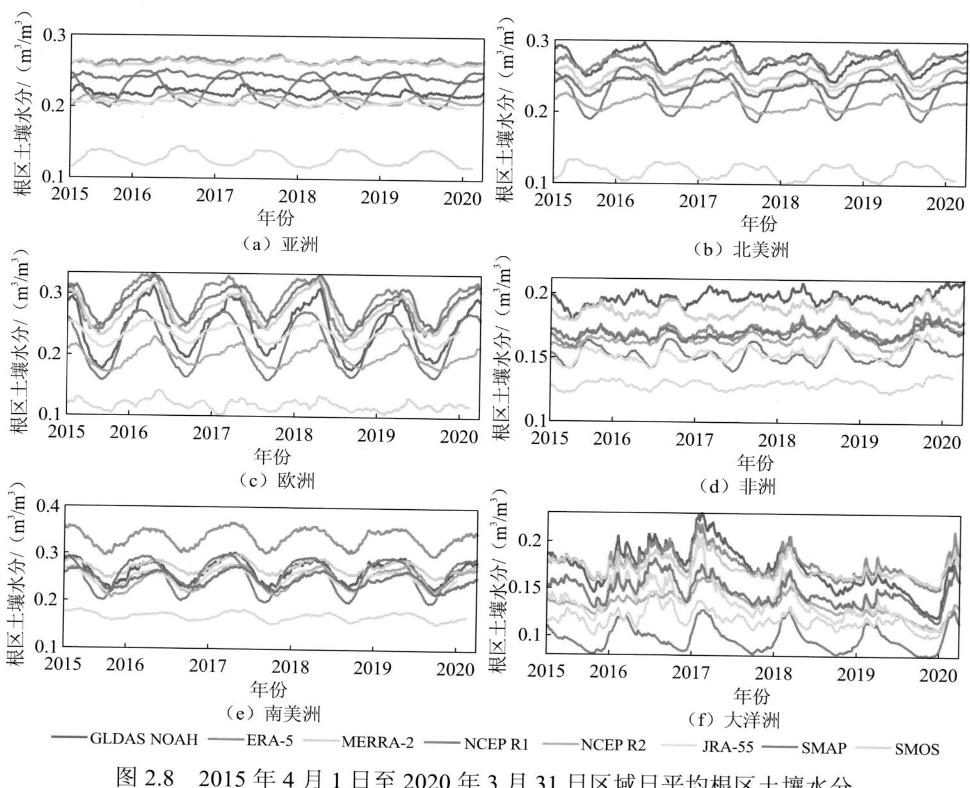

图 2.8　2015 年 4 月 1 日至 2020 年 3 月 31 日区域日平均根区土壤水分

图 2.10 显示了 SMOS-IC 土壤水分集的亮度温度均方根误差（TB-RMSE），用来验证射频干扰（RFI）效应。可以看到，亚洲和欧洲的总体 TB-RMSE 高于其他大陆，表明前者的 RFI 效应可能大于后者，这与现有的评估结果一致。南美洲、北美洲和大洋洲的 TB-RMSE 值非常小，表明 RFI 效应很小。TB-RMSE 的波动反映了来自地面、机载和空间传感器等各种发射源造成的不同程度射频干扰效应。

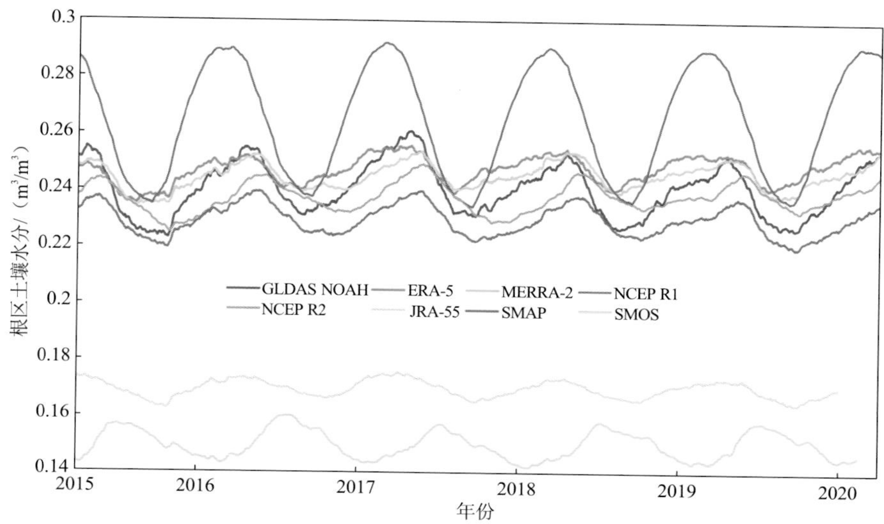

图 2.9　2015 年 4 月 1 日至 2020 年 3 月 31 日的全球日平均根区土壤水分

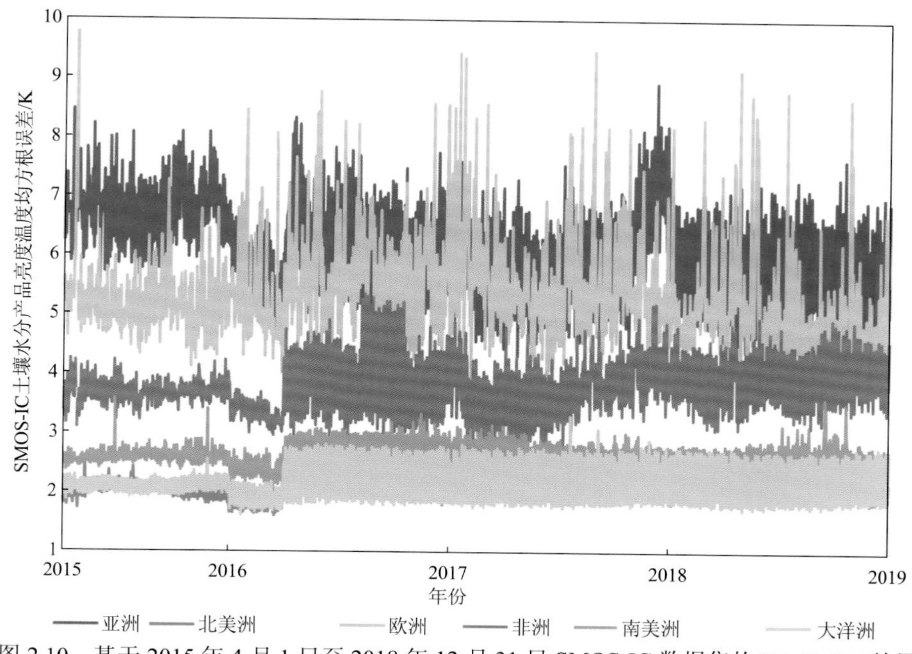

图 2.10　基于 2015 年 4 月 1 日至 2018 年 12 月 31 日 SMOS-IC 数据集的 TB-RMSE 结果

2.2.4 基于原位站点的土壤水分验证

图 2.11 显示了基于 ISMN 原位站点的根区土壤水分验证结果。在北美洲，与其他产品相比，SMAP 的中位数相关性最高，均方根误差（RMSE）最小，其次是 JRA-55 和 MERRA-2。在无偏均方根误差（ubRMSE）方面，除 NCEP R1 外，其他 8 个数据集的分布和中位数都差不多。SMOS 在根区土壤水分估计中显示出在干燥情况下的偏差，一些使用表层土壤水分的研究也发现了这一点。在欧洲，SMAP 显示了中位数的最高相关性，SMOS 具有中位数的最小均方根误差。NCEP R2 展示了中位数最小无偏均方根误差，JRA-55 次之。JRA-55、NCEP R1 和 NCEP R2 相对于其他数据集具有较高的均方根误差，可能是在潮湿的情况下有偏差。

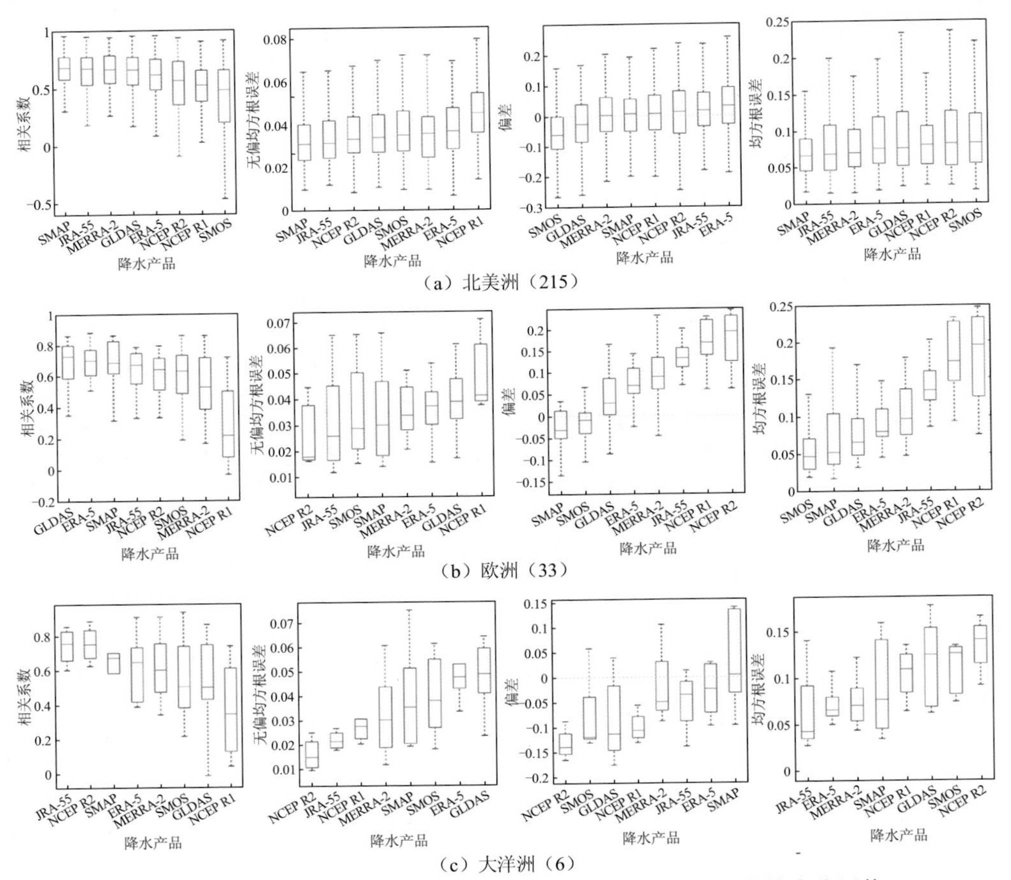

图 2.11 基于 2015 年 4 月 1 日至 2020 年 3 月 31 日的根区土壤水分评价

需要注意的是，用于欧洲区域验证的原位站点数量有限，即欧洲使用的 33 个站点位于法国西南部、丹麦西部和芬兰北部。基于这些有限站点的验证结果不可能代表整个欧洲，而只能在验证区域内有效。在大洋洲，过滤后的可用站点非常有限，主要位于澳大利亚东南部。几乎所有的数据集都有很大的中位干燥偏差，只有 SMAP 有中位湿润偏差。JRA-55 和 SMAP 的总体均方根误差小于大洋洲的其他数据集。

根据不同的土地覆盖率，对基于原位站点的验证结果进行分类，如图 2.12 所示。在草原上，SMAP、GLDAS、JRA-55 和 MERRA-2 在无偏均方根误差和均方根误差两个方面相对于其他数据集的表现普遍较好。虽然 SMOS 在耕地、热带草原和森林方面的无偏均方根误差较小，但由于大量的负偏差，它的均方根误差较高。荒地的验证站非常有限，只能代表一个小区域。总的来说，SMAP 根区土壤水分在草原和稀疏草原上表现出良好的结果，而 SMOS 根区土壤水分可能低估了植被地区的含水量。由于所使用的站点仅限于灌木地、耕地、森林和荒地，验证结果不能代表大量区域。通过 TC 分析对不同土地覆盖物的评价结果可以代表一个大的区域，将在 2.2.5 小节中讨论。

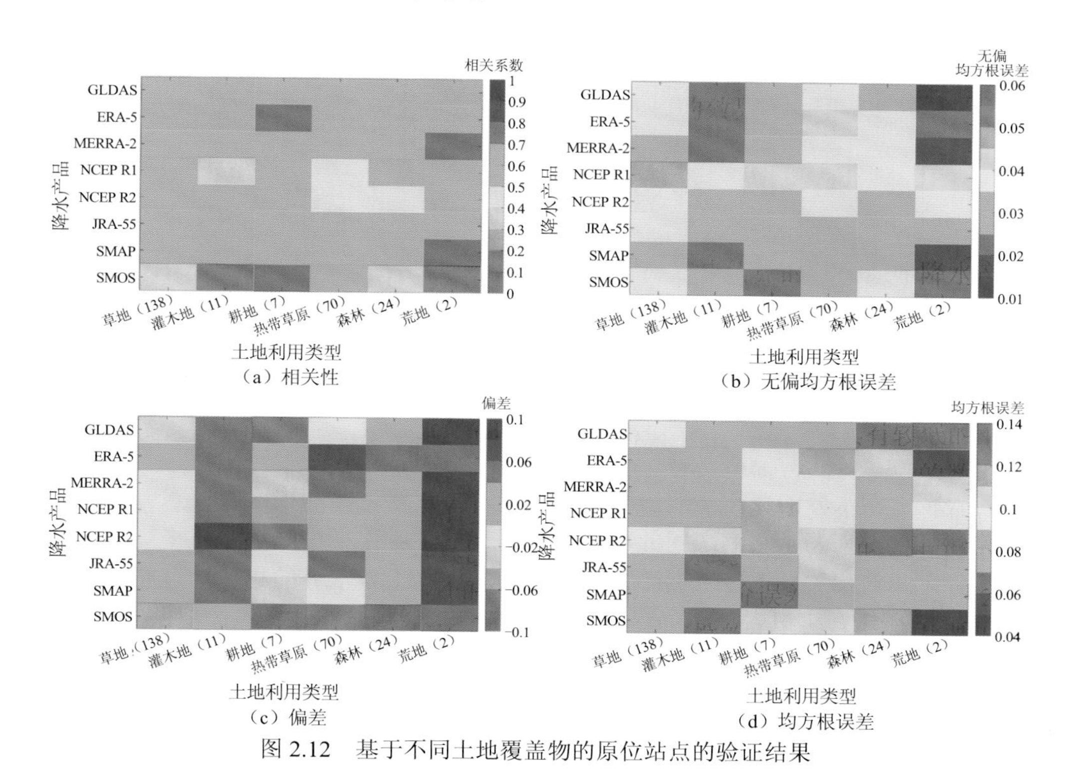

（a）相关性　（b）无偏均方根误差
（c）偏差　（d）均方根误差

图 2.12　基于不同土地覆盖物的原位站点的验证结果

图 2.13 显示了利用 ISMN 站点对单个根区土壤水分强迫数据（降水）的验证结果。验证结果表明，7 种降水强迫数据在相关性、无偏均方根误差、偏差和均方根误差等指数方面表现相似。所有 7 个数据集的原位站点降水测量值与各个降水强迫数据之间的中位数相关性几乎为 0，表明原位站点降水与网格降水之间的相似性非常弱。无偏均方根误差对均方根误差的贡献最大，中值偏差接近于 0，表明系统不确定性很小，主要是随机不确定性。

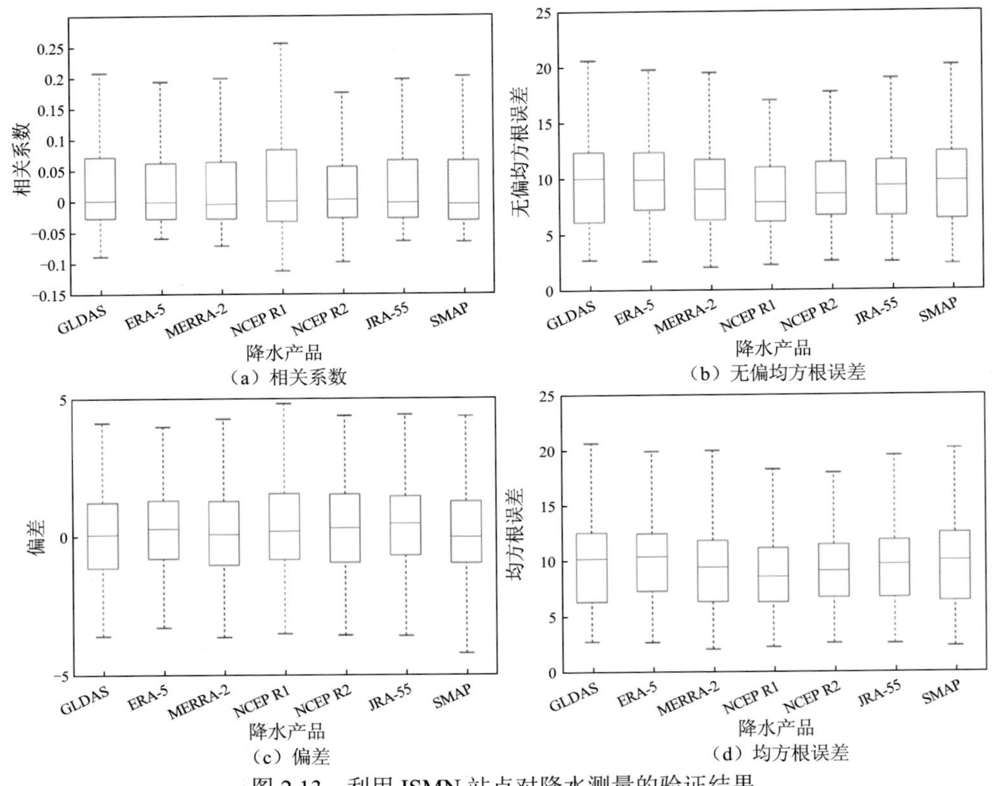

（a）相关系数　（b）无偏均方根误差　（c）偏差　（d）均方根误差

图 2.13　利用 ISMN 站点对降水测量的验证结果

根区土壤水分的变化主要受降水的影响。降水测量值和根区土壤水分之间的相关性可以用来表示它们之间的联系。这里计算了 5 天平均降水量与平均根区土壤水分之间的相关性，以考察哪种降水产品与根区土壤水分的相关性可能更好，如图 2.14 所示。可以看出，SMAP、MERRA-2、JRA-55 和 ERA-5 与原位根区土壤水分测量值的相关性总体上优于 GLDAS、NCEP R1 和 NCEP R2，这与根区土壤水分验证结果基本一致。基于上述结果可以看到，根区土壤水分的精度与其降水强迫数据有部分关系，更好的降水强迫数据能够得到更好的根区土壤水分估计。

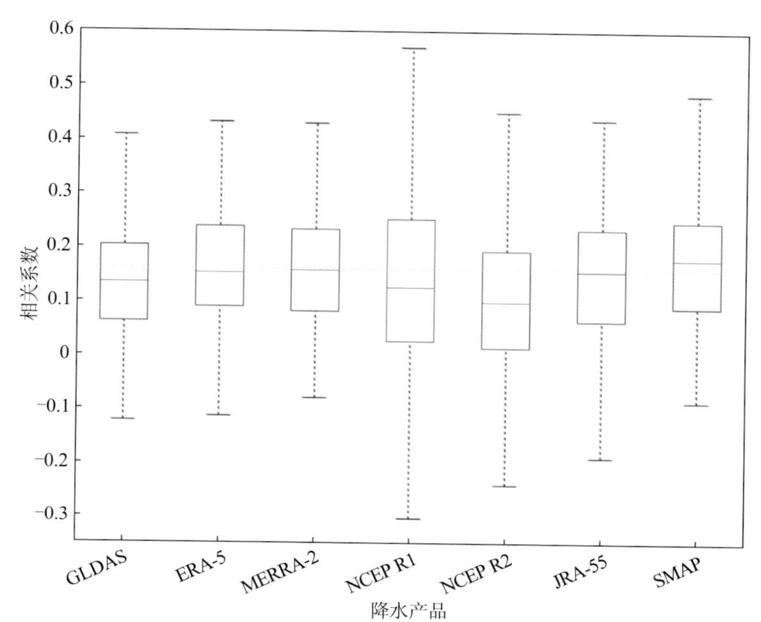

图 2.14　基于网格的降水测量与原位站点根区土壤水分之间的相关性

图 2.15 展示了 SMAP 和 SMOS 的表层土壤水分精度和根区土壤水分精度之间的线性关系。在 95%的置信水平下，线性关系在相关性、无偏均方根误差、偏

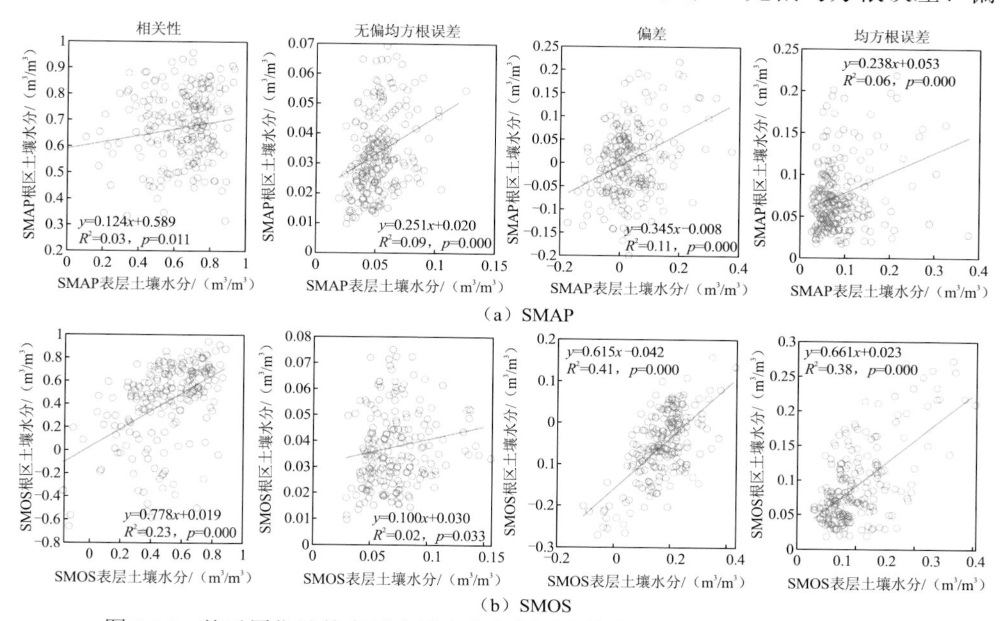

图 2.15　基于原位站的表层土壤水分和根区土壤水分的验证结果之间的关系

差和均方根误差方面都是显著的（$p<0.05$）。SMAP 的表层土壤水分精度对根区土壤水分精度的解释方差（R^2）较小。SMOS 的表层土壤水分精度可以解释根区土壤水分精度的很大一部分，偏差和均方根误差分别为 41%和 38%，而可以解释为何无偏均方根误差的方差很小（2%）。

2.2.5　基于三重组合分析的准确性评估

图 2.16 和图 2.17 展示了在全球范围内基于 TC 的根区土壤水分数据评价结果，相关系数和标准差（SD）统计是基于 2.2.2 小节中拼合数据集获得的，并对 TC 分析的评价结果进行双线性插值，以填补因违反假设而未解决的位置。内插是为了覆盖除格陵兰和南极以外的整个全球陆地区域，以便对根区土壤水分产品的误差估计有一个全球范围的认识。虽然插值区域占全球陆地的 33%～53%，但

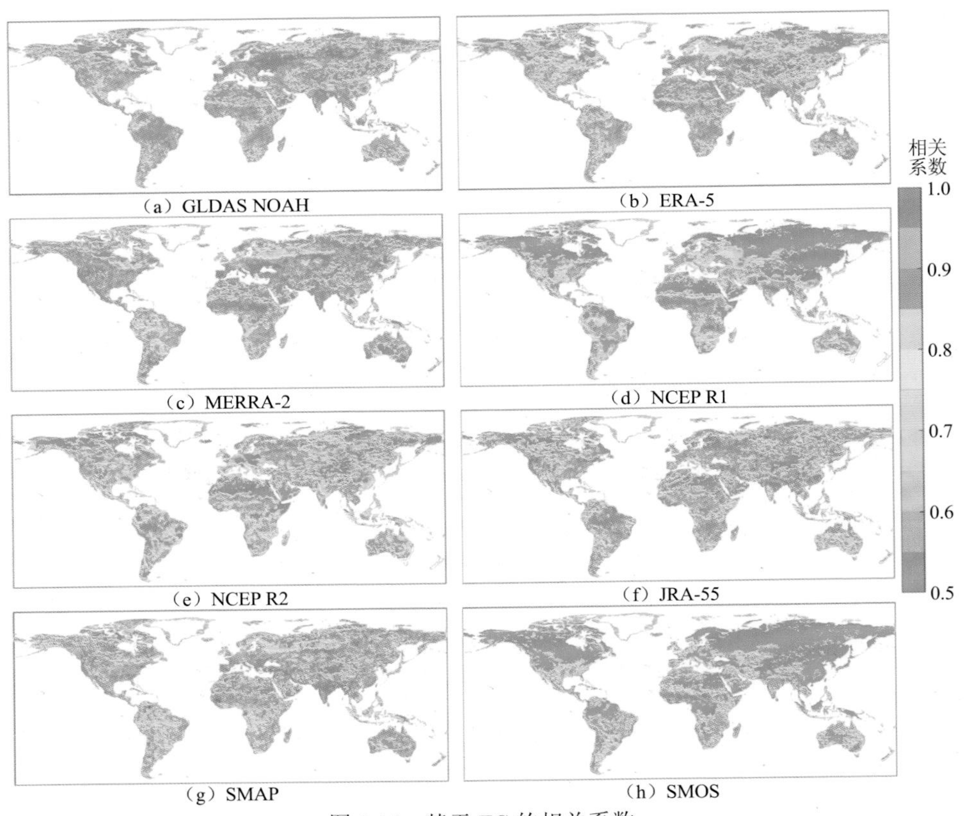

图 2.16　基于 TC 的相关系数

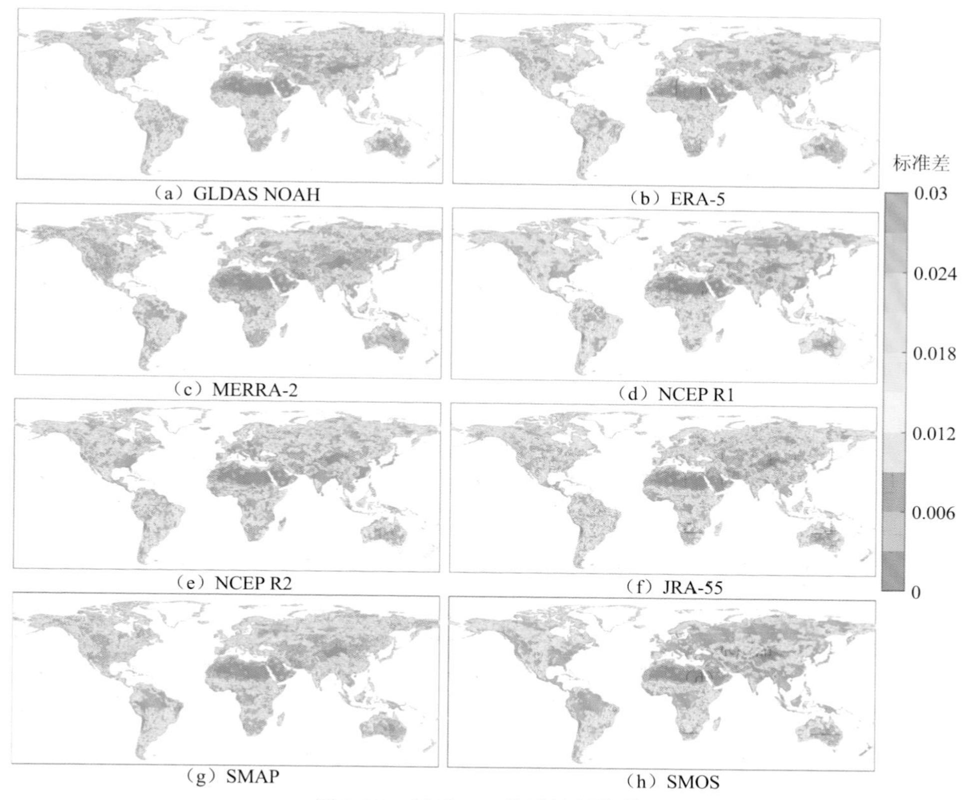

图 2.17　基于 TC 得到的标准差

由于 TC 解析区域在空间分布均匀，插值一般是有效的。总体来看，相关性随不同地点和数据集而变化。北美洲、南美洲、非洲南部和中部、欧洲、亚洲大部分地区和澳大利亚部分地区的 GLDAS、ERA-5、MERRA-2、JRA-55 和 SMAP 的相关系数较高。非洲北部几乎所有数据集的相关性都很低。ERA-5、NCEP R1、NCEP R2、JRA-55 和 SMOS 在北美洲北部和亚洲东北部表现出低相关性。至于标准差，NCEP R1 在相当大的范围内显示出较高的标准差值，包括北美洲北部、南美洲东部、亚洲大部分地区和欧洲。NCEP R2 在南美洲东部和非洲中部表现出高标准差值。SMOS 根区土壤水分在北半球的高纬度地区表现出高标准差。相对于 NCEP R1、NCEP R2 和 SMOS，GLDAS、ERA-5、MERRA-2、JRA-55 和 SMAP 在相当大的区域内的标准差普遍较小。非洲中部、北美洲东部、南美洲北部和亚洲南部（主要是湿地）的自标距一般大于其他地区，这表明旱地的区域可持续发展水平估计可能优于湿地。

相关性和标准差指标的分布见图 2.18。在全球范围内，MERRA-2 与未知真相的中位数相关性最高（0.891），其次是 GLDAS（0.875）、SMAP（0.862）、JRA-55（0.830）、ERA-5（0.789）和 NCEP R2（0.760）。标准差统计量与相关性一致，MERRA-2 具有最小中位标准差值（0.010），而 GLDAS（0.011）、SMAP（0.012）、JRA-55（0.013）、ERA-5（0.015）和 NCEP R2（0.016）的标准差值稍大。MERRA-2 在亚洲、北美洲和非洲表现出最高的中位数相关性和最小的标准差，在欧洲是第三最优，在南美洲是第四最优。从中位数相关性和标准差来看，NCEP R1 和 SMOS 一般是六大洲这些数据集中最不理想的。基于 TC 的标准差估计一般小于原位站点估计的无偏均方根误差，这可能与存在代表性误差有关。

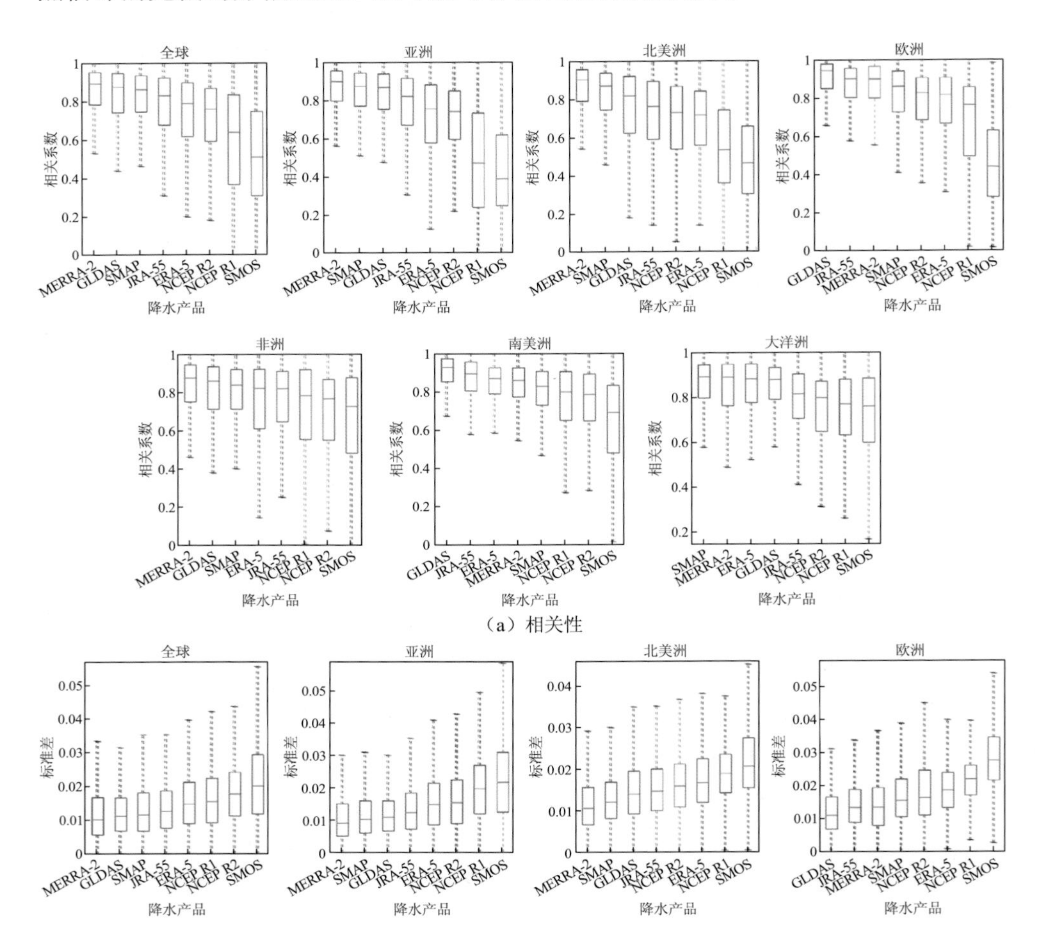

（a）相关性

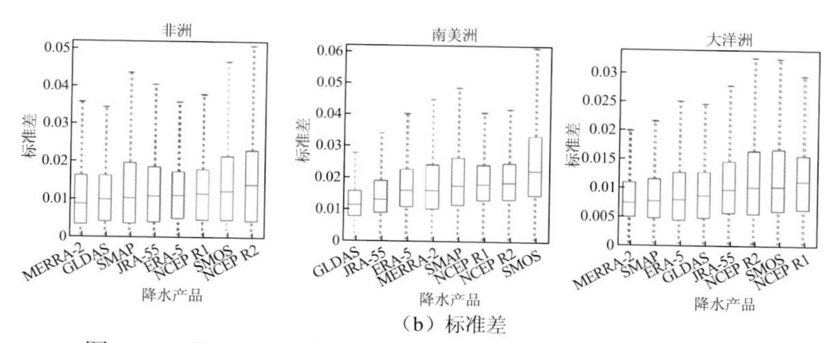

（b）标准差

图 2.18　基于 TC 的根区土壤水分评价的相关性和标准差的分布

图 2.19 显示了不同土地覆盖层的 TC 评价结果。TC 分析几乎是在全球土地上进行的，可用于推断这些产品在不同土地覆盖物上的相对性能。SMAP、MERRA-2 和 GLDAS 在草地、灌木地、耕地和热带草原上表现出相对于其他产品的高相关性和低标准差。就森林而言，GLDAS、JRA-55 和 MERRA-2 显示出比

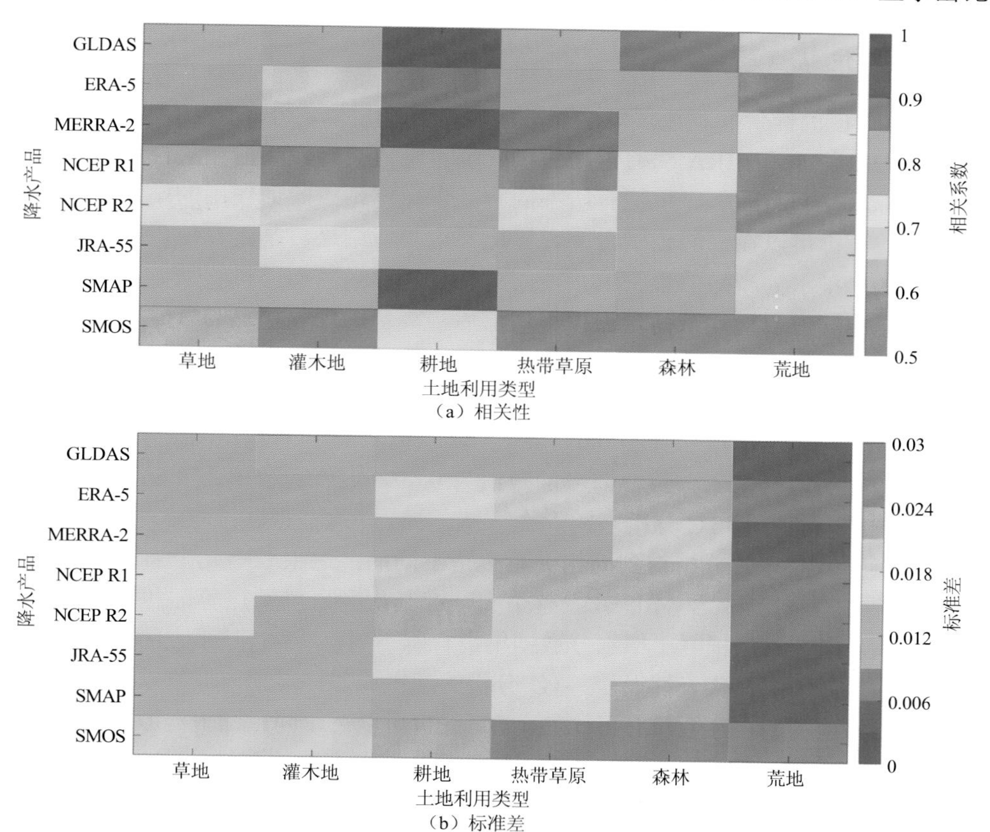

（a）相关性

（b）标准差

图 2.19　基于不同土地覆盖率的 TC 分析的验证结果

SMAP 和其他数据集更高的相关性和更低的标准差。众所周知，SMAP 低估了茂密植被地区的表层土壤水分，因为表面温度有偏差和其他潜在因素。SMAP 根区土壤水分使用 2014 年以后 GEOS FP 系统的地表温度数据，相对于 MERRA-2 系统，该系统的时间延迟较低，纳入同化的观测数据较少。GLDAS 2.1 版是开环模拟，没有数据同化，但它参考了高质量的卫星和地面观测数据产品。对于荒地，估计的相关系数不如其他土地类型高，而标准差则低得多。与其他数据集相比，SMOS、NCEP R1 和 NCEP R2 的根区土壤水分估计在大多数土地覆盖物上的表现是次要的。在这些数据集中，影响根区土壤水分估计的基本因素很多，在此无法全面讨论，如强迫数据（降水和温度）、模型结构和参数化、同化观测和算法、土地覆盖数据和土壤质地等。

2.2.6　根区土壤水分数据获取的误差分析

1. 原位站点验证与 TC 分析比较

基于 TC 的评价和基于现场的误差验证有一些相似之处。MERRA-2、GLDAS、SMAP、JRA-55 和 ERA-5 通常与假设或基本真值具有较高的相关性和较低的误差，尽管这些产品的顺序可能有所不同。基于原位站点验证使用的站点有限，基于 TC 的评价可以在空间范围上补充原位站点验证结果。基于原位验证可以用来估计根区土壤水分产品的系统偏差，而 TC 分析可以获得随机误差。在原位验证中，用无偏均方根误差来衡量去掉平均值后与真值的偏差，这与 TC 分析得到的随机误差不同。标准差统计量测量数据集的变异或离散性。这里，标准差衡量根区土壤水分乘积减去未知真值后的离散性。北美洲 SMOS 的标准差估计中位数为 0.021 m^3/m^3，小于原位估计的 0.035 m^3/m^3。原位验证和 TC 分析得到的中位数相关系数在北美地区基本一致，前者的数值为 0.49，后者的数值为 0.46。

原位站点验证和 TC 分析之间存在一些差异。在这些根区土壤水分数据集中，原位站点验证和 TC 分析得到的相关系数是不同的。这主要与几个原因有关。首先，原位站点分布较少，不能代表整个大陆；其次，原位站点验证和 TC 分析得到的相关系数在这些根区土壤水分数据集中有所不同；最后，基于点的观测和基于网格的模拟之间存在代表性误差。TC 分析的随机误差标准差与原位站点验证的无偏均方根误差不同，一般没有可比性。TC 评价可以在空间范围上对原位站点验证进行补充，因为大多数基于原位站点的验证都是选取有限的观测值，即使是全球尺度的比较也是如此。目前的 ISMN 站点主要位于北美洲和欧洲，不能用于全球尺度的原位站点验证。基于原位站点的验证可以补充系统误差估计中的 TC 分析，因为密集的原位站点一般被认为是真实数据，可以用来计算数据集的绝对误差。

2. 无线电频率干扰

SMOS 和 SMAP 都使用分配给被动微波遥感的 L 波段 1 400～1 427 MHz 窗口来获取土壤水分。虽然这一波段在被动使用时受到保护，但在地球表面的大部分地区都观察到了射频干扰问题。因此，该问题是 SMOS 和 SMAP 参数反演的主要挑战。不同大陆上的 TB-RMSE 时间序列表明，亚洲和欧洲的射频干扰效应相对较大，这与现有的研究一致。射频干扰问题可能会影响表层土壤水分检索的准确性，从而影响根区土壤水分估计。然而，几乎在所有大陆都可以看到根区土壤水分被低估了。之前在法国西南部、中国西部、美国和丹麦的研究也发现 SMOS 存在干燥情况下的偏差。粗糙度参数和土壤信息（如砂或黏土组分、体积密度、土地覆盖率和地表温度）的不确定性可能会导致土壤水分估算在干燥情况下的偏差。每个因素对 SMOS 根区土壤水分总体干燥情况下的偏差的贡献需要进一步研究。

近年来，SMOS 和 SMAP 使用了一系列措施来分别处理射频干扰问题。SMOS RFI 开发了多种方法来检测、监测和报告射频干扰源，并标记射频干扰受影响的像素，防止它们进入数据检索。然而，SMOS 主要致力于减少强射频干扰的影响，可能会忽略低级射频干扰，这仍然可能影响表层土壤水分估计。SMAP 辐射计仪器设计较为优越，可以使用多种射频干扰检测方法，包括脉冲、交叉频率、峰度和偏振异常探测器。将探测器的输出组合在一起可以最大限度地提高检测的概率，并去除观测中被污染的时间带宽部分。与 SMOS 相比，SMAP 可以检测并减轻大量的低级至中级射频干扰，从而降低其对土壤水分估算的影响。

3. 降水强迫

除 SMOS 4 级根区土壤水分数据集外，降水是根区土壤水分估算的直接驱动力。降水产品的验证表明，不同降水产品之间的精度差异不大。事实上，从中位数来看，基于网格的降水和基于原位站点的降水之间的相关性几乎为 0，说明这些产品无法捕捉到日降水动态。然而，降水在空间上具有异质性，使用地面站对其进行验证存在代表性误差。降水受湿度、风力、地形和云量的随机影响，对于 25 km 网格单元内的子网格来说，降水可能会有很大的变化。因此，由于空间异质性，降水产品的验证结果是可以预期的。降水与根区土壤水分的相关性分析表明，降水强迫数据与根区土壤水分变化有关，较好的降水产品可能会带来较好的根区土壤水分估计。

NCEP R1 中的根区土壤水分估计可能不能很好地捕捉季节性变化，这与 NCEP R1 中模型降水的不足和不能保持合理的土壤湿润有关。在 NCEP R2 中，通过使用五日平均模型产生的降水、观测到的五日降水和土壤层内的土壤水分修正方案，解决了这个问题。在 TC 分析中，GLDAS、MERRA-2 和 SMAP 在根区土壤水分估计方面的总体性能优于其他数据集。前三个数据集使用了一些地面、卫星观测和模型衍生的输入数据集。全球降水数据分析表明，MERRA-2 降水的性能优于许多其他原位站点和基于模型的降水数据集。例如，MERRA-2 降水估计在北美洲、南美洲和亚洲的总体性能相对于气候预测中心（CPC）产品、全球降水气候中心（GPCC）产品、JRA-55 和 ERA-Interim 有更好的表现，这可能是这些地区的根区土壤水分估计更好的部分原因。

4. 误差来源

这些根区土壤水分产品的准确性差异与几个因素有关，如强迫数据、模型结构、参数化、数据同化方法和同化变量。除 SMAP 和 SMOS 外，其他 8 个根区土壤水分产品均未同化土壤水分观测值。在原位验证中可以看出，SMAP 根区土壤水分产品模拟效果相对于其他再分析数据集差不多甚至更好，这表明 SMAP 数据同化具有潜在的附加价值。没有数据同化或没有包含表层土壤水分的根区土壤水分数据集显示出与 SMAP 的土壤水分模拟相当或稍差的效果（NCEP R1 除外），这可能得益于良好的模型结构和大量现代卫星观测（如辐射度）的同化。

SMOS 的根区土壤水分精度与其表层土壤水分密切相关，从偏差和均方根误差来看，这与 SMOS 4 级数据中从表层土壤水分直接推断根区土壤水分有关。SMAP 3 级土壤水分可以解释 4 级根区土壤水分数据的微小差异，因为 SMAP 根区土壤水分是通过将亮度温度观测值同化为 LSM 而不是 3 级土壤水分生成的。从亮度温度到土壤水分的计算过程可能包含了地表粗糙度和植被光学深度参数的额外不确定性。方差小的另一个重要原因是表层土壤水分精度在根区土壤水分生成的误差传播进度中可能只起了次要作用，因为主要的误差可能来自模型模拟。

除了降水强迫，其他强迫数据例如温度、辐射和湿度等也可能影响表层土壤水分和根区土壤水分的估计。陆表同化模型和全球水文模型具有不同的模型结构，并从不同的物理过程模拟表层土壤水分和根区土壤水分。模型模拟并不完美，一些自然或人为活动没有很好地纳入模型（如灌溉）。数据同化可用于利用卫星观测（如 SMAP）完善模型模拟，不同的同化方法对模拟的更新也不同。同化更多的观测值可能比同化较少的观测值更能有效地改进模型模拟。MERRA-2 系统相对于其他产品同化了许多辐射度观测值，因此可能比同化较少辐射度观测值的产品更可靠地估计亮度温度，从而可能得到更好的表层和根区土壤水分估计结果。

对于表层土壤水分对模型的同化，其精度对根区土壤水分模拟起着关键作用。SMOS 利用其表层土壤水分来推断根区土壤水分，表层土壤水分的精度将直接影响根区土壤水分估计。研究发现，在全球平均水平上，SMAP 表层土壤水分相对于 SMOS 表层土壤水分与真值有更好的相关性。因此，从表层土壤水分的性能来看，SMAP 的根区土壤水分估计相对于 SMOS 会更好，这可能部分解释了根区土壤水分性能差异。

在根区土壤水分数据集的生成过程中，推导出各种中间变量的不确定性是非常具有挑战性的工作。然而，如果数据提供者能够标注数据的不确定性，而用户能够从最终产品中追溯不确定性，那么就有希望从自上而下和自下而上的角度理解误差来源。

2.3　基于光学和主动微波融合的高空间分辨率土壤水分数据获取与融合

2.3.1　高空间分辨率土壤水分数据获取

如前两节所述，虽然地面上已部署了一大批土壤水分传感器，但其总量相对于地球陆表面积，仍然相对较少。大范围覆盖且高分辨率的土壤水分对于流域研究尤为重要。现有的光学遥感，基本可以满足这一需求，但在多云条件和太阳辐射不足的情况下，其局限性很大。虽然微波被动遥感可以克服这些障碍，但其分辨率为千米级。与光学和被动微波方法相比，主动微波技术无论在云层或夜间条件下都能提供细粒度的土壤水分产品，因此遥感界一直在尝试将主动微波信号应用于高分辨率地表土壤水分估算。

积分方程模型（IEM）和改进的积分方程模型（AIEM）为主动微波遥感进行地表土壤水分估算提供了理论基础。这些理论方法适应性强，但依赖于精确的现场测量和复杂推导。特别是，难以精确测量的多种土壤表面参数（如地表粗糙度）限制了 IEM/AIEM 的应用。此外，也提出了一些经验模型和半经验模型，包括 Oh 模型和 Duboiys 模型等，这些模型数学表达式简单，在特定领域效果较好。但这些经验或半经验模型的地表参数都来自有限和特定的实测数据，缺乏普适性。

考虑基于主动微波的土壤水分估算方法的不足，国内外研究人员探索了高分辨率土壤水分估算的协同解决方案。通过主、被动微波图像的融合，部分消除了土壤表面性质对后向散射信号的影响。此外，自美国国家航空航天局（NASA）SMAP 任务发射以来，土壤水分的主被动融合算法相继被提出。这些融合算法采用了对地表条件不同灵敏度的主动和被动微波产品来估算近地表土壤水分。然而，这些方法所生成的千米级空间分辨率数据仍然相对粗糙，不适用于细粒度的区域土壤水分应用。因此，高时空分辨率的光学遥感在与主动微波融合估算土壤水分方面显示出巨大的潜力。由于植被生物量和地表粗糙度对雷达后向散射的影响可以最小化，主动微波与光学数据融合具有很大的优势。

基于上述现状分析，本节提出一种不直接依赖实地测量的基于合成孔径雷达和光学数据融合的土壤水分估算方法（SOFSME），具体目标包括：①融合 Sentinel-1A C 波段 SAR 与光学影像提取的多种环境因子数据，实现高分辨率土壤水分估算；②在单一土地利用类型和多土地利用类型地区验证融合模型的准确性和稳定性；③对不同土地利用类型区域生成的土壤水分图像质量进行评价；④与现有的 SAR 土壤水分估算方法进行比较，探讨其优缺点。

2.3.2　研究区域、数据和方法

1. 研究区域

实验在两个不同的土地覆盖区域进行。首先选取西班牙萨莫拉地区以农田为主的 REMEDHUS 区域作为稀疏植被区域，对本节提出的模型进行验证。然后选取美国亚拉巴马州的亨茨维尔（Huntsville）区域为另一个研究区域，进一步验证所提出的方法在多土地覆盖类型地区的可行性和有效性。Huntsville 地区主要有稀疏植被、裸土和山地植被三种土地覆盖类型。REMEDHUS 站网所属的区域属于大陆性半干旱气候，年平均气温 12℃，年平均降水量 400 mm。Huntsville 气候温和，没有酷热的夏季和寒冷的冬季。表 2.5 比较了两个研究区域的主要特征。

表 2.5　REMEDHUS 和 Huntsville 研究区域的地理特征

项目	REMEDHUS	Huntsville
位置	41.08°～41.54°N 5.65°～5.17°W	34.33°～35.2°N 87.15°～85.96°W
大小	40 km×30 km	108 km×94 km
土地覆盖类型	农田	稀疏植被、裸土和山地植被
气候	大陆性半干旱气候	亚热带潮湿气候
现场监测站数量	20	11

选择这两个区域有几个重要的原因。首先，这两个地区都是农业地区，因此都需要高分辨率的地表土壤水分估算，特别是 REMEDHUS。其次，这两个地区都有足够的原位土壤水分监测站，其中 REMEDHUS 有 20 个位于农田的站点，Huntsville 有 11 个站点，主要位于农田和裸土区域，如表 2.6 所示。此外，两个研究区域都没有高山，REMEDHUS 非常平坦（坡度小于 10%），是 SAR 卫星观

测的理想区域。

表 2.6　两个研究区域地表土壤水分站点的土地覆盖类型

土地覆盖类型	REMEDHUS	Huntsville
裸土	无	Wtars 站网，AAMU-JTG 站网
农田	20 个站点	9 个站点

2. 研究数据

鉴于 Sentinel-1A C 波段 SAR 数据在土壤水分估算方面的优异性能和广泛的应用前景，选择 Sentinel-1A C 波段 SAR 数据。已有研究表明，利用 C 波段 SAR 在区域尺度上估算土壤水分可以成功地解释地表粗糙度效应。由欧洲空间局（ESA）提供的 Sentinel-1A C 波段数据计算得到的 10 m 分辨率的后向散射系数产品，包括 VV 极化和 VH 极化，可从谷歌地球引擎（GEE）下载。Sentinel-1A 数据的入射角范围在 REMEDHUS 为 38.46°～41.39°，在 Huntsville 为 35.64°～40.94°。表 2.7 列出了两个研究区 SAR 图像的获取日期和时间。

表 2.7　两个研究区 SAR 图像的获取日期和时间

研究区域	序号	获取日期和时间	序号	获取日期和时间	序号	获取日期和时间
REMEDHUS	1	2015/11/22 18:19:22	2	2015/12/04 18:19:22	3	2015/12/16 18:19:21
	4	2015/12/28 18:19:21	5	2016/01/09 18:19:21	6	2016/01/21 18:19:20
	7	2016/01/27 06:25:46	8	2016/02/02 18:19:20	9	2016/02/14 18:19:20
	10	2016/02/26 18:19:20	11	2016/03/09 18:19:20	12	2016/03/21 18:19:20
	13	2016/04/02 18:19:21	14	2016/04/14 18:19:21	15	2016/04/26 18:19:22
	16	2016/05/08 18:19:22	17	2016/05/14 06:25:35	18	2016/05/20 18:19:23
	19	2016/05/26 06:25:35	20	2016/07/25 06:25:50	21	2016/08/06 06:25:43
	22	2017/06/02 06:25:45	23	2017/06/14 06:25:45	24	2017/06/26 06:25:46
Huntsville	1	2016/04/10 23:46:33	2	2016/07/03 23:46:40	3	2016/09/25 23:46:44
	4	2016/10/07 23:46:44	5	2016/10/31 23:46:44	6	2016/11/12 23:46:44
	7	2016/12/06 23:46:43	8	2016/12/18 23:46:43	9	2016/12/30 23:46:43
	10	2017/01/11 23:46:41	11	2017/01/23 23:46:41	12	2017/02/04 23:46:42
	13	2017/02/16 23:46:40	14	2017/03/12 23:46:40	15	2017/03/24 23:46:40
	16	2017/04/05 23:46:41	17	2017/04/17 23:46:42	18	2017/04/29 23:46:42
	19	2017/05/11 23:46:43	20	2017/06/04 23:46:41	21	2017/06/16 23:46:42

另外一部分数据为光学影像数据集，包括 Landsat-8 OLI 数据集和环境数据集。这些数据的获取日期与表 2.7 中的 SAR 数据一致，均可从 GEE 免费下载。其中，由美国地质调查局（USGS）提供的 30 m 空间分辨率的 Landsat-8 OLI 影像数据用于研究区域的像素聚类，并生成与 SAR 数据相对应的光学土壤水分图像。Landsat-8 卫星搭载的 OLI 设备的光谱范围覆盖可见和近红外波段，适合于光学土壤水分的估算。根据 Landsat-8 用户手册可对选取的数据集进行除雪云雾处理，消除其对结果的影响。

在环境因子方面，选取 4 种环境遥感数据集作为本小节提出的融合模型的输入，如表 2.8 所示。假设两个区域的 DEM 不变，因此选取 2000 年 2 月 11 日的 DEM 影像作为融合模型的一个输入。利用 ENVI 工具箱从 Landsat-8 OLI 数据中提取 LST 和 NDVI，特别是利用 ENVI 的 Landsat-8 LST 扩展工具从 Landsat-8 OLI 7 波段数据提取 LST。降水产品来自 Daymet V3 数据，该数据提供了研究区域 SAR 卫星过境前和过境日的降水数据。考虑环境数据集、Landsat 数据集和 SAR 图像的时间尺度和空间分辨率不一致，此处采用最近邻重采样方法。在环境参数输入模型之前，这些数据集将在时间尺度和空间分辨率上与 Sentinel 1A 后向散射系数乘积保持一致。

表 2.8　环境数据集参数

环境因子	数据名称	分辨率	数据源
DEM	SRTM 数字高程数据 30 m	30 m	美国地质调查局
LST	Landsat-8 OLI 7 波段	30 m；16 天合成	美国国家航空航天局（NASA）在美国地质勘探局 EROS 中心的 LP DAAC（https://lpdaac.usgs.gov）
NDVI	Landsat-8 OLI 4 和 5 波段	30 m；16 天合成	美国国家航空航天局（NASA）在美国地质勘探局 EROS 中心的 LP DAAC（https://lpdaac.usgs.gov）
降水	Daymet V3	1 km；每天	分布式 Active 归档中心（https://daymet.ornl.gov/）

最后一部分数据为原位土壤水分数据。本小节从 ISMN 下载了 REMEDHUS 和 Huntsville 区域的土壤水分站点数据集，每个站点对应 SAR 图像上的一个像素。REMEDHUS 的 20 个站点每小时测量 0～5 cm 深度的土壤水分；Huntsville 的 11 个站点由国家水和气候中心（NWCC）和美国农业部建立。

3. 输入参数的选择

在主动微波遥感地表土壤水分估算中，主动微波后向散射系数是观测系统参数（波长、入射角和极化等）、观测路径参数（大气参数）和观测目标参数（地表温度、土壤水分、土壤质地、表面粗糙度、地形参数和植被参数等）的综合函数。其中，由于主动微波的波长较长，大气参数几乎可以忽略不计。因此，本节关注的后向散射系数与相关参数之间的函数关系可以描述为

$$\sigma_{\mathrm{pq}} = f(\mathrm{RP_s}, \mathrm{SP_s}, \mathrm{VP_s}) \tag{2.1}$$

其中：σ_{pq}为后向散射系数；$\mathrm{RP_s}$为雷达系统参数，包括波长、入射角、极化等；$\mathrm{SP_s}$为地表参数，包括表面温度、土壤水分、土壤质地、地表粗糙度、地形参数等；$\mathrm{VP_s}$为植被参数，包括植被含水量（VWC）、叶面积指数（LAI）和归一化植被指数（NDVI）等。

在所有后向散射系数相关参数中，微波波长和观测角均为常数。一些地表参数在大尺度下很难准确测量，尤其是地表粗糙度对后向散射系数有很大影响，这是微波土壤水分估算的主要制约因素。在本小节提出的SOFSME中，这些因子（入射角、地表粗糙度和土壤质地等）都被假设为像素级常量，在融合模型中不作为显式输入。它们可以通过机器学习的方法从高分辨率光学环境遥感数据和历史土壤水分图像中获得。此外，考虑降水、耕作和区域气候轮作等因素对土壤水分的动态和季节性影响，在融合模型中加入了降水和年积日等参数，在一些研究中，它们已经被纳入地表土壤水分估算模型的环境因子中。因此，在SOFSME方法中，将后向散射系数与相关参数的函数关系定义为

$$\sigma = g(\mathrm{SM,LST,DEM,NDVI,Pre\_P},P,\mathrm{DoY}) \tag{2.2}$$

其中：SM为土壤水分；LST为地表温度；DEM为数字高程模型；NDVI为归一化植被指数；Pre_P和P为SAR过境前一日和当日的降水量；DoY为年积日。在SOFSME方法中，针对Sentinel 1A数据选取了VV极化和VH极化的散射系数。本小节提出的SOFSME方法可由式（2.2）改写为

$$\mathrm{SM} = h(\sigma_{\mathrm{VV}}, \sigma_{\mathrm{VH}}, \mathrm{LST,DEM,NDVI,Pre\_P},P,\mathrm{DoY}) \tag{2.3}$$

其中：σ_{VV}和σ_{VH}为Sentinel 1A VV极化和VH极化的后向散射系数，其余参数同上。总体而言，公式右边的所有参数可以分为三类。

第一类是SAR后向散射系数，包含σ_{VV}和σ_{VH}。VV极化的SAR散射信号在垂直结构的植被覆盖区域较强，而HV极化或VH极化对方向不规则的叶片或树枝更为敏感。为了综合估算不同结构覆盖面积植被的土壤水分，将VV极化和VH极化后向散射系数设计为两个参数。

第二类是通过影响地表土壤辐射，从而对SAR后向散射系数产生的额外贡献，包括LST、NDVI和DEM。根据以往的研究，利用微波反演土壤水分的方法主要依赖于植被和地表温度。在SOFSME中，分别选取LST和NDVI评估土壤表层温度和植被的影响。此外，DEM也起着重要的作用，因为在以上提到的这些

额外贡献中，地形因素是不可忽视的。还有一些研究使用高分辨率 DEM 的标准差来替代地表粗糙度。在基于机器学习的方法中，通过融合 DEM 可以一定程度上表征地表粗糙度。

第三类是土壤水分相关参数，包括预 Pre_P、*P* 和 DoY。大量研究表明，土壤水分的动态变化对当日降水和往日降水有着较强的响应。此外，近年来开发的基于机器学习的土壤水分估算模型也使用了年积日来分析土壤水分的年变化。通过添加该参数，预期可以提高机器学习的训练精度。

4. 光学-SAR 融合模型

图 2.20 建立了使用 Sentinel-1A C 波段 SAR 数据进行地表土壤水分估算的光学-SAR 融合模型。该模型包括像素分类、融合模型训练和融合模型应用三个部分。在第一部分中，基于 Landsat-8 OLI 传感器的多光谱反射率数据和 Sentinel-1A C 波段 SAR 的后向散射系数，使用 k 均值聚类方法对研究区域进行像素分类，k

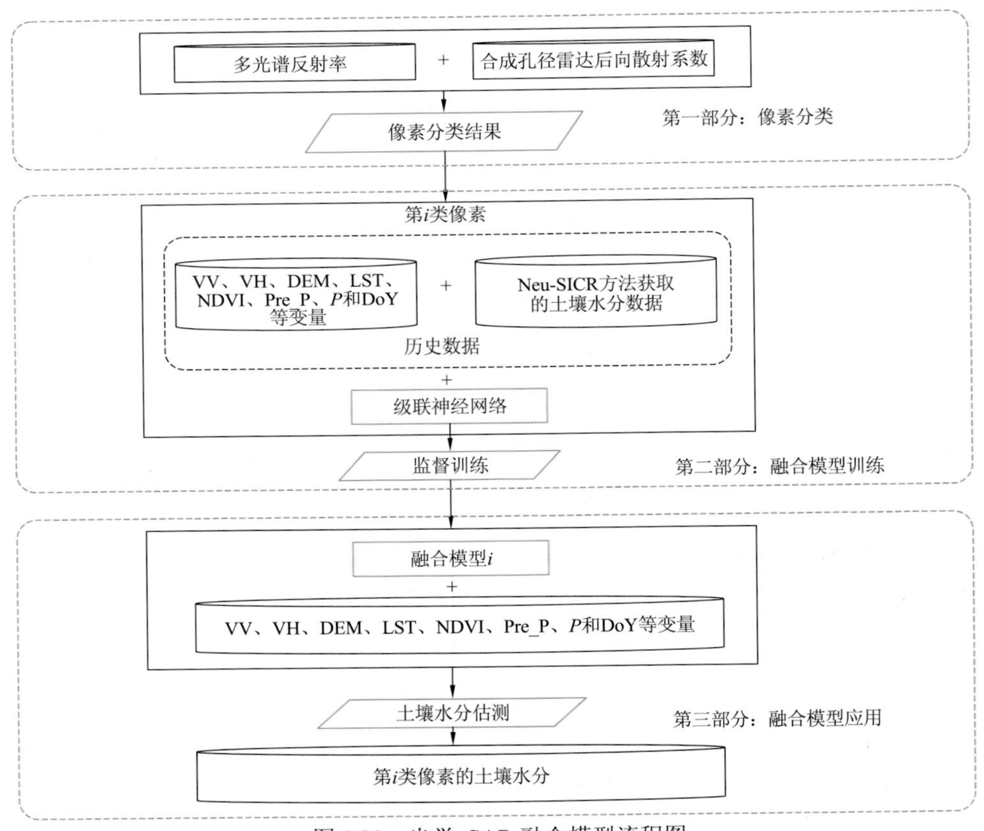

图 2.20　光学-SAR 融合模型流程图

值是基于研究区域的主要覆盖类型。第二部分使用历史数据训练融合模型。对每类像元，选取历史土壤水分图像和对应的SAR后向散射系数及环境数据（LST、NDVI、DEM、Pre_P、*P*和DoY），通过卷积神经网络（CNN）进行融合模型训练。训练前，所有数据集的空间分辨率统一为30 m，与Landsat-8 OLI提取的历史光学土壤水分数据分辨率相匹配。对所有类别的像素进行充分的训练后，建立每个像素的稳定函数。第三部分基于第二部分中成熟且稳定的模型进行地表土壤水分估算，并利用30 m分辨率的数据集对该模型进行验证。

5. 融合模型训练

根据AIEM等理论模型，土壤水分与其他参数之间存在复杂的非线性关系。因此，选择卷积神经网络（CNN）来建模这一关系，这是SOFSME的关键部分。CNN是由前馈神经网络（FNN）衍生而来的一种人工神经网络。与FNN不同，CNN的输入层和输出层之间的计算时间是不固定的。在CNN的每一隐藏层中都添加了与输出层直接相连的突触，使得通过激活函数的输入和每一隐藏层的突触的计算时间更加可变。基于这个结构，一个CNN可以用更简单的方式表达更多样的非线性映射关系，提高了训练速度，而不需要很多训练样本。通过设置不同的隐含层结构，并对比训练结果，最终选择了训练结果最好的神经网络结构，包含2个隐含层，每个隐含层包含10个神经元。

在CNN中，SAR后向散射系数和环境参数作为输入，卫星与原位传感器协同重建（Neu-SICR）方法计算的土壤水分作为输出。如前文所述，一些对后向散射系数影响较大的参数，如地表粗糙度和土壤质地等，并没有作为神经网络的输入。但所提出的融合模型以神经网络结构和内部权重的形式包含了这些因素对雷达后向散射系数与土壤水分关系的影响。这些参数很难精确测量，不需要显式地输入模型。融合模型需要与SAR影像位于相同地点和时间的光学土壤水分图像。理论上，光学和SAR图像应该来自同一卫星平台，但现有的卫星平台无法满足这一要求。利用Neu-SICR方法进行云遮挡下的土壤水分重建是一种有效的方法。该方法基于4种重建规则，将现场数据与历史光学图像相结合，重建图像中的缺失值，即在有站点数据和历史遥感图像的情况下，生成与SAR图像相同时间和地点的光学土壤水分图像。

然后，对于两个研究区域的SAR过境时间和地点，采用反向传导方法对融合模型进行训练。在反向传导处理中，利用光学土壤水分图像的像素值对神经网络结构进行调整。每张图像中，REMEDHUS中有1 157 720个有效像素，Huntsville中有11 089 635个有效像素。为了得到更好的训练效果，其中70%用于训练，30%用于测试。

6. 验证和评价

以现场实测土壤水分为基础，采用留一法计算均方根误差（RMSE），以验证算法在 SOFSME 中的有效性、准确性和稳定性。同时计算了估算值与观测值之间的皮尔逊相关系数和通用图像质量指数（UIQI），用来评价最终融合结果的质量。

2.3.3 高空间分辨率土壤水分融合结果

首先，利用 Landsat-8 的 2～5 波段反射率与 Sentinel-1A VV 极化和 VH 极化的后向散射系数在 30 m 分辨率下融合，对 REMEDHUS 和 Huntsville 的图像像元进行 k 均值聚类，评价 SOFSME 在不同土地利用类型上的表现。在 REMEDHUS 中，将单个农田区域的像元划分为 6 类，每类代表不同的耕地类型。在 Huntsville 中，从图像提取了三个主要的像素类别：分别代表裸土、山地植被和稀疏植被。图 2.21 展示了两个研究区域的像素分类结果。

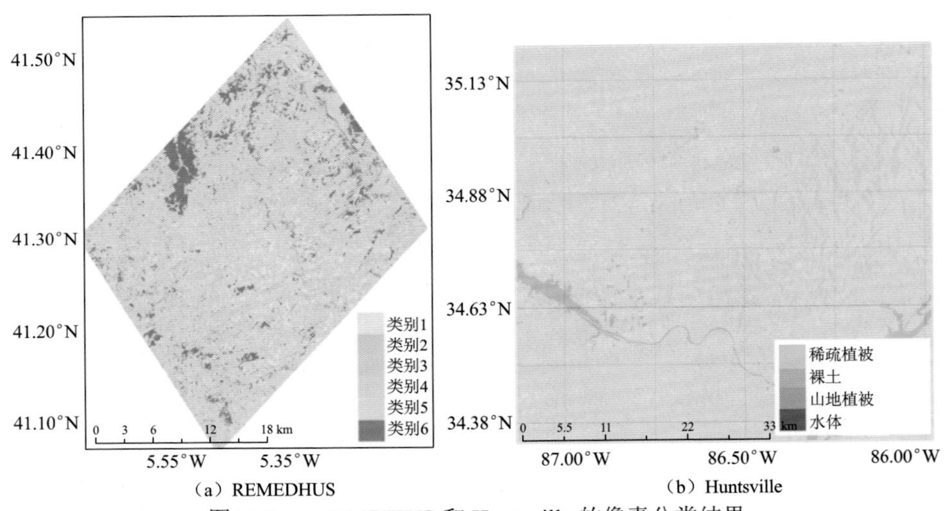

（a）REMEDHUS （b）Huntsville

图 2.21 REMEDHUS 和 Huntsville 的像素分类结果

本节重建了 Sentinel-1A SAR 卫星过境时间的光学土壤水分图像，利用 Neu-SICR 方法重建 REMEDHUS 土壤水分图像的过程。其中，待重构图像的像素分为 4 类，分别为 C1（覆盖土壤水分观测站点区域的像素）、C2（在光谱特性上与 C1 相似）、C3（其历史土壤水分值显示规律性）、C4（剩余像素）。Neu-SICR 第一个关键的步骤是 C1 像素的恢复。图 2.22 可视化了研究区域部分站点的 C1 像素与原位站点的土壤水分值的关系，每个子图都表现出非线性关系。

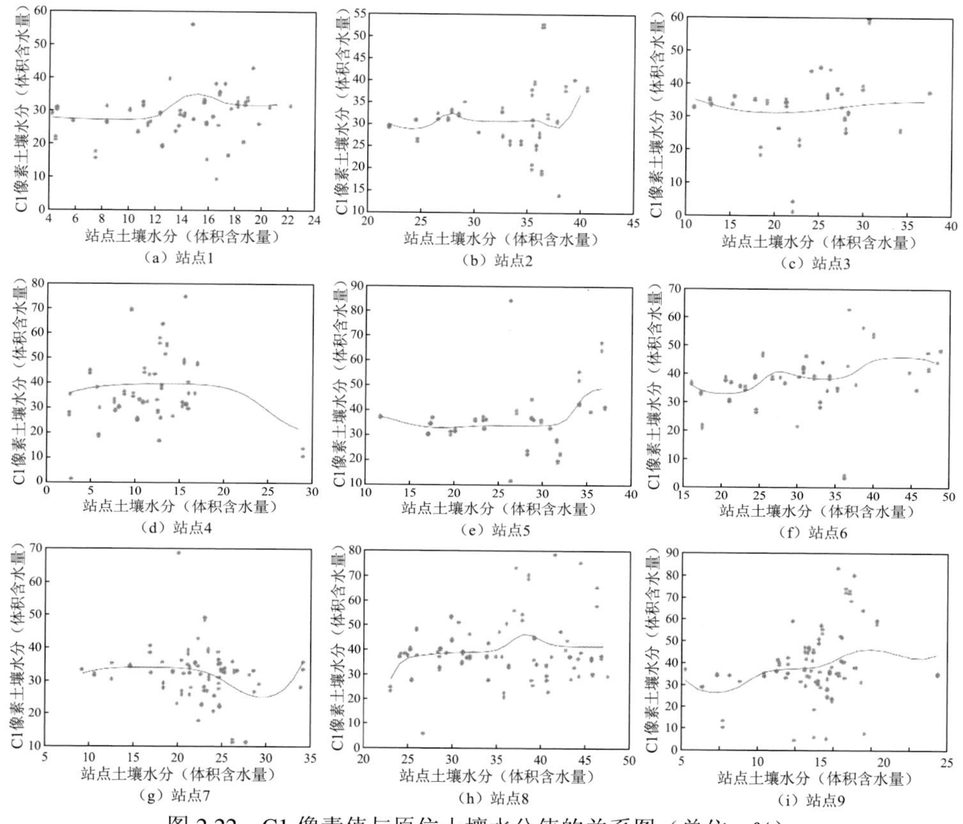

图 2.22　C1 像素值与原位土壤水分值的关系图（单位：%）

C1 像素恢复后，再根据已恢复的像素逐步恢复 C2、C3 和 C4 像素。图 2.23 为 Sentinel-1A C 波段 SAR 过境时间（2015 年 12 月 16 日）重建的 REMEDHUS 光学土壤水分，显示了土壤水分的区域差异。颜色越接近红色，代表土壤水分值越高。所有 SAR 过境时间的光学土壤水分图像重建完成后，将这些 30 m 分辨率的图像输入融合模型进行模型训练，然后利用 SOFSME 得到 30 m 分辨率的估算的土壤水分图像。与图 2.23（a）中 30 m 分辨率的光学土壤水分图像相对应的，是 SOFSME 估算的同一时间 30 m 分辨率的土壤水分图像，如图 2.23（b）所示。

2.3.4　融合方法的性能、精度和对比

1. SOFSME 方法的性能

如图 2.24 所示，在 REMEDHUS 区域的 24 轮实验的均方根误差中位数为 0.048 3，且均方根误差值表现出相对稳定的状态。大多数均方根误差值在中位数

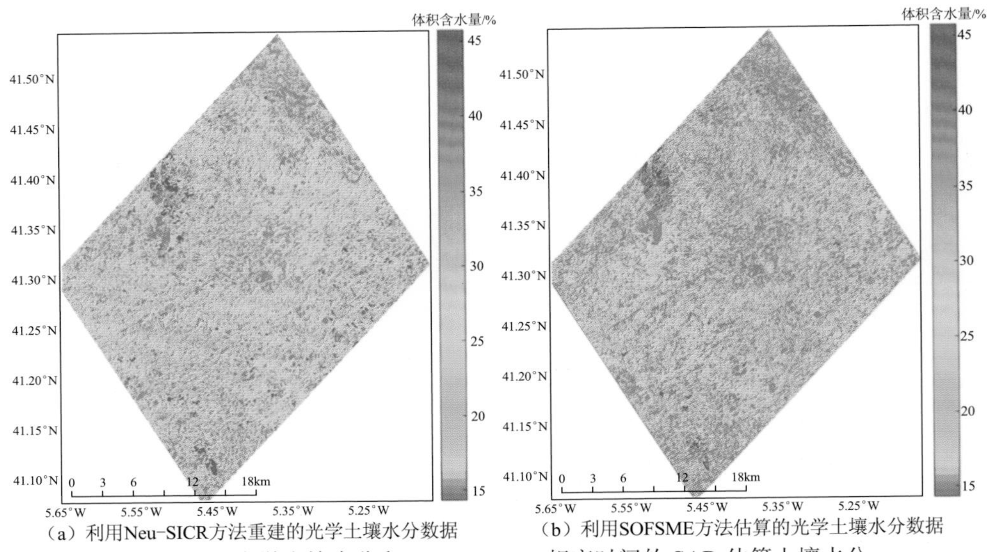

（a）利用Neu-SICR方法重建的光学土壤水分数据　（b）利用SOFSME方法估算的光学土壤水分数据

图 2.23　光学土壤水分和 REMEDHUS 相应时间的 SAR 估算土壤水分

上下浮动。SOFSME 在农田区域表现出较高的稳定性。图 2.24（b）是在多土地覆盖类型区域（Huntsville）进行的 21 轮验证实验的三种主要地物的均方根误差。总体而言，除第 11 轮实验中所有土地利用类型的均方根误差发生突变外，其他各土地覆盖类型的均方根误差均保持稳定。裸土像元的均方根误差中位数最小，为 0.020 3，表明其精度最高。同时，在稀疏植被和山地植被区均方根误差的波动大于裸土区，说明 SOFSME 在裸土区域比植被覆盖区域具有更高的稳定性和准确性。此外，24 轮实验的土壤水分估算值与观测值的皮尔逊相关系数中位数为 0.764 5，且保持高稳定的状态。第 22 轮实验的相关系数最大，为 0.899 3，表明该模型在两个研究区均具有良好的可用性和稳定性。

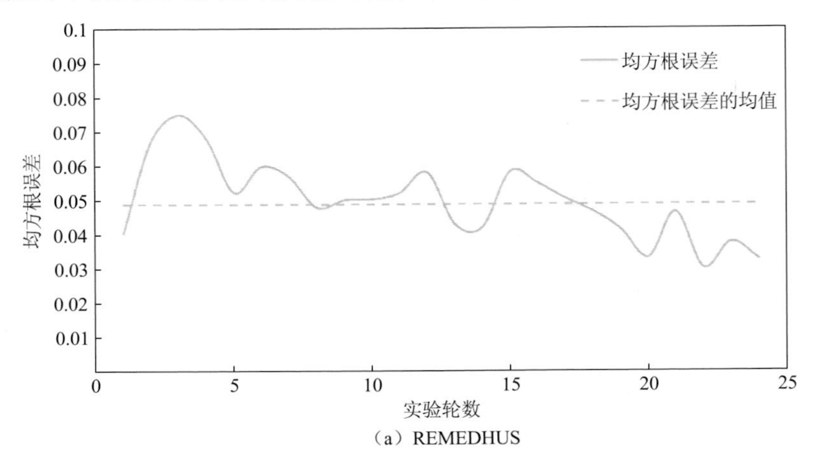

（a）REMEDHUS

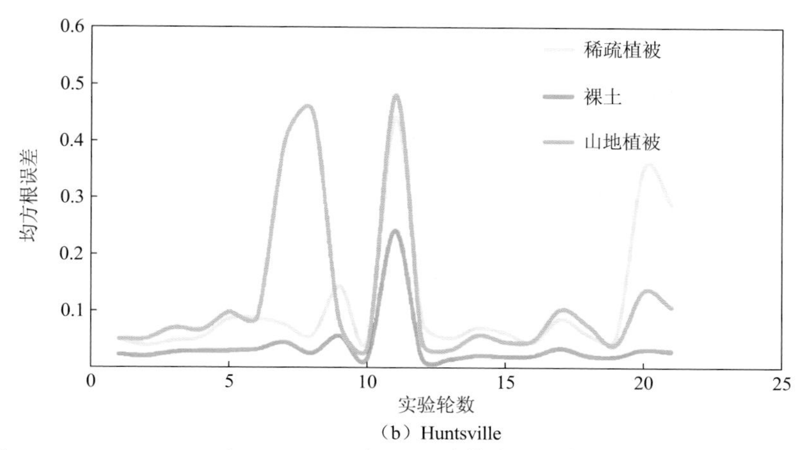

（b）Huntsville

图 2.24　REMEDHUS 和 Huntsville 在 30 m 分辨率下土壤水分图像的均方根误差

2. SOFSME 方法的精度

为了分析 SOFSME 的准确性，选取在 Huntsville 中均方根误差最小的第 10 轮实验和均方根误差最大的第 11 轮实验的结果来计算误差分布直方图。各实验误差的均值和方差见表 2.9。在 Huntsville 三种土地覆盖类型中，裸土区域的误差方差和误差均值最小，SOFSME 在山地植被区域的精度略高于稀疏植被区域，稳定性则相反。比较结果表明，该方法在裸土区域精度和适用性最好，且该方法在稀疏植被区域适用性优于山地植被区域。

表 2.9　第 10 次和第 11 次 Huntsville 实验误差的均值和方差　（单位：m^3/m^3）

序列	指标	稀疏植被	裸土	山地植被
第 10 轮实验	误差方差	0.045	0.019	0.063
	误差均值	0.013	0.002 6	0.003 4
第 11 轮实验	误差方差	0.146	0.063	0.208
	误差均值	0.466	0.239	−0.455

第 10 轮实验的误差分布直方图如图 2.25 所示。裸土的误差分布最集中。此外，在核密度函数中可以得到唯一的全局最大值，说明 SOFSME 在裸土像素上表现最好。但是，在稀疏植被和山地植被区域，局部最大值出现在 0 附近，这说明在植被覆盖区域应用融合方法可能存在系统误差。

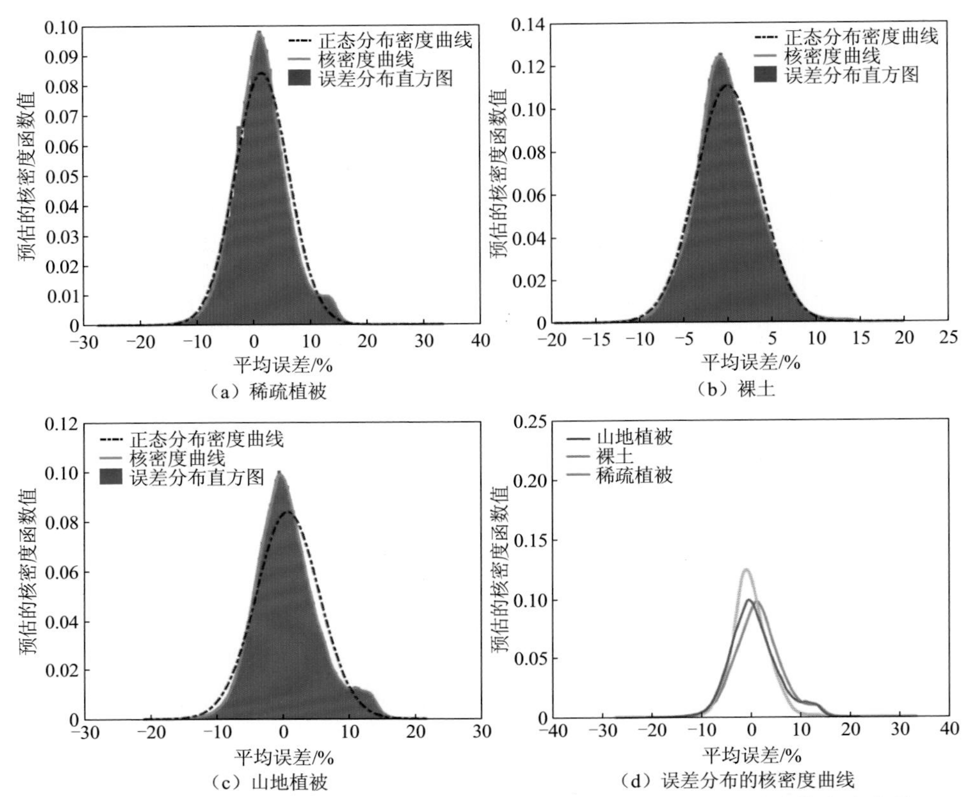

图 2.25　第 10 轮实验的 3 种土地覆盖区域误差分布直方图和误差分布核密度曲线

在图 2.25（a）～（c）中，紫块表示误差分布的直方图，红线表示对应的核密度曲线，黑色虚线表示误差的均值和方差对应的正态分布密度曲线

此外，在 Huntsville 的 21 轮实验中，SOFSME 在第 11 轮表现不佳。考虑 SOFSME 的整体精度，表 2.9 所列的第 11 轮实验的误差相关参数及其在 3 个土地利用覆盖区域的误差分布如图 2.26 所示。图 2.26（a）～（c）中核密度函数的最大值在一定程度上远离 0，特别是在山地植被区域。表 2.9 中的误差均值和误差方差值说明融合方法的精度部分下降。但总体上，稀疏植被和裸土的误差分布呈单峰状。山地植被的误差分布直方图虽然有两个峰值，但较低的峰值出现在零值附近。因此，融合方法在这一轮实验中继续发挥作用。

3. 土壤水分图像质量评价

为了验证 SOFSME 估算的土壤水分图像和光学土壤水分图像的均匀性，本节计算了两个研究区域的 UIQI，发现 Huntsville 的 UIQI 值低于 REMEDHUS 的 UIQI

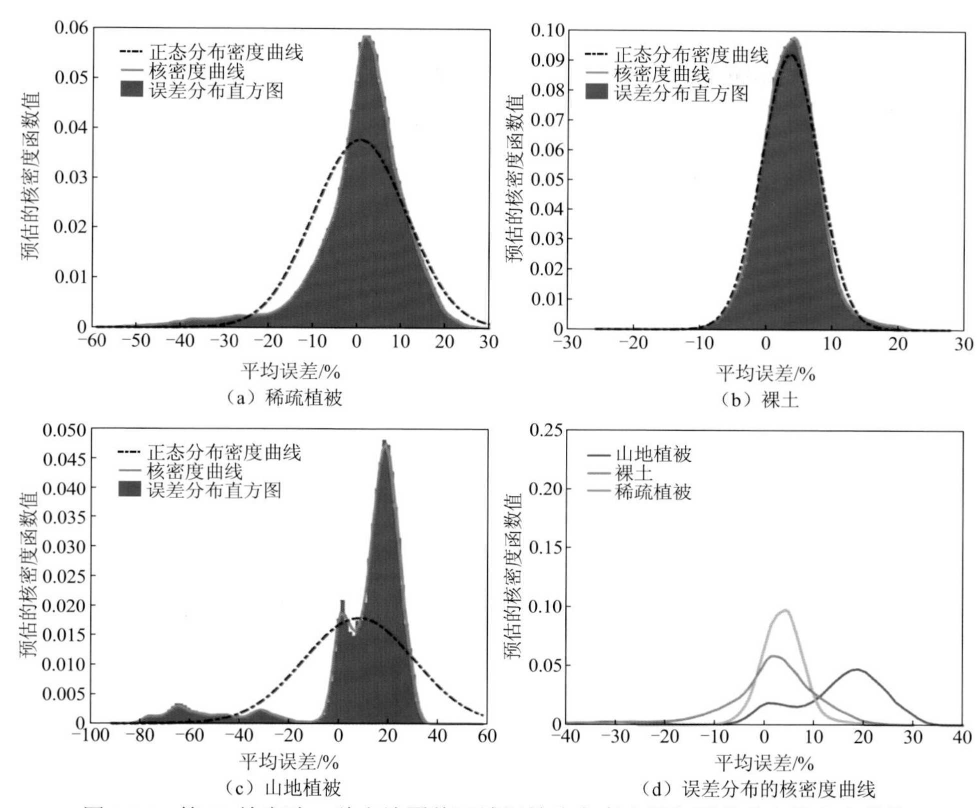

图 2.26　第 11 轮实验 3 种土地覆盖区域误差分布直方图和误差分布核密度曲线

值，说明单一土地覆盖区域估算的土壤水分图像质量高于多土地覆盖区域。在 SOFSME 中，单一农田区域估算的土壤水分图像的 UIQI 中位数为 0.1454。同一区域，在 SICR 方法中 UIQI 中位数为 0.146，在原位传感器重建（IR）方法中为 0.0286，在卫星传感器重建（SR）方法中为 0.0137。因此，SOFSME 可以获得更高质量的土壤水分图像，有效地表征单一农田区域土壤水分的空间变异性。尽管 SOFSME 生成的土壤水分图像质量高于其他方法，但 UIQI 值总体较低。考虑两个研究区域 UIQI 值的误差来源，其结果可能受到以下因素的影响：光学土壤水分的获取方式和原始 SAR 图像质量；不同空间分辨率的 SAR 图像和光学土壤水分图像融合可能会降低 UIQI 值；Sentinel-1A C 波段 SAR 产品的噪声不能完全消除，可能会给图像质量计算带来误差。尽管存在系统误差，但本节提出的融合方法比传统方法（如 IR 和 SR 等）生成了更高质量的土壤水分图像，特别是对于单一农田区域。

4. SOFSME 与现有方法的比较

如表 2.10 所示，与基于 IEM 的一般土壤水分估算方法相比，SOFSME 更具效率，具有更好的潜在应用能力。在传统方法中，地表粗糙度和其他相关参数需要密集的现场测量。而此处提出的 SOFSME 融合方法则将这些参数的影响融入训练的模型，作为不同层次和模型结构之间的权值，从而提高了 SAR 估算土壤水分的效率。这些变化的环境因子是通过对遥感数据集、光学土壤水分数据和同化数据进行训练得到的。因此，该方法易于推广到其他研究领域。在大多数土地覆盖类型地区，SOFSME 可以获得与其他半经验方法相当的土壤水分估算精度。半经验方法简化了土壤表面参数与 SAR 后向散射系数之间的关系，但土壤表面粗糙度参数难以收集。SOFSME 与其他 Sentinel-1 和光学数据融合方法相比，则能更准确地估算地表土壤水分，提供高分辨率的土壤水分图像。

表 2.10　SOFSME 与其他方法的比较

方法	复制和效率	精度和图像质量	SM 图像分辨率
传统方法	高度依赖实地测量	Dubois 的均方根误差为 0.042；IR 和 SR 的 UIQI 分别为 0.028 6 和 0.013 7	利用微波主动和被动融合方法估算千米级土壤水分
SOFSME	地表参数来自历史光学土壤水分图像和相关的环境图像	RMSE 为 0.048 63，UIQI 为 0.145 4	Sentinel-1A C 波段 SAR 估算 30 m 土壤水分

5. SOFSME 方法的优点和局限性

SOFSME 的主要优点和创新点：①SOFSME 不直接依赖于现场测量，建立了一种不需要实地测量的土壤水分估测模型，克服了常规方法对地表粗糙度等地表参数的依赖，该方法对实验区域具有较好的适应性；②SOFSME 可以克服天气的限制，该方法应用的数据不受光学遥感观测的天气条件限制。例如，气象模型可以提供降水数据，SAR 信号可以克服云雾的影响。因此，利用 SOFSME 可以获得恶劣天气条件下的土壤水分图像，提高现有土壤水分产品的时空分辨率。同时也需承认，本节提出的 SOFSME 融合模型是建立在模型训练和应用过程中地表粗糙度信息保持稳定、主要土地利用类型不发生变化的假设基础上，而实际上，这些环境会受到多种自然因素和人类活动的影响。系统误差的另一个来源是实验数据的预处理，如 Sentinel-1A 后向散射系数的校准和多源遥感数据集在时间尺度和空间分辨率上的匹配。这些问题可能会影响估算的准确性，但不会降低所提方法的科学性。

2.4　基于星地多源数据融合的高精度降水数据获取与融合

2.4.1　多源降水监测和产品验证

除了前述章节论述的基于多源数据融合实现高质量的土壤水分数据，类似的数据融合方法也可以应用在降水数据中。降水是干旱灾害领域中的主要变量之一。但是，由于仪器、反演方法和数值模型的不确定性仍然很高，尤其是在高空间分辨率（例如 5 km），准确估计每日、每月和每年的全球降水量仍然是一项挑战。当前有三种估算全球降水的方法：基于降水站点方法、卫星反演和数据再分析。基于这些方法，目前可获得许多不同时空尺度的全球降水产品。但是，这些降水产品在不同区域可能具有不同的精度，唯一的最佳数据集仍然没有出现。因此，如何量化和减少不同降水产品的不确定性是一个关键性问题。

测量降水的直接方法是使用降水站点。降水站点可测量随时间累积的降水深度。不同类型的降水站点有其优点和缺点。相对于卫星反演和模型模拟，降水站点的测量被认为是估算降水量的最准确方法。但是，全球可用的降水站点数量稀少且分布不均匀，欧洲和北美洲的降水站点数量较多，而其他大陆的降水站点数量较少。全球降水站点记录中也存在许多缺失值。降水站点的密度和数量极大地影响了基于降水站点的降水数据集的准确性。插值技术和加权方法也会影响网格降水数据估算。这些因素导致了基于降水站点的降水产品的不确定性，尤其是在没有降水站点分布和降水站点分布稀疏的地区。

新兴的传感器为机载和星载降水监测提供了巨大的机会。这些传感器包括可见/红外传感器、主动微波和被动微波传感器。基于可见/红外传感器的方法将亮云和冷云与对流联系起来，并使用云顶温度来估计地面上的降水。被动微波可以穿透云层，并且对降水大小的颗粒较为敏感。被动微波传感器，例如特殊传感器微波/成像仪（SSM/I）、热带雨量测量任务（TRMM）主动微波成像仪、先进微波探测单元（AMSU）和对地观测高级微波扫描辐射计（AMSR-E），可以对全球进行降水观测。主动微波观测也用于降水估算，例如 TRMM 传感器和全球降水测量（GPM）传感器。目前已经发展出了许多降水反演算法，其中最常用的是戈达德廓线算法。与基于站点测量相比，卫星估算的空间范围更广，能够估测大规模降水事件。

除了直接观测，再分析数据将各种观测到的数据同化到过程模型中，以生成物理上一致、时空均匀和综合的气候变量。全球多个研究中心都生产了一些再分析数据集，例如欧洲中期天气预报中心（ECMWF）的 ERA 再分析数据、日本的 JRA-55 再分析数据和 MERRA 再分析数据。降水再分析数据的准确性取决于观测、同化方法、模型结构和参数率定过程。随着数据同化算法的发展、气候观测变量的增加和模型的优化，再分析数据中的降水估算的质量逐渐提高。

栅格化降水数据通常使用降水站点数据进行验证。使用密集的降水站点网络在全球范围内验证当前的降水产品具有挑战性，因为可用的站点稀疏且分布不均匀，特别是在山区和偏远地区。如图 2.27 所示，1983 年 1 月和 2016 年 1 月的全球降水气候中心（GPCC）数据表明，全球平均覆盖至少 4 个降水站点的 0.5° 栅格的比例不到 4%。另一方面，使用点观测值表示网格值可能会遇到代表性误差，而该误差在验证误差中占主导地位。因此，目前不可能使用降水站点在全球范围内验证降水产品。

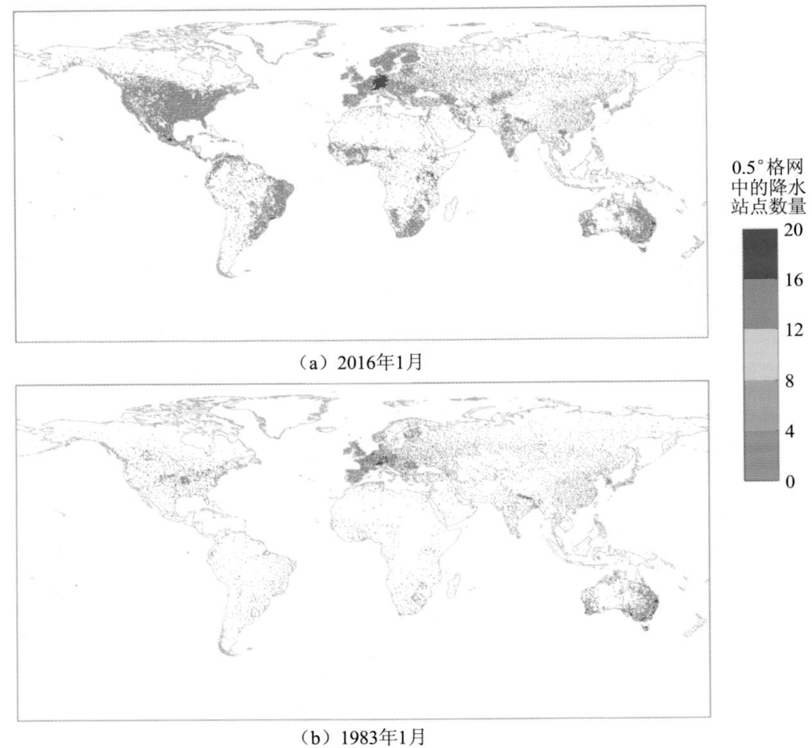

（a）2016年1月

（b）1983年1月

图 2.27　GPCC 数据中的全球可用地面降水站点分布

最近，一些不依赖于降水站点的验证研究逐渐出现。三角帽（TCH）方法和三重组合（TC）方法是不使用地面数据来评估遥感或水文产品不确定性的两种常用方法。TCH 是一种基于差异的方法，通过消除真实观测值的共同误差来估计特定变量的不确定性。首次提出 TCH 时，需要三个独立的数据集才能获得不确定性。后来一项扩展的研究放宽了限制，通过最小化全局相关性考虑了数据集之间的相关性。最开始 TCH 提出的是用来测量时钟的不稳定性，很少有研究检验其在降水评估中的有效性。而 TC 是一种使用三个组合数据集估算地球物理变量的误差方差的方法。TC 方法假定组合数据之间的误差平稳性、误差正交性和零误差互相关性。尽管一些研究通过违反某些假设提出了一些改进方案，但大多数遵循这些假设的原始 TC 方法被更广泛使用，并且鲁棒性比这些改进方案更强。

降水产品的准确性随位置、地形和气候状况而变化。因此结合多种降水数据的优势来产生具有更高准确度的融合数据集似乎可行。最近的一项研究通过加权平均值对 7 个不同的降水数据进行积分，以生成一个名为“多源加权集合降水”（MSWEP）的新数据集。权重由指定地区的降水站点网络的密度和未使用面积的周围降水站点的比较性能决定。进一步的验证表明了 MSWEP 产品具有良好效果。因此，这是融合多源降水数据集以提高降水精度的一种可行方法。

在这一背景下，此处将原始的 TCH 方法应用于 13 种月尺度的基于站点、卫星和再分析的数据集及 11 种 2003～2016 年的日尺度数据产品来评估降水产品不确定性。本节中的不确定性指的是随机误差（二阶错误）。将估计的误差方差-协方差的倒数视为融合这些降水产品时的权重，以生成新的降水数据集。TC 方法已用于对多个土壤水分数据加权融合，但是采用 TCH 方法进行加权的研究还值得探索。TC 和 TCH 方法之间的差异在于误差相关性的建模。在多个数据之间存在误差相关（例如降水）的情况下，TC 方法可能难以取得较好的结果，而 TCH 可以在优化过程中减少误差相关性。

2.4.2 地面、卫星遥感和同化降水数据

1. 基于站点的数据集

GPCC 收集了来自世界各地的降水站点数据，并且建立了一个数据库，该数据库在全球范围内拥有 85 000 多个站点，时间覆盖范围超过 200 年。GPCC 数据库集成了多个来源的降水站点记录，包括来自全球电信系统（GTS）的近实时收集的数据和来自世界气象组织（WMO）成员国、国际区域项目和 CRU 的离线数据。GPCC 提供从 1901 年到现在的 0.5°、1° 和 2.5° 降水数据。与其他数据集相比，GPCC 被认为是最大的全球降水数据集。1982～2016 年 GPCC 数据的每日版本分别以 0.5°、1° 和 2.5° 的分辨率发布。

CRU TimeSeries（CRU TS）是由英国东英吉利大学开发的，基于月度 0.5° 分辨率的气候数据集，涵盖除南极洲以外的世界所有陆地地区。CRU TS 中使用的降水站点来自 WMO 的全球月度气候数据及来自多个国家的其他月度数据。此数据有两个并行版本：版本 3.xx 和版本 4.xx。CRU TS 版本 3 使用 IDL 例程“triangulate”和“trigrid”来实现三角线性插值，而版本 4 使用角距离权重（ADW）来对每月异常进行网格化。使用 ADW 可以完全控制选择用于网格化的观测站。CRU TS 版本 3 目前计划不再继续发布，当前的版本 4 数据为 CRU TS v4.02。本节收集了每月 CRU TS v4.02 的降水量数据。

气候预测中心（CPC）提供了一个统一的、基于站点的全球日降水量数据集，从 1979 年开始，以 0.5° 的分辨率发布。CPC 统一的降水量整合了 GTS 的实测降水观测数据、CMORPH 的卫星估算值及美国国家海洋与大气管理局（NOAA）国家环境预测中心（NCEP）的基于数值模型的降水量全球预报产品。1979～2005 年的 CPC 降水产品是回顾性版本，涉及 30 000 多个降水站点，而 2006 年至今的数据是实时版本，涉及约 17 000 个站点。

特拉华大学（UDEL）使用 GHCN 第 2 版的降水站点记录建立了从 1900 年到目前的全球每月 0.5° 降水量数据集。UDEL 数据的最新版本延续至 2017 年。该数据空间插值使用的是气候辅助插值和基于 Shepard 算法的增强距离加权方法。

2. 基于卫星估计的数据集

PERSIANN 是由水文气象与遥感中心（CHRS）根据遥感信息生成的降水估计产品，是一种时间跨度为 2000 年至今、空间分辨率为 0.25°、覆盖 60° N～60° S 的全球日降水量数据集。PERSIANN 是使用神经网络的分类/逼近程序生成的，用于计算基于对地静止红外亮度温度图像的降水估算值。

CMORPH 是一个全球日平均 0.25° 降水数据集，覆盖 60° S～60° N。CMORPH 通过低轨道卫星微波观测估计降水，并通过运动矢量将降水信息传播到对地静止卫星红外数据。CMORPH 整合了国防气象卫星计划（DMSP）13、14、15（SSM/I）、NOAA-15、16、17 和 18（AMSU-B）及 AMSR-E 和 TMI 上被动微波的降水估计。

TRMM 任务是由 NASA 和日本宇宙航空研究开发机构（JAXA）于 1997 年发起的，用于估计降水量，并且机载仪器于 2015 年 6 月关闭。TRMM 机载卫星传感器包括 VIS/IR 辐射计、TMI 和降水雷达。从 1998 年开始发布 3 h、每天和每月的降水量数据，以 0.25° 的空间分辨率显示，覆盖 50° S～50° N。TRMM 多卫星降水分析（TMPA）产品是 TRMM 数据集的研究版本，它结合了来自多个卫星传感器，包括 TMI、SSM/I、AMSR-E、AMSU-B、微波湿度探测仪（MHS）和欧洲运行气象卫星（MetOp）上的传感器。尽管 TMPA 产品计划于 2019 年 12 月终止，但正在进行的 GPM 任务是 TRMM 的有力后继者。本节收集了 TRMM 3B42RT 的日降水量数据以进行比较。

GPM 综合多卫星反演（IMERG）数据是从多个卫星微波降水估计、微波校准的红外卫星估计、降水站点分析及全球其他降水估计中获得的多卫星融合降水数据集。首先，基于分位数匹配对来自多个被动微波传感器的微波降水估计值进行相互校准。然后，使用微波校准的 IR 降水估算值来填充被动微波结果中的空洞。最后，合并来自 GPCC 的测量数据以控制偏差。因此，IMERG 数据可以看作一种综合的降水产品。每月和每天的 GPM IMERG 数据用于与 TCH 融合的数据集进行比较。

GSMaP 产品旨在利用卫星数据制作高精度、高分辨率的全球降水图，由日本科学技术厅（JST）的演化科学与技术核心研究（CREST）在 2002～2007 年期间生成。GSMaP 是根据组合的 MW-IR 算法使用 GPM-Core 微波成像仪（GMI）TRMM TMI、全球变化观测任务水（GCOM-W）的高级微波扫描辐射仪 2（AMSR2）和 DMSP 系列生产的 GSMaP 项目开发的传感器微波成像仪/测深仪（SSMIS）、NOAA 系列 AMSU、MetOp 系列 AMSU 和对地静止红外数据。每小时 0.1° GSMaP 数据包括 GSMaP 再分析产品（GSMaP_RNL）、GSMaP 微波红外组合产品（GSMaP_MVK）、GSMaP 近实时（GSMaP_NRT）与实时版本（GSMaP_NOW）和 RIKEN 研究所的即时数据集（GSMaP_RNC）。

CHIRPS 数据是由加利福尼亚大学圣塔芭芭拉分校（UCSB）开发的准全球降水数据集，范围为 50° S～50° N，分辨率为 0.05°。CHIRPS 基于 0.05° 的气候产品，该气候产品结合了卫星信息以表示稀疏的站点位置，并结合了基于 1981 年以来每天 5 次和每月 1 次 0.05° 红外冷云持续时间的降水估计及考虑了空间混合过程和红外冷云持续时间估计的相关结构来分配插值权重。本节中，收集了 0.05° CHIRPS 2.0 版数据并重新采样到 0.5°。

3. 再分析数据集

ERA-Interim 是基于 ECMWF 开发的从 1979 年至今且基于四维变异数据同化算法的全球再分析数据集。ERA-Interim 是为了克服 ERA-40 的某些不足，例如湿度分析方案和 IR 辐射的偏差调整。ECMWF 公共数据集发布了 3 h、6 h、每日和每月的数据。

JRA-55 是每日 3 h 和 6 h 的全球再分析数据，可以追溯到 1958 年，由日本气象机构（JMA）使用 TL319L60 空间分辨率的四维变异数据和变异偏差校正卫星辐射。JRA-55 克服了日本 JRA-25 再分析数据中的一些缺点，实现了更高的空间分辨率、新的辐射方案及引入时变浓度的温室气体。

MERRA 第 2 版（MERRA-2）是 1980 年至今的全球再分析数据，由 NASA GMAO 制作。由于同化系统的进步，它被用来替代原始的 MERRA 数据集。将高光谱辐射和微波观测及 GPS-无线电掩星数据集同化为 MERRA-2 系统。NASA 的臭氧剖面观测结果已合并到 MERRA-2 中。MERRA-2 被认为是第一个长期的全球再分析数据，可以吸收气溶胶及其与气候系统中其他物理过程的相互作用。

WFDEI 气象数据集是通过 ERA-Interim 再分析数据，使用与 WFD 相同的方法生成的。在 WFD 上的降水、风速和向下的短波通量方面进行了一些改进。WFDEI 数据以每 3 h 和每天的时间分辨率及 0.5° 空间分辨率在全球范围内发布，时间跨度为 1979～2016 年。

表 2.11 列出了本节中使用的数据，包括基于站点、卫星估算和再分析的降水数据集。这些数据的跨度统一为 2003～2016 年，被重新采样为 0.5° 的空间分辨率。通过对 0.5° 网格内的网格单元求平均，将具有 0.5°（例如 0.25°）整数倍的空间分辨率的数据集与 0.5° 相匹配。通过双线性插值将不具有 0.5° 的空间分辨率整数倍的数据集重新划分为 0.5°。最终包含 13 种月尺度数据集和 11 种日尺度数据集。在基于卫星的产品中，CHIRPS 包含许多测量站，而其余的都是纯卫星估算数据。

表 2.11　本节使用的全球月尺度与日尺度降水数据集

类型	数据	分辨率	频率	覆盖	时期
基于站点的数据集	CRU TS	0.5°	每月	全球陆地	1901～2017 年
	GPCC	0.5°	每月	全球陆地	1891～2016 年
	GPCC-daily	0.5°	每日	全球陆地	1982～2016 年
	CPC-Unified	0.5°	每日	全球陆地	1979 年至今
	UDEL	0.5°	每月	全球陆地	1900～2017 年
基于卫星的数据集	PERSIANN	0.25°	1 h/3 h/6 h/每日	60°S～60°N	2000 年至今
	CMORPH	0.25°/8 km	30 min/3 h/每日	60°S～60°N	2002 年至今
	TRMM 3B42RT	0.25°	3 h/每日	50°S～50°N	2000 年至今
	GSMaP	0.1°	1 h/每日	60°S～60°N	2000 年至今
	CHIRPS	0.05°	每日/每月	50°S～50°N	1981 年至今
再分析数据集	ERA-Interim	0.75°	6 h/每月	全球	1979 年至今
	JRA-55	0.5625°	3 h/6 h/每月	全球	1958 年至今
	MERRA-2	0.5°×0.625°	每日/每月	全球	1980 年至今
	WFDEI	0.5°	每日	全球	1979～2016 年

2.4.3　高精度降水融合方法

1. 方法框架

如图 2.28 所示，本节设计了一个全新框架来融合基于站点、卫星估算和再分析的降水产品。首先使用广义 TCH 方法估算单个降水数据的不确定性。此处需要采用尺度缩放的方法，以确保在加权之前不同的降水数据具有相同的分布。如果网格单元中有可用的降水站点，则使用经验分位数映射将其所有降水数据重新缩放为降水站点数据的分布。分位数映射可以校正两个数据集之间的降水时间序列，包括一阶和二阶误差。本节对整个降水时间序列进行了分位数映射。在定义权重之前，该处理过程对所有单个降水产品都是一致的。分位数映射仅用于与 TCH 方法一起生成新的融合数据集。因此，数据的验证主要针对各单个降水数据和融合后的数据。用于验证的各个降水量数据并不统一，从而确保了这些降水量产品之间的一致性比较，因此该方法是合理的。如果没有可用的降水站点，则将降水数据重新缩放为具有最小不确定性的数据。在这种情况下，基于 TCH 的融合方法可能无法本质上收敛于未覆盖区域中的最小系统偏差。因此再次使用 TCH 方法来估计重新缩放的数据的不确定性。然后，执行滤波程序以滤出具有低信噪比（SNR）的数据。基于估计的方差-协方差矩阵的逆来对滤波后的数据进行加权，以生成加权数据集。

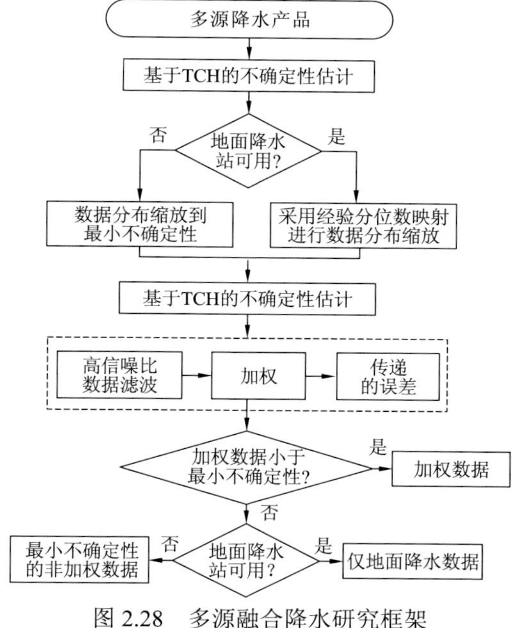

图 2.28　多源融合降水研究框架

此处将每月和每日数据集分别进行融合以测试 TCH 融合方法的性能。如果不采取进一步的校正，每日融合数据的集合可能不等于合并后的每月数据集。通常通过将汇总的每日数据汇总为月度数据来进行进一步校正，以确保日尺度汇总数据与月尺度数据之间的一致性。本节通过乘数因子将每日融合数据基于每月数据进行校正。通过该方法可以确保每日和每月合并的降水数据集之间的一致性。

此外，本节还进行了一个测试实验，以检查 TCH 方法的性能，而无需使用站点数据。卫星数据（PERSIANN、CMORPH、TRMM 3B42RT 和 GSMaP）和再分析数据（ERA-Interim、JRA-55、MERRA-2 和 WFDEI）融合到一个新的数据集中，并采用站点数据进行了验证。CHIRPS 数据未包含在融合过程中，因为它包含许多原位观测数据。验证数据基于全球范围内的最小不确定性规则，选取 GPCC、CRU TS、UDEL、CPC 和 CHIRPS 数据。由于 UDEL 和 CHIRPS 数据中的降水站点数据不可用，根据 GPCC、CRU TS 和 CPC 的可用降水站点确定了站点区域。如果 GPCC、CRU TS 和 CPC 中网格的可用站点数等于或大于 1，则该网格被视为站点区域。如果所有 13 种降水数据中的其中一个测量数据（GPCC、CRU TS、UDEL、CPC 和 CHIRPS）具有最小的不确定性，则将这些站点区域选择为验证区域。这种选择可确保在具有覆盖所有单个降水产品范围中，验证数据具有最小的不确定性，如图 2.29 所示。

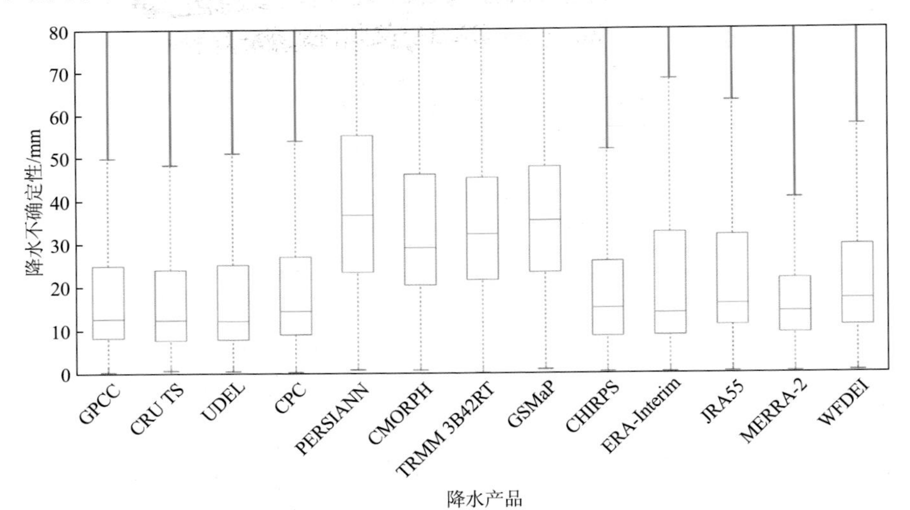

图 2.29　相对于单独降水产品的站点区域月尺度验证数据不确定性

本小节使用线性拟合方法基于月降水量计算趋势。选择 GPCC 作为欧洲部分地区的降水参考数据，并选择 CPC 作为北美洲部分地区的参考，因为这两种数据在相应区域都有密集的地面站。值得注意的是，无论是密集的还是稀疏的区域，都需要进行空间表示。如果趋势差接近 0，则假定数据集与参考非常一致。

2. 广义 TCH 算法

TCH 是一种无须在区域内使用真实值即可得出特定变量的不确定性（随机误差）的方法，其至少要求三个参考数据集可用。尽管 TCH 方法是多年前提出的，但它通常用于测量时钟的不稳定性。直到最近，它才在气候和水文应用中得到检验。因此，该研究可视为结合基于 TCH 进行多种降水产品融合的初步尝试。这种方法的成功应用将有望用于数据融合和减少数据产品不确定性。

3. 数据过滤及定权

高信噪比的降水数据应被融合，而低信噪比的噪声数据应被排除。在融合过程中，需要考虑误差方差的相关性以计算传播的不确定性。由于涉及大量降水数据集，存在使用相同站点数据使用可能性，从而导致用于降水反演的相同卫星传感器类型及再分析数据中的数据同化算法不可避免地会存在误差。

4. 评价指标

此处采用 4 种统计指标，即皮尔逊相关系数（PCC）、偏差、均方根误差（RMSE）和标准差（SD），用于基于站点数据评估 TCH 加权的效果。

2.4.4　单降水产品的不确定性与权重分析

图 2.30 显示了使用 2003～2016 年的广义 TCH 方法估算的单个原始降水产品（未尺度缩放）的不确定性分布。单个降水产品的不确定性主要基于站点、卫星及再分析数据集进行估计。在涉及的降水产品中，相对不确定度是不同的。PERSIANN、CMORPH、TRMM 3B42RT 和 GSMaP 的不确定性要比其他产品高。相对于其他单个降水数据，GPCC、CRU TS、UDEL 和 MERRA-2 具有较低的不确定性。由于 CHIRPS 已通过站点数据进行了校正，与基于站点和再分析的数据相比，其他 4 种基于卫星的产品具有更大的随机误差。应当指出，不确定性估计被称为随机误差，因为如果不了解真值就无法获得一阶系统偏差。因此，基于 TCH 的估计不确定度应小于由真值估计的不确定度（一阶加二阶误差）。另外，从图 2.30 可以看到 TCH 估计的 2003～2016 年降水产品不确定性的空间分布图。热带地区的不确定性通常比温带地区更大，同时热带地区降水量也呈现多于温带地区的趋势。在几乎所有的单个降水数据中，马来群岛区域都存在很大的不确定性。在所有降水数据中，南美洲北部地区都存在很大的不确定性。在澳大利亚，与其他单

个降水数据相比，GPCC、UDEL、CPC、CHIRPS 和 MERRA-2 具有较小的不确定性。与其他降水产品相比，CRU TS 和 CHIRPS 改善了中非的降水估算。

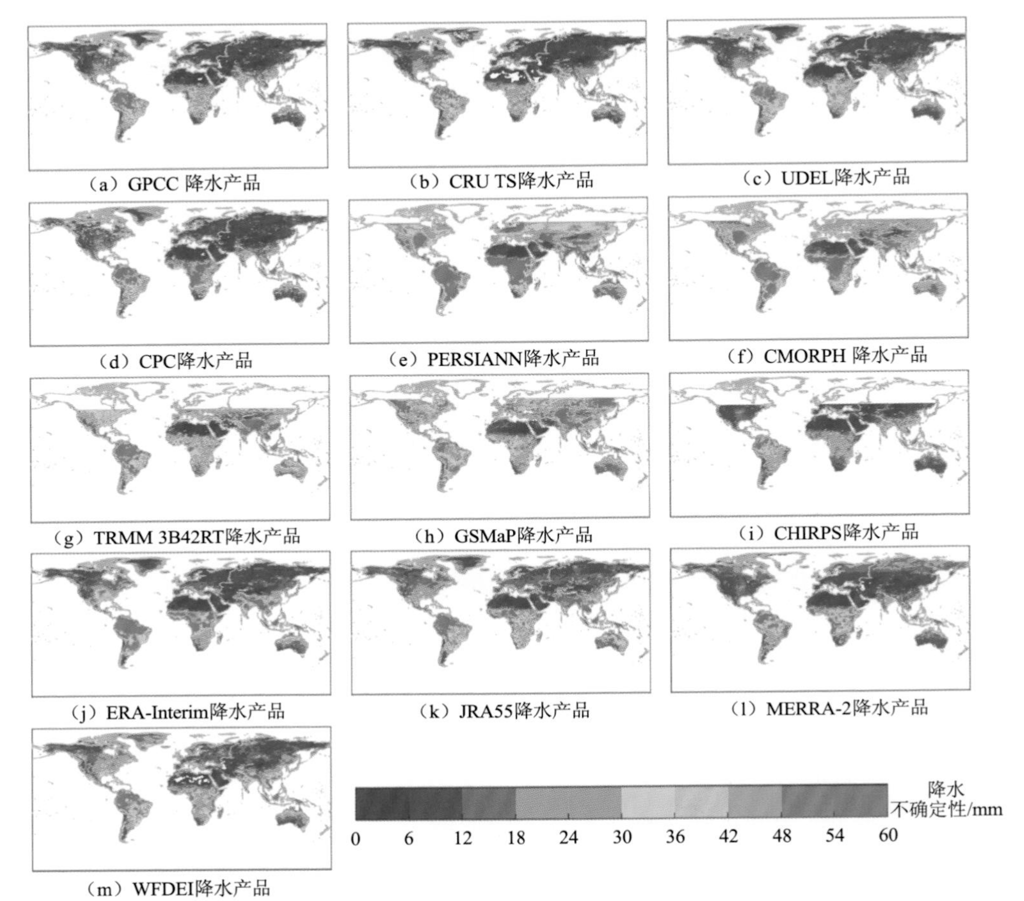

图 2.30　2003～2016 年基于广义 TCH 方法计算的单独降水产品不确定性空间分布

图 2.31 显示了 2003～2016 年融合过程中单个降水量数据的权重。这些权重可用于推断单个降水量数据的相对不确定性。在北美，与其他降水量数据相比，MERRA-2、CHIRPS 和 ERA-Interim 具有更大的权重。在南美，CHIRPS 和 MERRA-2 被赋予更大的权重。在非洲，CHIRPS 在许多领域的表现均优于其他降水产品，其次是 CRU TS。与其他数据集相比，MERRA-2、GPCC、CHIRPS 和 CRU TS 在欧洲和亚洲部分地区的权重更大。在澳大利亚，MERRA-2、GPCC 和 CHIRPS 的权重高于其他数据集。

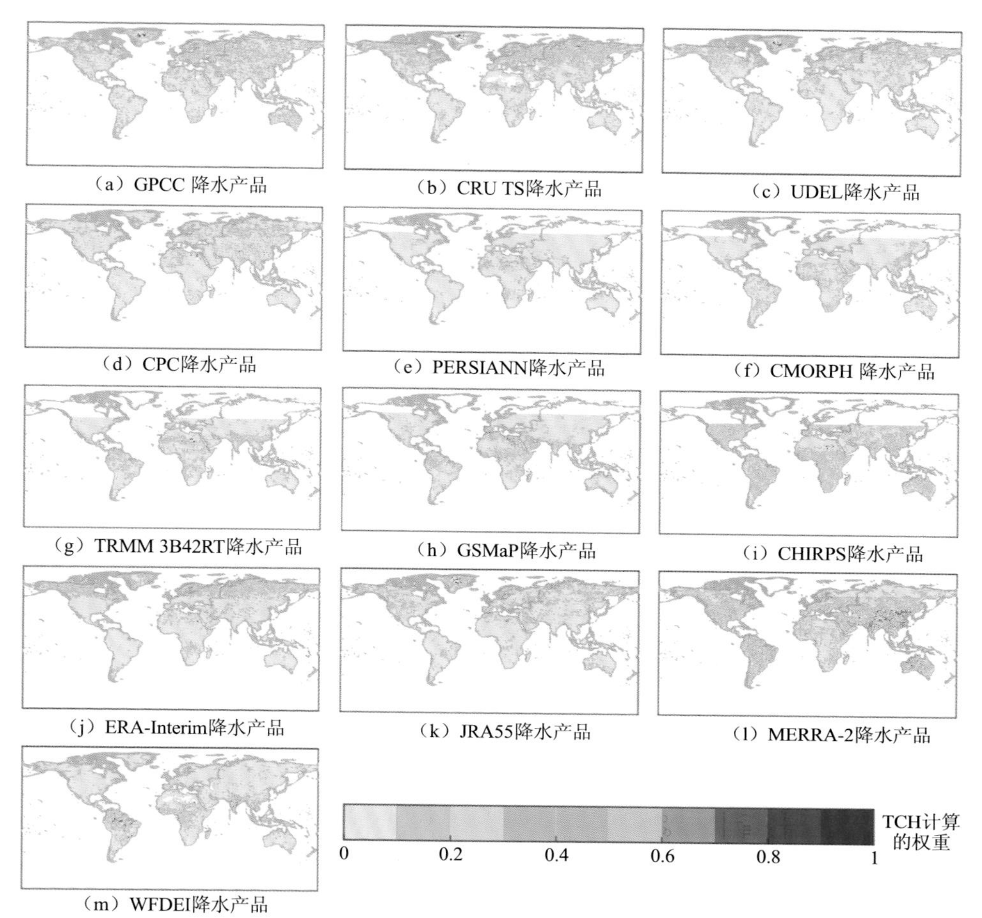

图 2.31　基于 2003～2016 年所有可用月尺度降水数据计算得到的 TCH 权重

2.4.5　基于三角帽方法加权融合的降水数据

本小节总共使用 4 858 个站点网格来验证月尺度数据，其中 GPCC 为 17%，CRU TS 为 12%，UDEL 为 9%，CPC 为 7%，CHIRPS 为 55%。基于站点数据的验证结果，其相关系数、偏差、均方根误差和标准差度量标准如图 2.32 所示。就这些统计数据而言，ERA-Interim、JRA55、MERRA-2 和 WFDEI 的总体质量优于其他单个降水产品，其中 MERRA-2 的均方根误差最低。在这段时间内，TCH 的性能可与应用最广泛的单个数据集相比，PCC 的中位数为 0.94，均方根误差的中位数为 15 mm，在偏差、均方根误差和标准差方面略优于 MERRA-2。

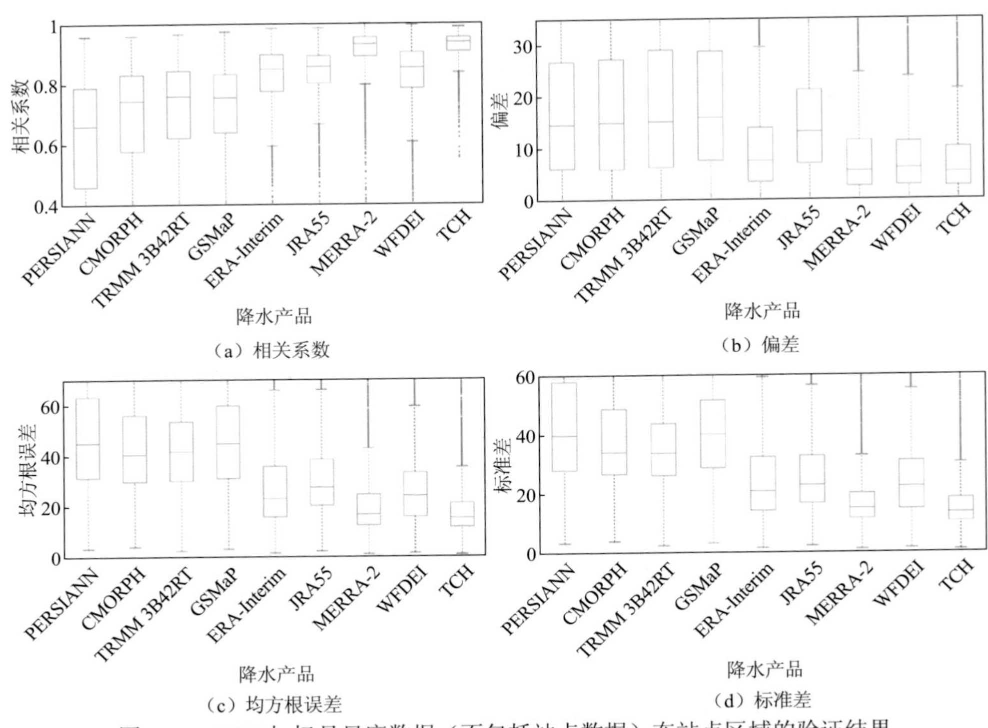

图 2.32　TCH 加权月尺度数据（不包括站点数据）在站点区域的验证结果

偏差统计信息以其绝对值显示；箱形图被截断以更好地展示它们之间的差异

TCH 未显示出实质性改进的原因是多方面的。首先，与再分析数据相比，基于卫星的数据集具有很大的不确定性，并且可能对融合结果没有太大贡献。另一方面，TCH 方法需要相对独立的数据集才能获得稳定的结果。但是，本节没有使用相对规范的数据集。因此，所涉及数据中的错误可能存在互相关性，从而影响融合结果。如果包括所有 13 种数据，则融合结果显示比 MERRA-2 有显著改善，如图 2.33～图 2.35 所示。应当注意的是，此处站点数据用于验证，不用于比较。

在验证区域中，将 TCH 融合的数据与多卫星反演的 GPM IMERG 数据进行比较。可以看出，TCH 融合数据相对于 GPM IMERG 数据得到了实质性的改善（图 2.36），表明 TCH 融合数据与最新的综合降水数据相比具有优势。无论是按月尺度还是按日尺度，该优势都是显著的。

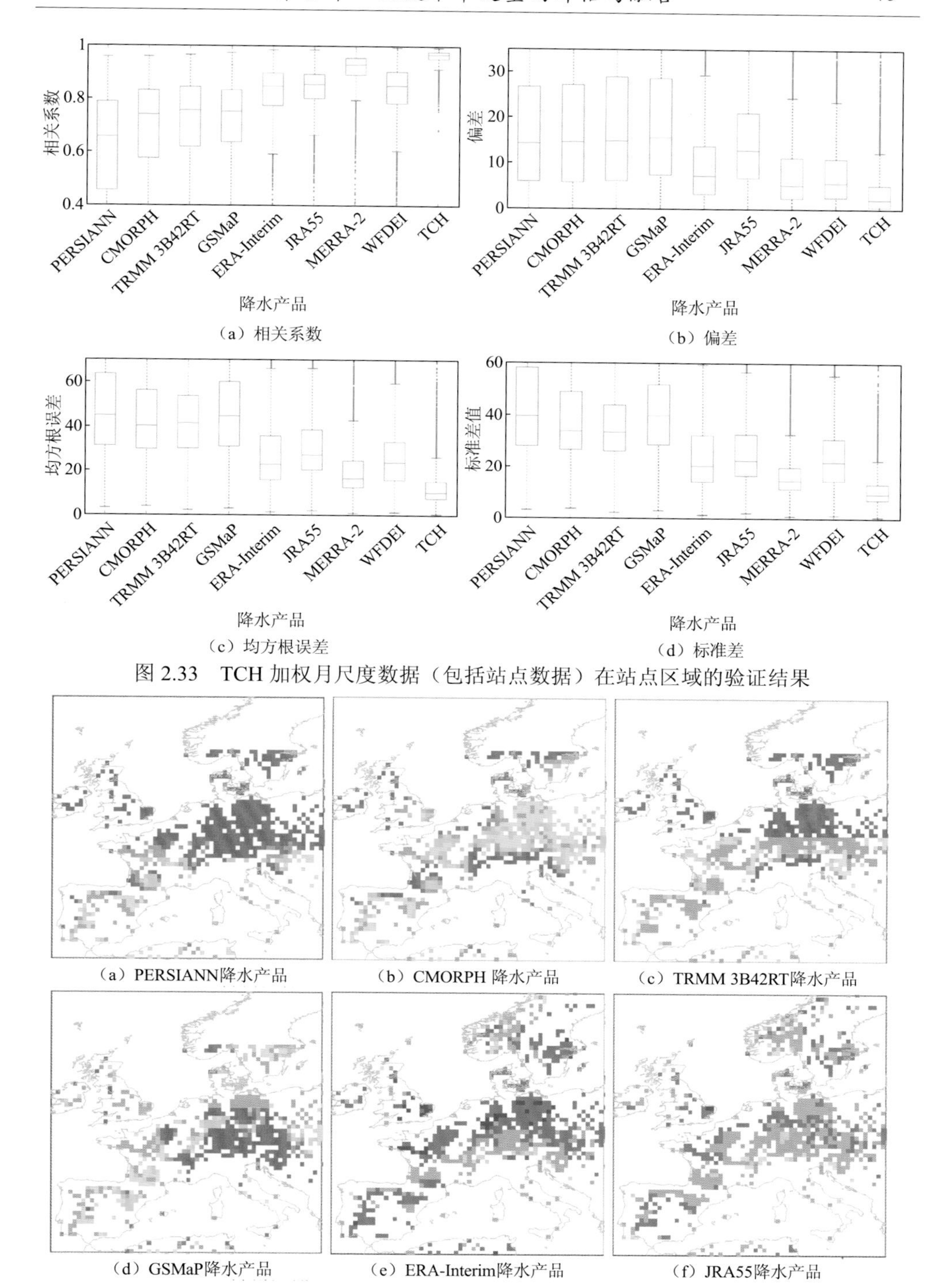

（a）相关系数　（b）偏差

（c）均方根误差　（d）标准差

图 2.33　TCH 加权月尺度数据（包括站点数据）在站点区域的验证结果

（a）PERSIANN降水产品　（b）CMORPH 降水产品　（c）TRMM 3B42RT降水产品

（d）GSMaP降水产品　（e）ERA-Interim降水产品　（f）JRA55降水产品

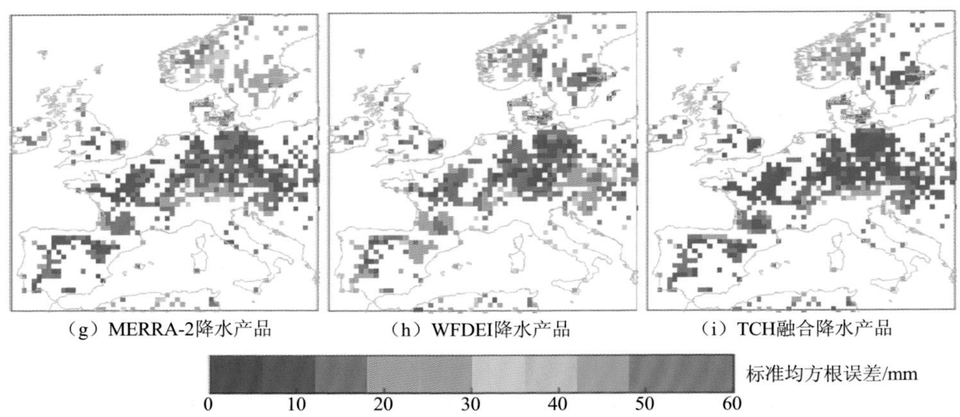

图 2.34　TCH 加权降水产品和单个降水数据集的标准均方根误差空间分布图

2003～2016 年使用欧洲部分地区站点区域验证

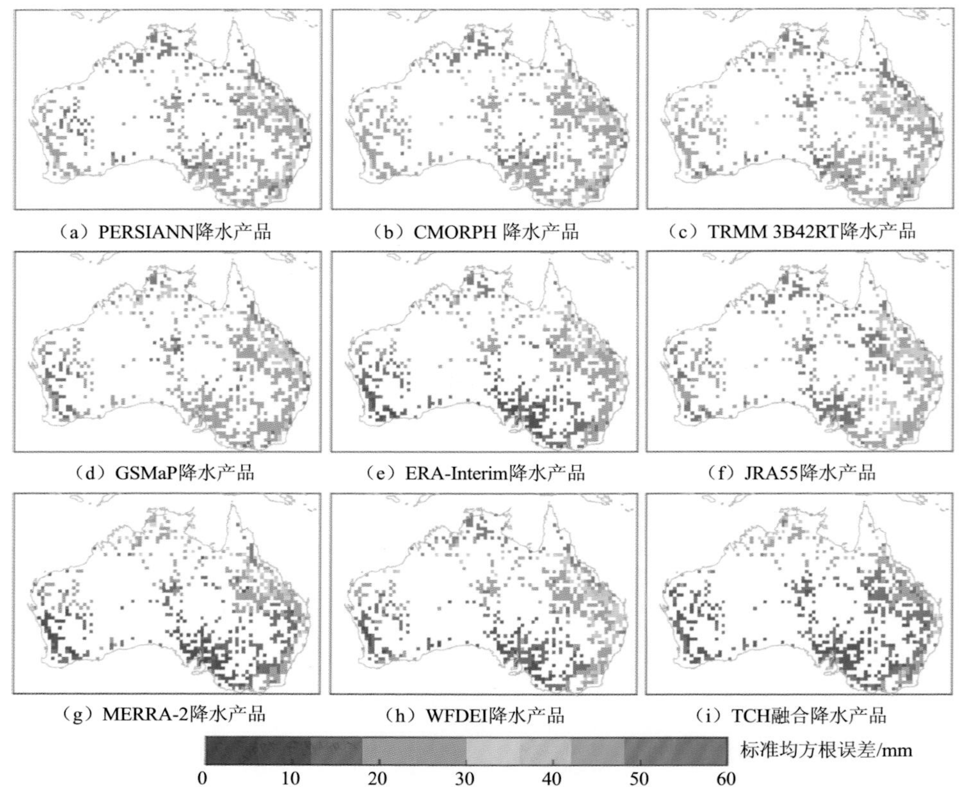

图 2.35　TCH 加权降水数据和单个降水数据集的标准均方根误差空间分布图

2003～2016 年使用澳大利亚站点区域进行验证

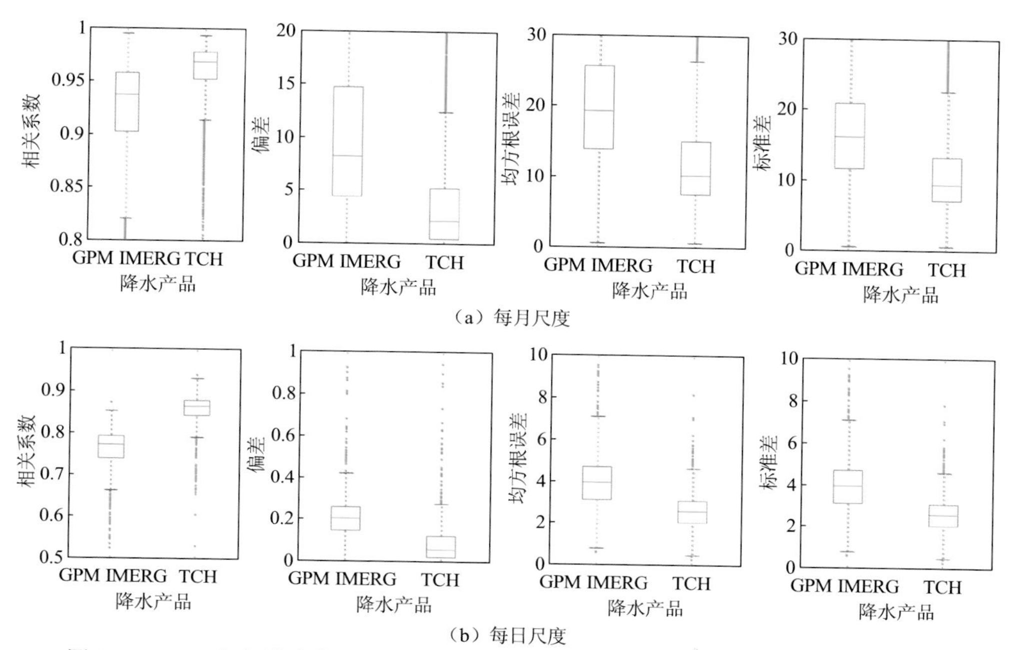

（a）每月尺度

（b）每日尺度

图 2.36　TCH 加权降水数据集与 GPM IMERG 降水数据在月度和日度尺度上的比较

2.4.6　年际降水融合数据

TCH 加权融合数据集与其他单个降水产品相比表现出良好的质量，因为在欧洲部分地区（图 2.37）和北美部分地区（图 2.38），加权数据集中与参考数据的差异总体上可与最佳单个数据相比较甚至更低。

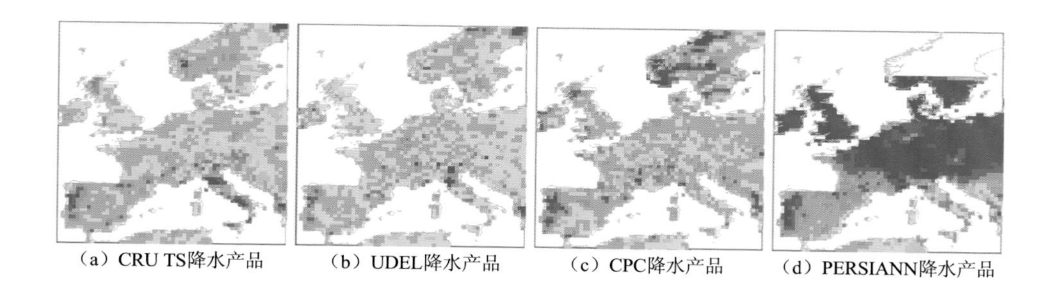

（a）CRU TS降水产品　（b）UDEL降水产品　（c）CPC降水产品　（d）PERSIANN降水产品

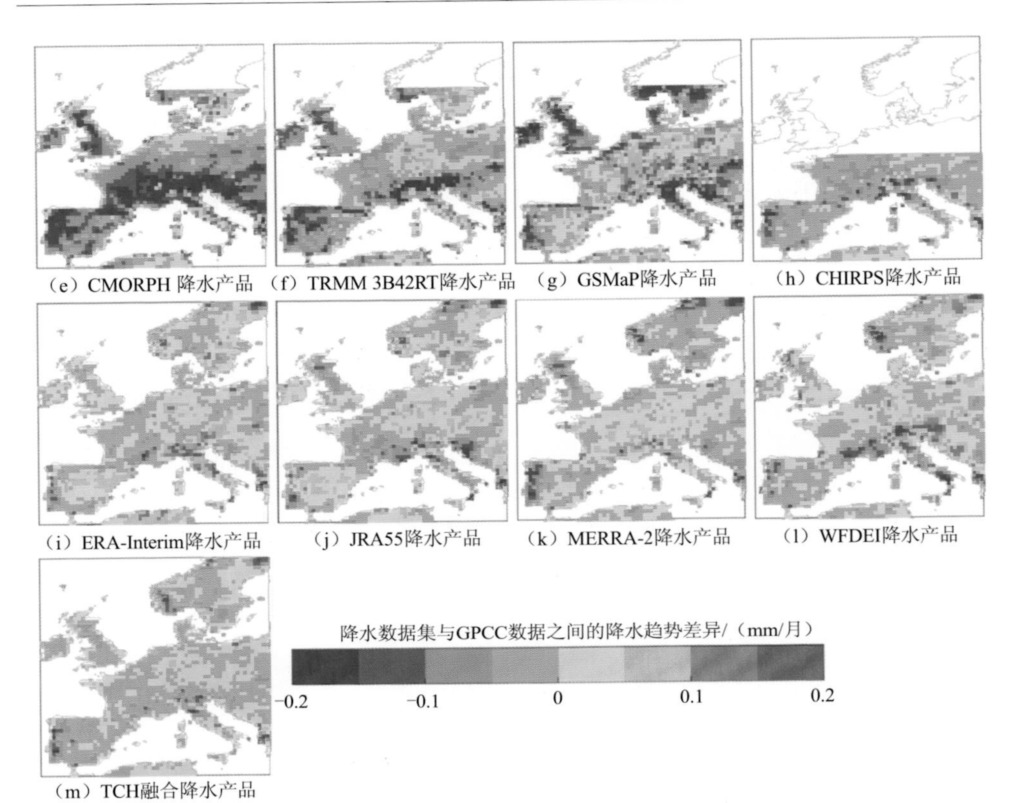

（e）CMORPH 降水产品　（f）TRMM 3B42RT降水产品　（g）GSMaP降水产品　（h）CHIRPS降水产品

（i）ERA-Interim降水产品　（j）JRA55降水产品　（k）MERRA-2降水产品　（l）WFDEI降水产品

（m）TCH融合降水产品

图 2.37　2003～2016 年欧洲部分地区涉及降水数据集与 GPCC 数据之间的降水趋势差异

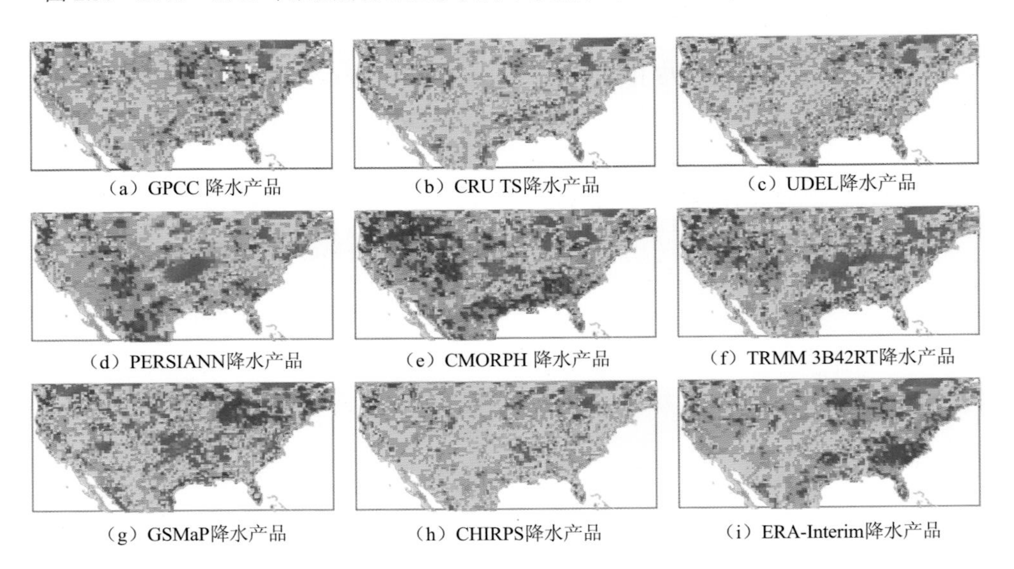

（a）GPCC 降水产品　（b）CRU TS降水产品　（c）UDEL降水产品

（d）PERSIANN降水产品　（e）CMORPH 降水产品　（f）TRMM 3B42RT降水产品

（g）GSMaP降水产品　（h）CHIRPS降水产品　（i）ERA-Interim降水产品

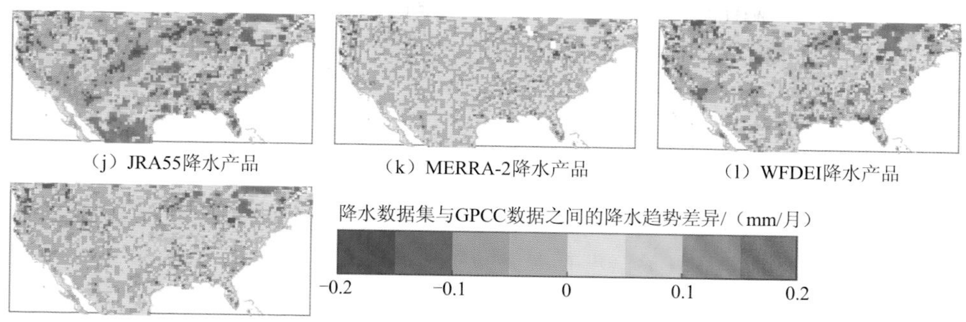

图 2.38　2003～2016 年澳大利亚涉及降水数据集与 CPC 数据之间的降水趋势差异

尽管存在一些差异，但加权融合数据集中的年度和季节性降水量与北美洲部分地区的 CPC 基本一致（图 2.39）。加权降水数据避免了某些数据集（例如 PERSIANN 和 CMORPH）显示的极低或极高的值，并且可以在很大程度上再现 CPC 的季节性变化。

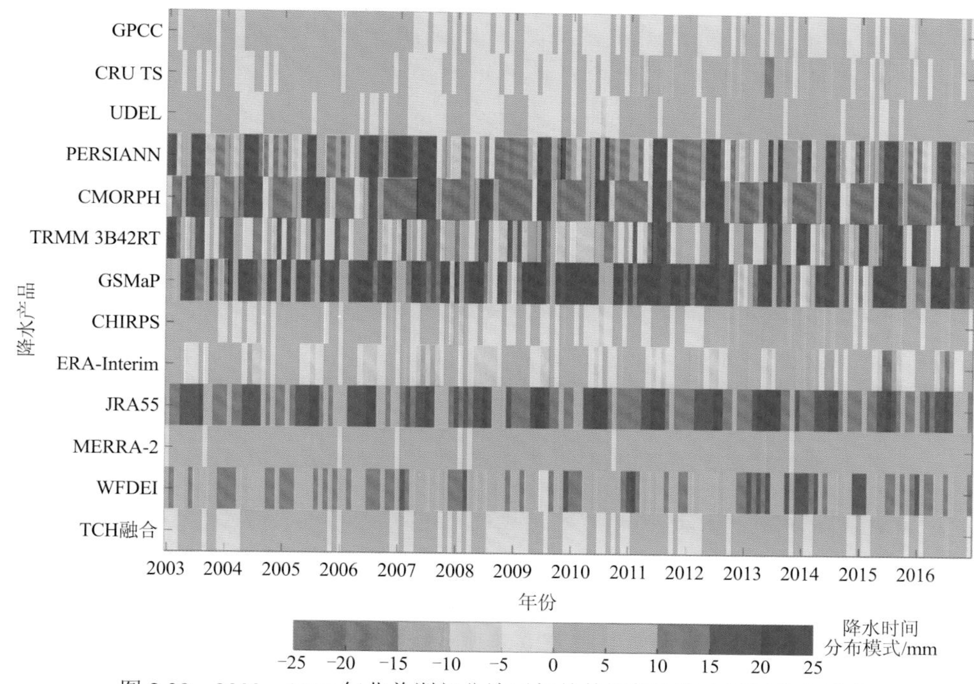

图 2.39　2003～2016 年北美洲部分地区相关数据集的降水时间分布模式

2.4.7　每日降水融合数据

使用与月度数据相同的方法，将这 11 种日降水量产品融合为新的日降水量数据。由于水文模拟中通常使用每日降水数据，进行每日数据融合实验以证明 TCH 融合方法的有效性。就总体相关系数、均方根误差和标准差而言，加权融合日降水量数据相对于单个降水数据集有很大改善（图 2.40）。

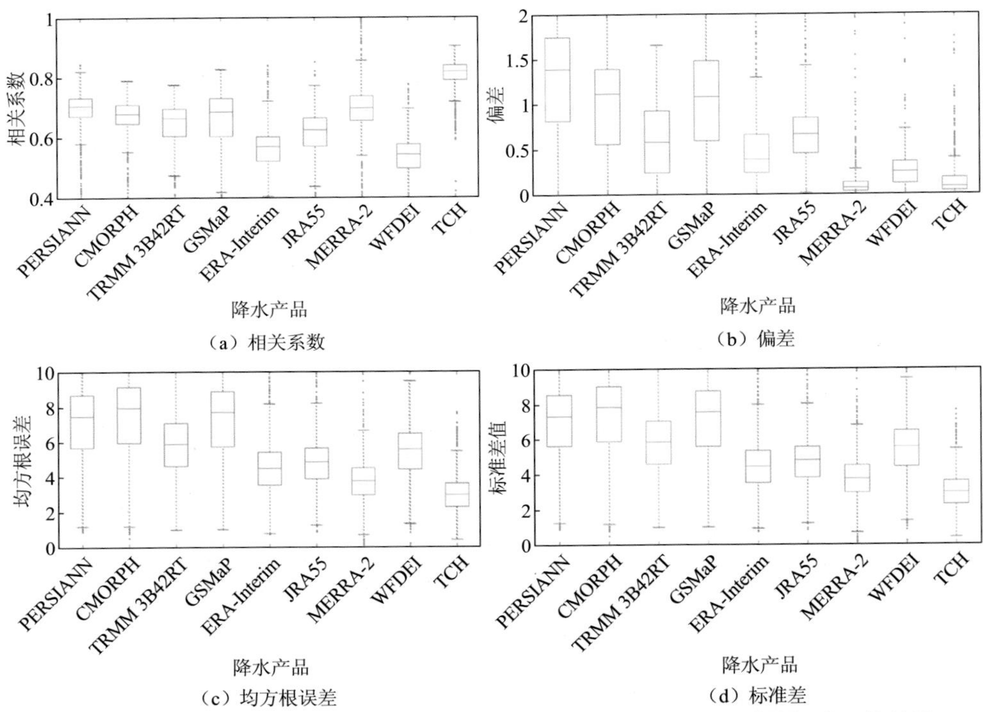

图 2.40　TCH 每日加权降水数据（不包括站点数据）基于站点区域进行验证的结果

偏差统计信息以其绝对值显示；箱形图被截断以更好地展示它们之间的差异

偏差指标相对于大多数单个数据集而言也有改进。当融合基于站点的数据时，与基于卫星的产品和再分析产品相比，加权融合数据集中可以看到显著的改进（图 2.41）。

每日数据融合中的权重（图 2.42）与每月数据融合中的权重有一些异同。在非洲以外的许多地区，MERRA-2 数据都被赋予了较大的权重。在非洲，PERSIANN、GSMaP 和 CHIRPS 的权重大于再分析数据和基于站点的数据。各个降水数据对不同地区权重的贡献不同，这也反映了其不确定性。

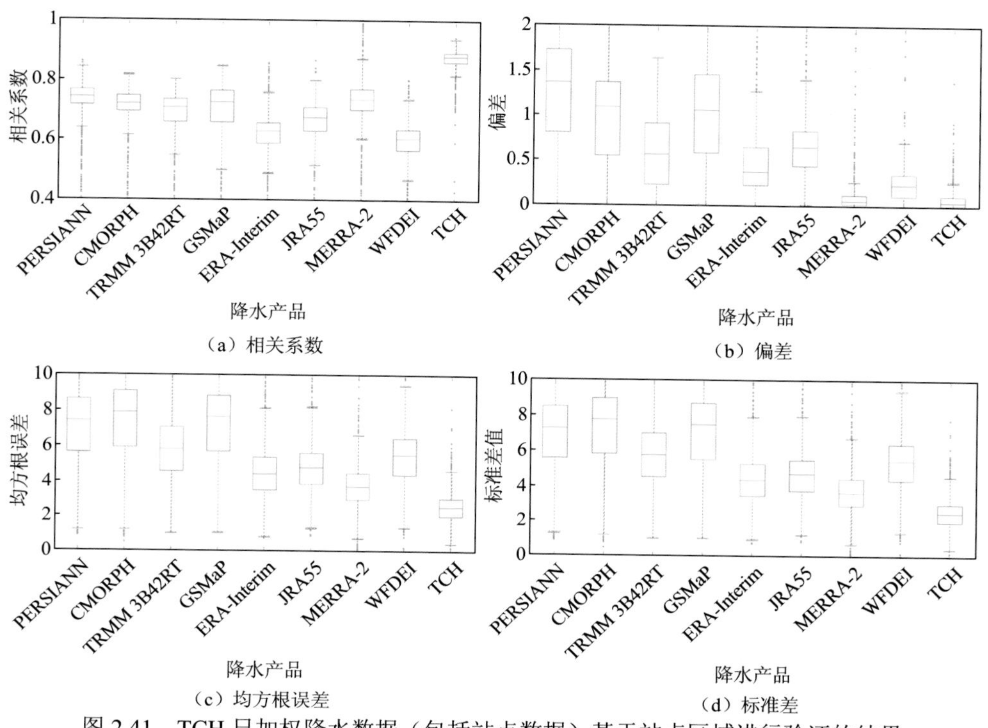

（a）相关系数　（b）偏差

（c）均方根误差　（d）标准差

图 2.41　TCH 日加权降水数据（包括站点数据）基于站点区域进行验证的结果

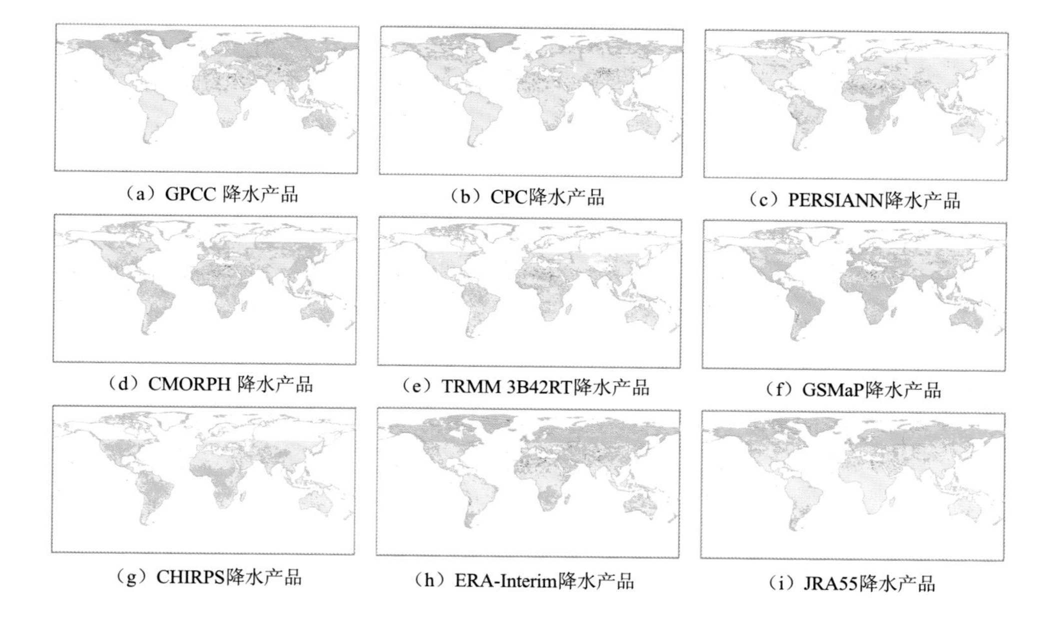

（a）GPCC 降水产品　（b）CPC降水产品　（c）PERSIANN降水产品

（d）CMORPH 降水产品　（e）TRMM 3B42RT降水产品　（f）GSMaP降水产品

（g）CHIRPS降水产品　（h）ERA-Interim降水产品　（i）JRA55降水产品

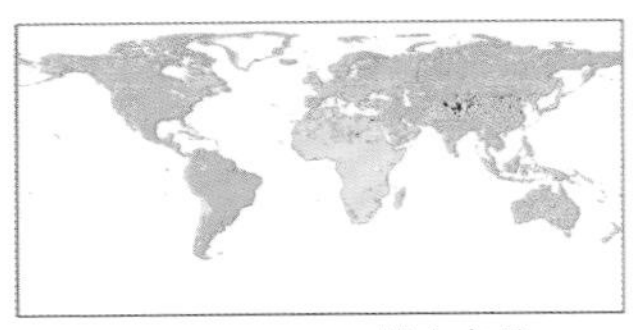

（j）MERRA-2降水产品

（k）WFDEI降水产品

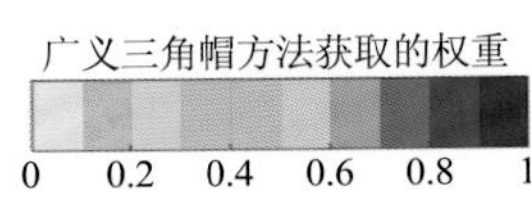

图 2.42　2003～2016 年间基于 11 种日降水数据获得的 TCH 权重

2.4.8　与其他融合方法的对比

此处选择另外两种最佳融合方法，即算术平均值和剔除一离群值后的平均值（OOR），用于与 TCH 融合方法进行比较。算术平均值和 OOR 平均值方法在先前的研究中已被广泛使用，并显示出有效的融合结果。因此，检测 TCH 融合方法是否优于以前使用的方法是有意义的。本小节比较了 TCH 中没有基于站点的数据产品的月度和每日融合数据集及前述的两种方法。每月和每天的结果分别显示在图 2.43 和图 2.44 中。可以看出，在月和日尺度上，TCH 融合结果在偏差、均方根误差和标准差指标方面均优于算术平均值和 OOR 平均值方法。基于 TCH 的融合方法优势在于对单个降水产品的不确定性定量化，而算术和 OOR 均值方法是未加权平均值，没有考虑单个数据的不确定性。

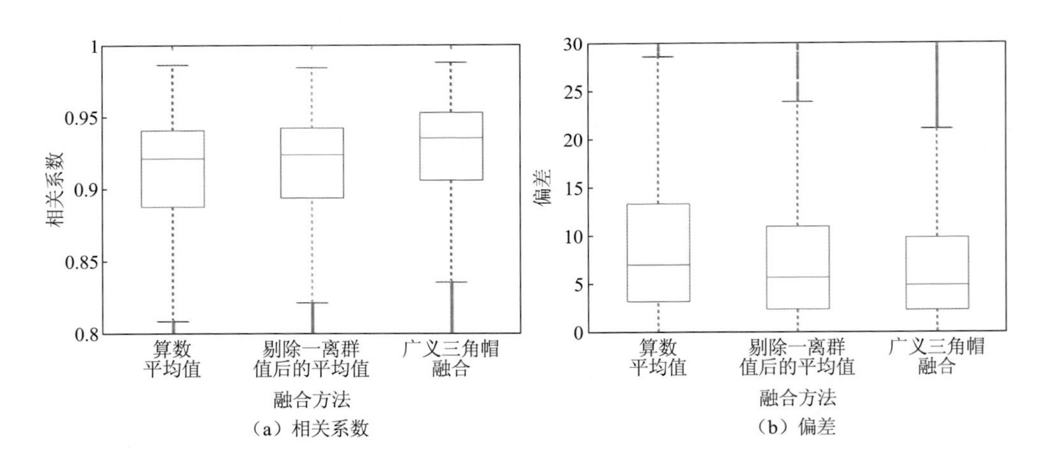

（a）相关系数　　（b）偏差

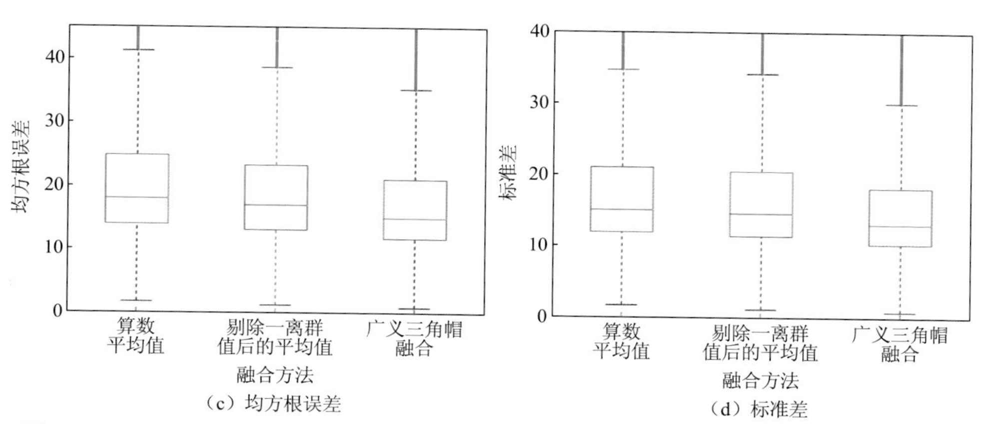

（c）均方根误差　（d）标准差

图 2.43　TCH 和以前使用的两种方法对月尺度融合降水数据集（无站点数据）的比较结果

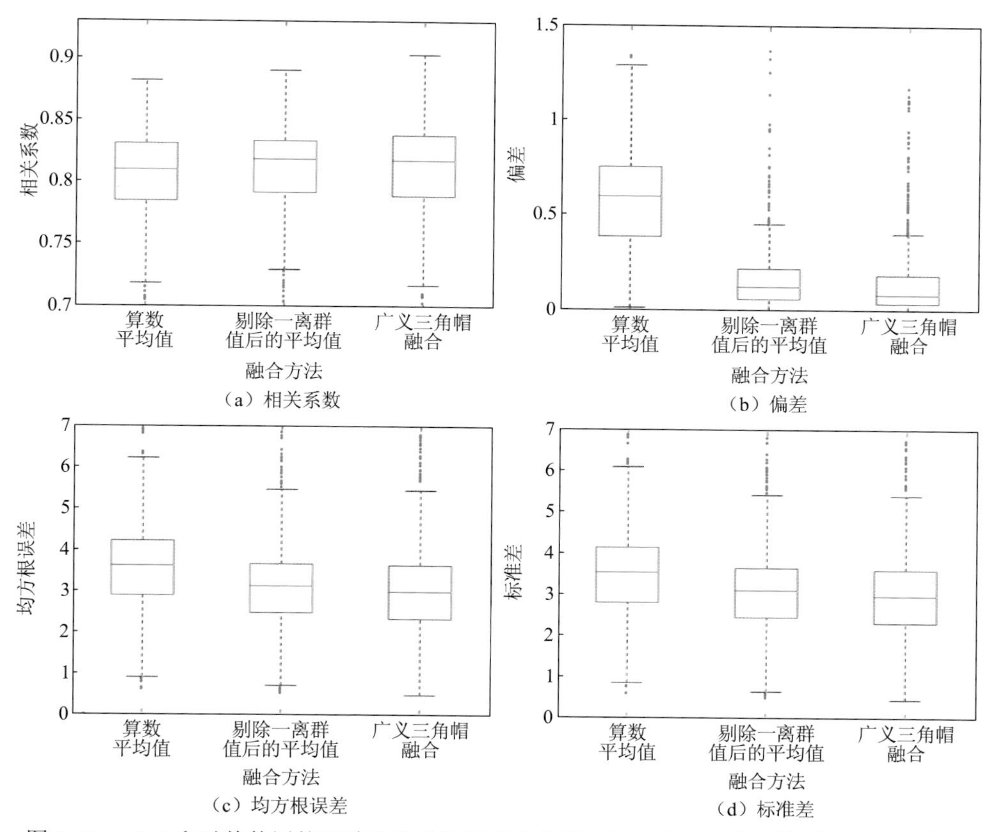

（a）相关系数　（b）偏差

（c）均方根误差　（d）标准差

图 2.44　TCH 和以前使用的两种方法对日尺度融合降水数据集（无站点数据）的比较结果

2.4.9　融合方法的质量评价

1. TCH 不确定性估计

广义的 TCH 方法可以用来推导单个降水产品的相对不确定度。尽管与基于站点的验证相比，TCH 估计的不确定性可能低估了绝对不确定性，但可以很好地保留各个降水产品之间的相对不确定性。基于 TCH 方法对不确定性的低估可能是由于代表性的误差，这表明了 TCH 在网格中估计的未知真值不等于一定数量站点平均后得到的观测值。其他因素也可能导致不确定性的低估，例如误差相关性。在本节中，使用覆盖至少一个站点且不确定性最小的 0.5° 网格进行验证，但这与网格单元的未知真值相差较大。降水在空间分布上是不均匀的，距离 5 km 可能会导致降水强度的巨大差异。当前的高分辨率降水产品已达到约 5 km 的空间分辨率（例如 CHIRPS），但是相对于 5 km 网格的数量而言，全球降水站点数量很小。如果在覆盖降水站点的情况下将 5 km 的网格视为真值，那么大约总共需要 100 个 0.5° 的网格，而对于当前的降水站点网络则不可能满足这个要求。因此，在实测降水和网格降水之间存在代表性误差。例如，位于城市中心区的降水站点会测量强降水事件，而不能假定包括该测站在内的 50 km 网格在其所有分区中都具有相同的降水强度。基于 TCH 估计的误差方差-协方差矩阵的逆，加权融合降水通常可以重现具有高相关性和低均方根误差的地面站点降水数据。如果多个降水数据通常是独立的且具有较小的误差互相关性，则可以选择这些数据并将其应用于 TCH 中。在本节的实验中，可以确保正定性，并且可以针对几乎所有位置获得唯一的解决方案。

2. 加权融合降水数据的质量评价

加权降水的不确定性要比通过站点区域验证的单个降水产品小。在全球范围内，没有任何一个降水数据集总是最佳的。单个降水数据的表现是面向区域的，例如非洲的 CHIRPS 数据、澳大利亚和欧洲的 MERRA-2 及北亚的 CRU TS 具有区域优越性。逆误差方差-协方差加权可以整合来自各种数据集的降水信息，并结合多个数据的强度。方差-协方差的加权容易受到异常值的影响。因此，需要对降水数据进行滤波以保持数据具有高 SNR，并消除异常观测或模拟。当有站点数据可用时，将各个降水数据集数据分布重新缩放为具有最大站点覆盖范围的实测数据，而当不存在可用站点时，将其重新缩放为具有最小不确定性的数据。此步骤在一定程度上减少了气候偏差的影响，并确保一致处理不同降水数据集之间的二阶差异。从理论上讲，基于方差-协方差矩阵的逆作为权重，加权平均值可以达到最小误差方差。但是，在实际应用中，加权结果可能并不总是具有最小的误差方差，因为 TCH 中的不确定性估计会受到不同数据集的影响，并且系统误差是未知的。因此，加权降水数据集具有一些潜在的不确定性。

本节中使用的基于 TCH 的合并方法不仅可以实现多种降水产物之间的收敛，而且还可以带来绝对精度（偏差+随机误差）和不确定性（在本节中称为随机误差）方面的真正改善。均方根误差测量本质上包含偏差和随机误差，因此可以视为绝对精度。标准差测量被认为是对随机误差的评估。上述结果证明了加权数据集在均方根误差和标准差方面优于单个数据集。

3. 误差互相关分析

TCH 方法首先是在所涉及的三个或更多数据集彼此独立的前提下提出的。但是，广义 TCH 方法通过最小化全局误差互相关的迭代优化过程来估计误差方差。在本节中，使用验证后的数据计算出误差互相关，并将其与从 TCH 方法中获得的数据进行比较。通过站点数据和 TCH 验证的单个降水产品的误差相关系数如图 2.45 所示。可以看出，尽管存在一些差异，但通过 TCH 估计的误差互相关与通过站点数据验证的误差互相关具有可比性。TCH 提供了一种在某些不确定性下估计误差互相关的可行方法。不同的区域具有不同的不确定性是由众多因素造成的。例如，卫星传感器在不同的植被类型上具有不同的反演精度。另一方面，某些区域没有原位测站，而是经过插值生成的。

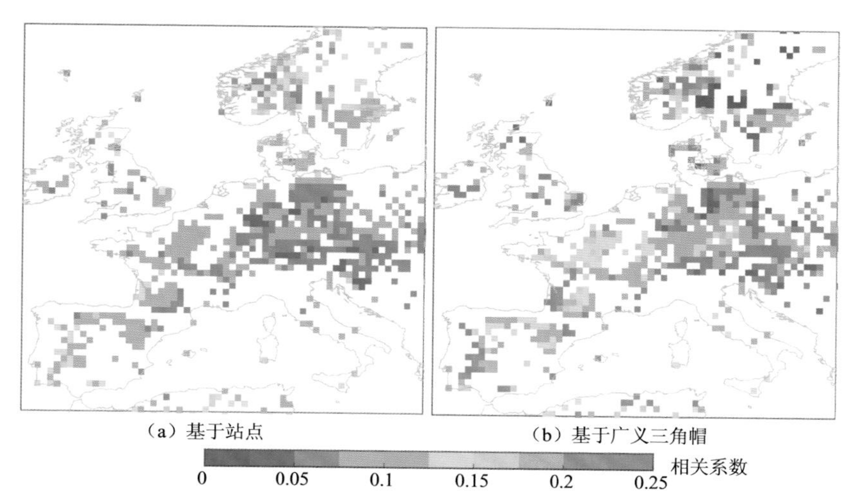

图 2.45　欧洲部分地区基于站点月尺度数据验证及 TCH 优化过程中估计的误差相关系数

第3章　典型干旱事件的综合监测

3.1　典型复合干旱指数的适用性对比

3.1.1　复合干旱指数监测

在我国，因干旱造成的作物减产占据一半以上的气象灾害粮食减产量，年均受旱面积达3亿亩（1亩≈666.67 m^2）。2009～2012年，我国西南、华北、黄淮和长江中游等农业主产区发生了60年来最严重的旱灾，经济损失严重。因此，对农业干旱进行监测分析，有助于开展我国的农业受旱分析，并提供科学的决策支持。基于干旱指数开展干旱研究，不仅能更好地了解干旱的发生过程，还有助于开展干旱指数的综合分析。目前多数的指数对比研究集中于单一的地理区域，这些地区具有相似的气候条件及生产水平等。而指数的整体表现（敏感性和鲁棒性）往往受到多种因素的综合影响，因此在不同地理区域的旱情描述能力存在较大的差异，尤其是结合了多种干旱信息的复合干旱指数。而目前学术界提出的干旱指数有着不同的计算复杂度和建模特点，具有一定的适用范围。在这些研究中，关于我国三大农业主产区应选用哪些干旱指标来进行农业干旱的监测暂无系统性的论述，本章将针对该问题进行讨论。利用降水、土壤水分、地表温度、归一化植被指数数据，计算降水状态指数（PCI）、土壤水分状态指数（SMCI）、温度状态指数（TCI）及植被状态指数（VCI）。基于此，进一步计算温度-植被干旱指数（TVDI）、优化的植被干旱指数（OVDI）和基于过程的累计干旱指数（PADI）三种复合干旱指数，通过与SPI-3的线性相关分析及水利部和《干旱气象》期刊统计的农业干旱实况的对比，研究三种指数在我国三大农业主产区干旱易发区的适用性，以期为中国典型农业区的干旱监测和评估工作提供参考。

3.1.2　典型复合干旱指数适用性分析方法

如图3.1所示，实验内容主要分为三部分。①复合干旱指数的计算。基于4

种单一干旱指数，通过最优权重组合的方式，计算 OVDI。其次，利用归一化植被指数（NDVI）和地表温度数据，计算 TVDI。最后，利用基于演化过程的多传感器协同（EPMC）监测方法及作物生理参数数据，计算 PADI 指数。②三种复合干旱指数的适用性分析。其中评估指标包括实际灾情数据及 SPI。由于 SPI 可通过不同的时间尺度而成为不同干旱类型的指标，本节以 3 个月时间尺度的 SPI 值（SPI-3）作为农业干旱指数的评估指标。③适用性分析分为两部分：首先是各指数与 SPI-3 的线性相关分析，得到 Spearman 相关系数（R）及置信度（C）。其次，借助实际灾情数据，对指数的监测结果（包括干旱的发生时间、发展过程和严重程度等方面）进行评估。

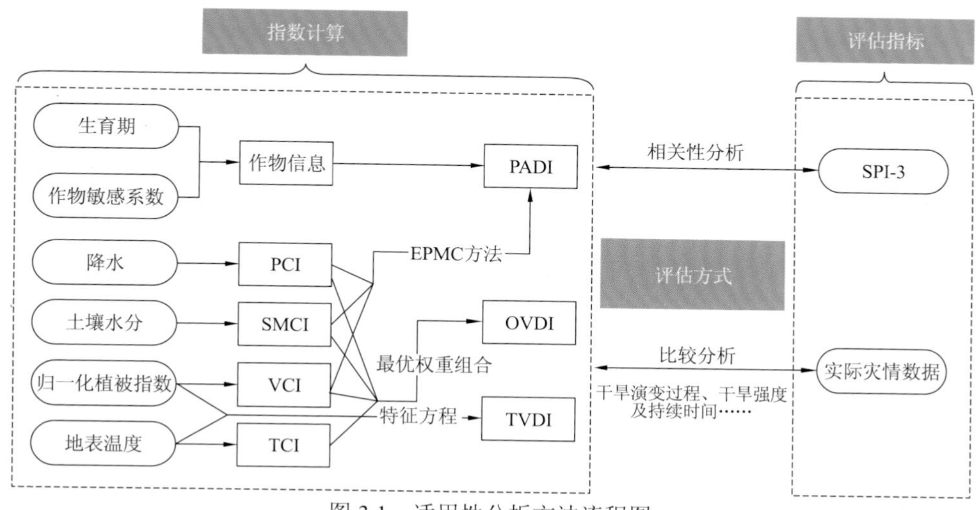

图 3.1 适用性分析方法流程图

其中需要说明的是，EPMC 是一种基于演化过程的多传感器协同的农业旱情监测方法。该方法通过多传感器协同实现了农业干旱（一般持续几个月甚至几年）演变过程的量化分析，并为 PADI 的计算提供输入。在 EPMC 中，一次农业干旱灾害的演变过程被量化为 4 个阶段，包括潜伏期（P1）、开始期（P2）、发展期（P3）和消亡期（P4），各阶段对应农业干旱生命周期中的一次典型变化，通过关注不同的环境变量（降水、根区土壤水分和植被状态）来实现演化过程的精确监测。在前三个阶段，干旱的严重程度逐步递增，在消亡期干旱逐步缓解。

另外，本节涉及的干旱指数有 PCI、SMCI、VCI、TCI、TVDI、OVDI、PADI 和 SPI。单一干旱指数是复合干旱指数的计算基础，是对降水、土壤水分、归一化植被指数、地表温度的简单量化。其中，复合干旱指数的干旱等级划分标准详见表 3.1 和表 3.2。

表 3.1 TVDI 和 OVDI 对应的干旱等级划分

干旱等级	TVDI 取值范围	OVDI 取值范围	对应干旱等级
1	[0，0.2]	[1，0.8]	极湿润/轻度干旱
2	（0.2，0.4]	[0.6，0.8）	湿润/中度干旱
3	（0.4，0.6]	[0.4，0.6）	正常/重度干旱
4	（0.6，0.8]	[0.2，0.4）	干旱/极端干旱
5	（0.8，0.1]	[0，0.2）	极干旱/异常干旱

表 3.2 PADI 对应的干旱等级划分

干旱等级	PADI 取值范围	对应干旱等级
1	[0，0.2]	轻度干旱
2	（0.2，0.4]	中度干旱
3	（0.4，0.6]	重度干旱
4	（0.6，0.8]	极端干旱
5	（0.8，0.1]	异常干旱

3.1.3 研究区域和数据

根据不同地区气候条件、地理位置及其在农业生产中的作用，此处以河北、河南、湖北和安徽 4 个典型农业区作为研究区。研究区地处黄淮海平原及长江中下游地区，属于干旱易发区。同时，研究区包括亚热带、暖温带和中温带，达到了农作物活跃生长的基本热量要求，种植的主要粮食作物有水稻、玉米和小麦等，是我国重要的农产品输出地。本节选取 5 次典型干旱事件，包括冬小麦区河南 2011 年春冬连旱、安徽 2012 年干旱、夏玉米区河北 2010 年干旱、河南 2011 年夏旱及水稻区湖北 2011 年干旱。

所用数据包括遥感数据、作物生理参数及实际灾情数据（表 3.3）。遥感数据包括降水数据、根区土壤水分数据、NDVI 数据及地表温度数据，主要用于干旱指数的计算，涉及的 6 个数据集有 TRMM3B43、GLDAS_NOAH025_M2.1、GIMMS3g_V0、MODLT1M、MODND1Ml 及 GPCCV7。这些数据集已在不同地区的干旱研究中得到了应用。此外，作物生理参数数据可从传统作物学的文献中查到。实际灾情数据来自水利部及《干旱气象》期刊统计的农业干旱发生实况，以及各省级气象部门公布的灾情数据。为便于描述，将表 3.3 中的 PCI、SMCI、TCI 和 VCI 统称为单一干旱指数，指数 TVDI、PADI 和 OVDI 统称为复合干旱指数。

表 3.3　本节所采用的数据

序号	指数	变量		数据集名称	时间范围	时间分辨率	原空间分辨率
1	PCI	降水		TRMM3B43	1998～2017 年	月	0.25°×0.25°
2	SMCI	土壤水分		GLDAS_NOAH025_M2.1	2000～2017 年	月	0.25°×0.25°
3	VCI	NDVI		GIMMS3g_V0	1983～2013 年	半月	0.083°×0.083°
4	TCI	地表温度		MODLT1M	2000～2016 年	月	0.006°×0.006°
5	TVDI	NDVI		MODND1Ml	2009～2013 年	月	0.003°×0.003°
		地表温度		MODLT1M	2009～2013 年	月	0.006°×0.006°
6	SPI	降水		GPCCV7	1901～2013 年	月	0.5°×0.5°
7	OVDI	降水		TRMM3B43	1998～2017 年	月	0.25°×0.25°
		土壤水分		GLDAS_NOAH025_M2.1	2001～2013 年	月	0.25°×0.25°
		NDVI		GIMMS3g_V0	2001～2013 年	半月	0.083°×0.083°
		地表温度		MODLT1M	2001～2013 年	月	0.006°×0.006°
8	PADI	EPMC	PCI	TRMM3B43	2010～2012 年	月	0.25°×0.25°
			SMCI	GLDAS_NOAH025_M2.1	2010～2012 年	月	0.25°×0.25°
			VCI	GIMMS3g_V0	2010～2012 年	半月	0.083°×0.083°
9	实际灾情	水利部每年公布的《中国水利灾害公报》和《干旱气象》期刊每年公布的全国干旱综述、各省级气象部门公布的灾情数据等					

3.1.4　多种典型复合干旱指数监测结果

基于 EPMC 方法，对研究区的农业干旱监测结果如图 3.2 和图 3.3 所示。2010 年 10 月，河南的降水偏低（PCI=0.04），农业干旱进入潜伏期，预示着 2011 年河南春冬连旱的开始。同年 11 月，降水偏少导致土壤水分亏缺，10～11 月，SMCI 的值由 0.70 降至 0.56，水分亏缺未得到及时改善，农业干旱进入开始期。同时 VCI 值先增后减，2011 年 1 月初降为 0.45，农业干旱进入发展期。2 月初，旱区出现有效降水，旱情得到缓解（PCI=0.69），下旬 VCI 的值增加，农业干旱进入消亡期。总之，此次干旱于 2010 年 11 月 1 日～2011 年 2 月 15 日主要影响河南冬小麦在苗期、越冬期、返青期的生长。而在 2012 年 4 月，安徽的降水偏少（PCI=0.3），农业干旱进入潜伏期。4～5 月，降水偏少引发土壤水分亏缺，SMCI 的值由 0.65 降至 0.59，农业干旱进入开始期。5～6 月，旱情进一步加剧，VCI 的值由 0.77 降至 0.46，农业干旱进入发展期。7 月初，旱区出现有效降水（PCI=0.51），土壤水分得到补充（SMCI=0.54），作物受旱状态初步解除，农业干旱进入消亡期。总之，此次干旱从 2012 年 5 月 1 日～7 月 1 日影响了安徽冬小麦在乳熟-成熟期、孕穗-扬花期的生长。

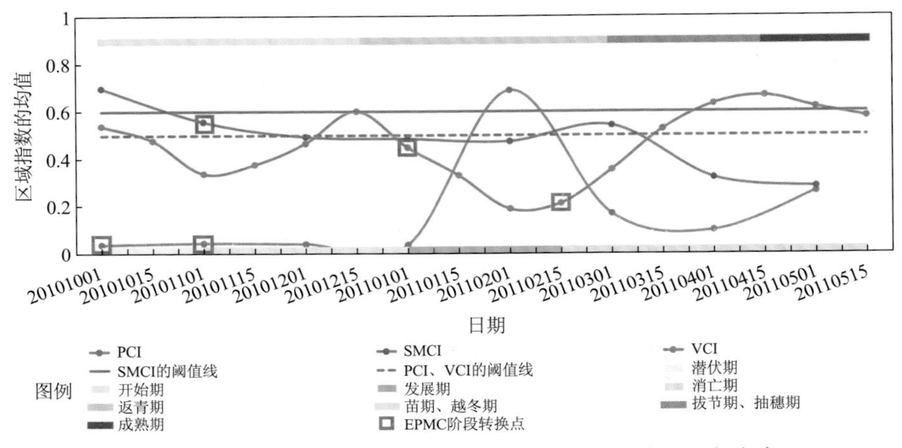

图 3.2　EPMC 方法对河南 2011 年春冬连旱的监测结果（冬小麦）

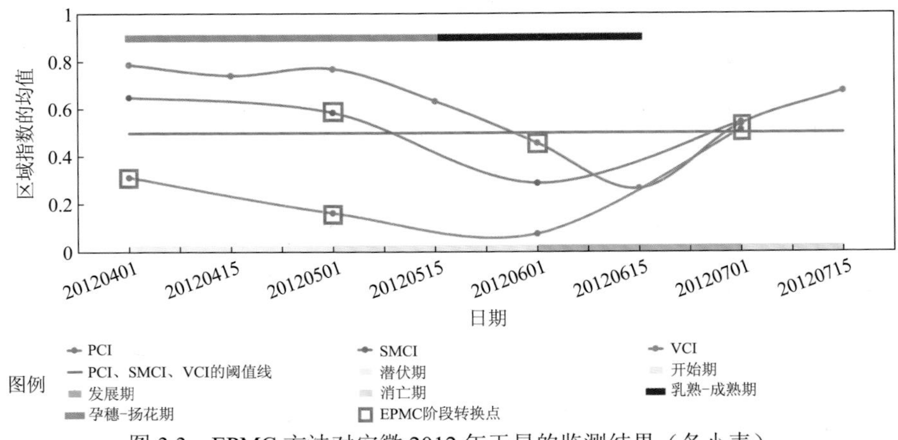

图 3.3　EPMC 方法对安徽 2012 年干旱的监测结果（冬小麦）

由图 3.4 可知，2010 年 5 月，河北的降水偏少（PCI=0.52），农业干旱进入潜伏期。6 月，降水偏少引发土壤水分亏缺（SMCI=0.23），农业干旱进入开始期。

6 月下旬，作物受干旱的长时影响，VCI 的值出现小幅度增加随即又减小，农业干旱进入发展期。8 月，旱区出现有效降水（PCI=0.71），土壤水分得到补充（SMCI=0.62），农业干旱进入消亡期。总之，此次干旱于 2010 年 6 月 1 日～9 月 1 日影响了河北夏玉米在拔节期、抽穗期和成熟期的生长。

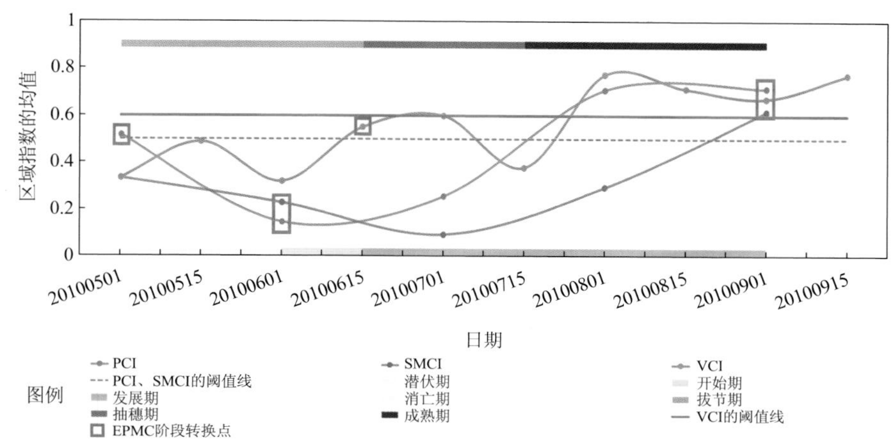

图 3.4　EPMC 方法对河北 2010 年干旱的监测结果（夏玉米）

由图 3.5 可知，2011 年 2～3 月，河南降水偏少，PCI 的值降为 0.17，农业干旱进入潜伏期。4 月，土壤水分出现异常（SMCI=0.32），农业干旱进入开始期。6 月初，作物生长受到明显影响（VCI=0.51），农业干旱进入发展期。7～8 月，降水逐渐增加（PCI=0.36），土壤水分得到补充（SMCI=0.45），农业干旱进入消亡期。总之，此次干旱于 2011 年 4 月 1 日～8 月 1 日影响了河南夏玉米在苗期、拔节期和抽穗期的生长。

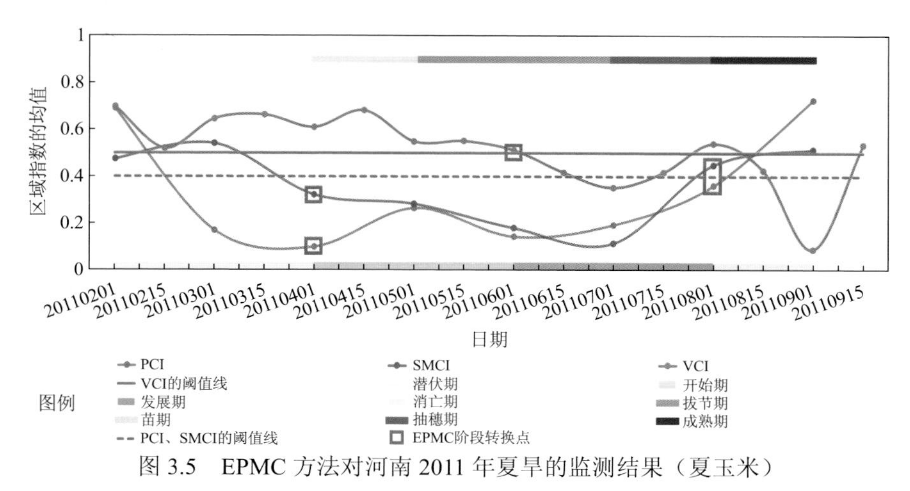

图 3.5　EPMC 方法对河南 2011 年夏旱的监测结果（夏玉米）

由图 3.6 可知，2011 年 1 月，湖北降水偏少（PCI＝0.14），农业干旱进入潜伏期。3 月，持续少雨最终表现为土壤水分降低（SMCI＝0.17），农业干旱进入开始期。4 月，作物的生长受到显著影响（VCI＝0.40），农业干旱进入发展期。6 月，旱区虽然出现强降水（PCI＝0.60），但土壤水分亏缺未得到明显改善（SMCI＝0.11）。9 月，PCI、SMCI 的值分别增至 0.42 和 0.39，农业干旱才进入消亡期。总之，此次干旱从 2011 年 3 月 1 日～9 月 1 日影响了水稻在拔节期和返青、分蘖期和抽穗期的生长。

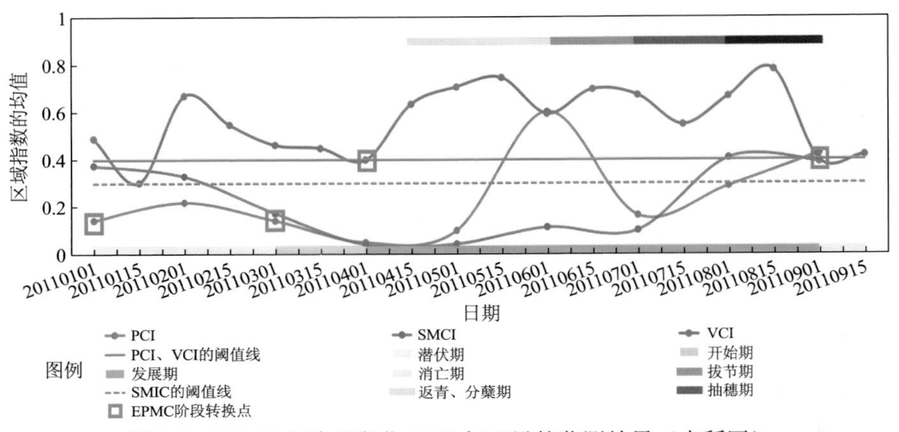

图 3.6　EPMC 方法对湖北 2011 年干旱的监测结果（水稻区）

与此同时，本节以研究区在干旱开始期及发展期的指数均值作为单个样本点，分析 SPI-3 与各指数的相关性，如表 3.4 所示。与其余单一干旱指数相比，TCI 与 SPI-3 的相关性偏低（$R\leqslant 0.336$），且在三类主产区均出现了这一现象，表明温度会加速/减缓干旱的发生，但不是关键因素，降水和土壤水分才是引起三类农业区发生干旱的主要因素。具体而言，降水和土壤水分的极端变化会激发作物的自主调节能力，降低自身的实际蒸散发量，尤其是在作物的关键生长期。若无人为灌溉或突发降水等情况的出现，这一影响将最终表现为作物叶面积的减小，从而导致作物的减产及特定时期的植被覆盖率异常，如非收割期的植被覆盖率极低。此外，与组成它的各单一干旱指数相比，复合干旱指数的监测效果无显著提升。下面具体讨论复合干旱指数在不同农业区的应用情况。

表 3.4　SPI-3 与各指数的相关性分析结果

研究区	指标	PCI	SMCI	VCI	TCI	PADI	OVDI	TVDI
河南 2011 年春冬连旱（冬小麦）	*R*	0.385	0.377	0.402	−0.221	−0.213	0.194	−0.333
	C/%	97.25	98.03	68.77	82.77	63.00	85.86	64.01
安徽 2012 年干旱（冬小麦）	*R*	0.777	0.799	0.446	0.360	−0.762	0.598	−0.637
	C/%	100.00	100.00	97.36	84.04	100.00	100.00	99.91
河北 2010 年干旱（夏玉米）	*R*	0.782	0.482	0.445	−0.336	−0.564	0.764	−0.600
	C/%	99.99	88.84	82.18	78.14	89.62	99.92	76.04
河南 2011 年夏旱（夏玉米）	*R*	0.162	0.167	0.684	−0.287	−0.721	−0.022	−0.473
	C/%	69.59	72.66	99.47	75.01	97.75	35.88	89.11
湖北 2011 年干旱（水稻）	*R*	0.010	−0.277	0.620	0.044	−0.233	0.083	−0.333
	C/%	95.08	30.59	99.91	12.70	97.13	93.67	99.95

冬小麦区的实验结果表明，OVDI 与 SPI-3 的线性关系是显著的，而 TVDI 和 PADI 与 SPI-3 的线性关系的显著性存在区域差异，这可能与不同省份在气候条件等方面存在差异有关。与南方冬小麦区相比，北方冬小麦区具有良好的自然资源条件（如地势平坦，河湖多和土壤肥力好）和经济条件（机械化水平高），抗旱能力较强。由于 SPI-3 主要反映的是区域降水变化，忽略了其他气候因素和经济条件的影响，而复合干旱指数是多种环境信息的综合。因此，在非降水主导的农业干旱事件中，SPI-3 可能与复合干旱指数之间存在非线性的关系。总之，在冬小麦区，指数 OVDI 对农业干旱的监测结果更为稳健。其次，在相对可靠的情况下（$C \geqslant 63.0\%$），即播种冬小麦的不同产区在气候条件等方面的差异可忽略不计时（下同），TVDI 和 PADI 对农业干旱的评估更为准确，这一结果在与实际灾情进行对比时得到了验证。

夏玉米区的实验结果表明，PADI 与 SPI-3 的线性关系是显著的（$C \geqslant 89.6\%$），而 TVDI 和 OVDI 与 SPI-3 的线性关系的显著性存在区域差异，特别是 OVDI。注意结果表明，PADI 适合大部分夏玉米区的农业干旱监测，这一发现与 3.2 节 PADI 在美国中西部的实验发现一致。其次，OVDI 在夏玉米区的鲁棒性较差，但在河北的农业干旱监测中表现出绝对优势（$R=0.764$，$C=99.9\%$）。而 TVDI 在夏玉米区的农业干旱监测中未体现太大优势。最后，在水稻区的实验表明，各类复合干旱指数在水稻区的监测效果均不佳（$R \leqslant 0.333$），这可能与水稻生长环境的特殊性有关。

为进行干旱指数监测结果与实际旱情的对比分析，本节将复合干旱指数的监测结果与2010～2012年期间的《中国水旱灾害公报》和《干旱评述》统计的旱情状态进行了对比。TVDI的监测结果表明，此次干旱主要发生在2010年10月～2011年2月。2011年2～4月，河南省各地旱情逐步结束，旱区状况逐步稳定，与2011年《中国水旱灾害公报》中公布的实际旱情一致。其次，指数OVDI对干旱的发生时间判断为2010年10月～2011年3月。2011年2月，旱情突缓，又再次加重（3月）。同年4月，干旱逐步结束，该指数对干旱严重程度的评估比实际旱情严重。最后，EPMC的监测结果表明，干旱主要发生在2010年10月～2011年2月，各阶段的开始时间为"2010年10月（P1）—2010年11月（P2）—2010年12月（P3）—2011年2月中下旬（P4）"。PADI指数统计的累积干旱严重程度表明，河南西部地区的累积受旱强度高于东部，与实际旱情一致。

TVDI的监测结果表明，此次干旱主要发生在2012年4～8月。6月，安徽北部出现重度以上干旱，7月有所缓解，直至8月才完全解除，与实际旱情基本一致。其中OVDI对干旱发生时间的判断与TVDI一致。5月，安徽北部降水比常年同期偏少，北部地区率先出现干旱。6月蔓延至全省（特旱），对干旱严重程度的评估比实际旱情严重。其次，EPMC的监测结果表明，此次干旱主要发生在2012年4～6月，各阶段的开始时间为"2012年4月（P1）—5月（P2）—6月（P3）—7月（P4）"。此外，安徽北部地区的累积受旱程度为异常干旱，与实际旱情一致。

TVDI和OVDI的监测结果均表明，河北2010年干旱的发生时段为2010年6～8月，对干旱发生时段的判定与实况一致。其中，TVDI的监测结果表明，河北2010年夏旱的主旱区集中在西南地区，与实际旱情一致。OVDI的监测结果表明，6～7月，河南为极旱，与实际旱情不符（中旱），表明OVDI对干旱等级的评定偏重。最后，EPMC的监测结果表明，此次干旱主要发生在2010年5～9月，各阶段的开始时间为"2010年5月（P1）—6月（P2）—6月中下旬（P3）—9月（P4）"。此外，河北西南部的累积受旱程度更重，该结果与河北西南地区是夏季干旱多发区相符。

TVDI的监测结果表明，2011年2～6月，河南发生了夏旱。其中，中部地区的旱情较重，出现了极端干旱，与实际旱情一致。由OVDI的监测结果可知，在2011年3～8月，河南出现了极端干旱。8月，全省大部分地区的旱情得到缓解，但中部地区的旱情持续。总之，OVDI对干旱发生时段的判断与实际旱情不太一致，干旱持续时间长于实际旱情，且对干旱等级的判定明显高于实际旱情，从而导致7月的旱情缓解未被及时监测。最后，EPMC的监测结果表明，此次干旱主要发生在2011年2～8月，各阶段的开始时间为"2011年2月（P1）—4月（P2）—6月（P3）—8月（P4）"。此外，在此次夏旱中，河南全省的干旱累积程度基本一致，介于“中旱—重旱”之间，与实际旱情基本一致。最后，此次干旱的累积受旱程度比同年发生春冬连旱严重。

TVDI的监测结果表明，湖北2011年的干旱发生时段为3～5月。1月，湖北中部的部分地区出现初旱。3月，全省大部出现旱情，中部部分地区出现极旱。4～6月，各地旱情逐步解除，这可能与6月的旱涝急转有关，与实际旱情一致。其次，OVDI对此次干旱发生时段的判断为2011年3～8月。3月，湖北省大部分地区出现重旱，各地重旱持续到6月才缓解。7～8月，旱情经历了再次发展蔓延及缓解。因此，OVDI对此次干旱的评估结果（干旱的持续时间、严重程度、波及范围）均比实际旱情严重，其余两个农业区也出现了类似结果。最后，EPMC的监测结果表明，湖北2011年干旱主要发生在3～8月，各阶段的开始时间为“2011年1月（P1）—3月（P2）—4月（P3）—9月（P4）”。4～8月，旱情达到高峰。9月，各地旱情开始缓解。监测结果表明，PADI未能及时监测到此次干旱的缓解，这可能与6月3日后的旱涝急转有关。6月湖北发生了一次大范围降水，但土壤水分并未及时恢复正常（SMCI<0.4），从而导致当月的旱情缓解未被及时监测。因此，如何提高EPMC方法对农业干旱量化结果的准确性，是后续还需深入展开的工作。另外，全省总体旱情介于“中旱—重旱”之间，重旱主要发生在中部地区，这可能与中部地区干旱持续时间过长有关。总之，PADI对干旱发生时段的判断比实际长，但对于累积干旱程度的评估与实际旱情一致。

3.1.5　多种典型复合干旱指数适用性讨论

本节计算三种复合干旱指数，在我国三大农业主产区的干旱易发区开展了适用性分析实验，定性、定量地分析不同指数在不同农业区的运用效果，从而对复合干旱指数的选取提出建议。本小节将重点讨论实验结果中一些特殊的现象，对比三种复合干旱指数的适用性，并分析其原因。

EPMC是PADI干旱监测中的重要组成部分，借助该方法可对农业干旱的演变进行简单量化。其次，该方法在我国三类农业区的结果表明，在对水稻区（湖北）2011年的干旱进行监测的过程中，该方法未能对旱情缓解的节点进行准确识别，这可能与水稻生长环境的特殊性有关。EPMC对干旱消亡期的判断的关键是旱区是否出现有效降水（土壤水分恢复正常），而水稻的生长长期处于水分充足的情况下，从而导致在水稻区的监测效果并不理想。在其余两种复合干旱指数的监测过程中，也有类似情况出现。最后，EPMC方法如何根据不同农业区的区域特性来自适应地选取判定指标/阈值，也是该方法可改进之处。

为定量评价各指数在三种农业区的适用性，分析各指数与 SPI-3 的线性相关性，结果表明：与组成各复合干旱指数的单一干旱指数相比，复合干旱指数的提升效果不明显，具体取决于实验区的地理位置。首先，OVDI 在冬小麦区的鲁棒性较好，但不是最佳干旱指数。此外，在冬小麦区，PADI 适合安徽的干旱监测，却不是河南的最佳指数，这表明复合干旱指数在种植冬小麦的不同省份的监测效果存在差异。因此，干旱指数的选取除了需考虑主要种植作物，气候条件和生产水平等也是无法忽略的关键因素。其次，在冬小麦—夏玉米的复合耕作地区（河南），对于发生在不同季节的干旱事件，PADI 的运用效果存在明显的差别。从分析结果来看，PADI 对河南 2011 年夏旱的监测效果优于同年同地区的春冬连旱，这可能与综合的作物信息有关。在 2010～2011 年，河南发生干旱的时段中，冬小麦部分生长期虽受到了干旱的影响，但由于及时的人工干预措施（灌溉），冬小麦的生长并未受到显著影响。因此，在利用 PADI 进行干旱监测时，选择正确的受灾作物十分关键。最后，在水稻区，复合干旱指数与 SPI-3 呈显著不相关，这可能与水稻生长环境的特殊性，以及区域气候特性有关（旱涝频发）。

复合干旱指数监测结果与实际旱情的对比结果表明：①对干旱事件关键节点（如高峰期或消亡期）的判定中，指数 TVDI、PADI 在三类主产区的运用效果较好，符合实际旱情。而 OVDI 在水稻区的运用效果不佳，无法直接反映水稻受环境胁迫状态，这可能与 OVDI 结合了过多的降水信息有关。②从对干旱发生的严重程度来看，TVDI 对局部干旱严重程度的量化结果符合实际旱情，而 OVDI 对干旱严重程度的评定结果比实际旱情更严重。其次，PADI 是基于 EPMC 方法及作物生长信息，来实现对作物累积受旱程度量化，因此评估较为全面，但对输入信息的要求较高。③总之，TVDI 和 PADI 对三类主产区的干旱演变及干旱严重程度的评估更符合实际旱情，而 OVDI 不适用于水稻区的旱情监测。

基于上述实验结果和分析，得到几点结论和建议。①PADI 的计算模型较为全面，可在一定程度上反映作物的累积受旱情况，但对输入信息的要求较高。综合来看，由于我国不同农业主产区的作物种植情况存在较大差异，且作物信息库不够全面，不建议将该指数用于中国农业主产区的大范围干旱监测。②OVDI 从纯数学的角度，对干旱形成过程中涉及的主要干旱信息进行了最优组合，输入信息易于获取，且在与 SPI-3 的定量分析结果中效果较好。但对实际旱情的评估效果不够稳定和准确，对干旱严重程度的判断偏高。③TVDI 计算简单，输入信息易获取，可在一定程度上反映实际旱情。与 PADI 相比，TVDI 对旱情的评估不够全面。因此，对干旱评估的要求较为简单时（干旱发生时间、严重程度），建议使用 TVDI 进行大范围的干旱监测。

3.2　美国中西部干旱灾害综合监测

3.2.1　美国中西部干旱监测现状

2012 年美国中西部干旱是一个典型的极端干旱事件，造成了中西部地区大量的经济损失。在近几十年，研究者聚焦在该地区的一系列干旱相关问题，包括基本概念、监测、影响、易损性和缓解措施等。在监测方面，研究者提出了单一变量干旱指数和多变量干旱指数，用以分别或综合地评价气象、水文和农业干旱。严重度是干旱事件中的重要变量，代表某一干旱变量持续累计地低于某一关键阈值的亏缺程度。严重度和烈度有重要区别，在使用过程中要注意区分。为了监测干旱严重度，典型的单一变量干旱指数包括：标准化降水指数（SPI）、标准化土壤水分指数（SSI）、植被状态指数（VCI）和标准化相对湿度指数（SRHI）等。典型的多变量干旱指数包括：标准化降水蒸散指数（SPEI）、帕尔默干旱严重度指数（PDSI）、帕尔默 Z 指数、植被干旱响应指数（VegDRI）和基于过程的累计干旱指数（PADI）等。既然现在有这么多干旱指数用在干旱监测评估中，那么一个最为关键的问题就是，它们的监测能力到底如何?

SPI 是目前在气象领域最为通用的干旱监测评价指数。然而，由于降水仅仅是农业干旱中的一种变量，仅使用 SPI 恐怕难以准确评估农业干旱的严重程度。同时，建立干旱指数与农作物减产之间的关系对于评估农业干旱也非常重要。研究者发现在一些关键的作物生长阶段 SPEI 和作物减产之间有比较强的相关性。与此同时，不同的指数还有着不同的区域适用性。例如相关研究表明帕尔默 Z 指数最适用于加拿大，SPEI 最适合中国北方，而 SDCI 在干旱的美国亚利桑那州和新墨西哥州有最好的能力。因此，找到一个最合适的干旱指数仍然需要针对特定区域开展研究。

既然现在美国区域使用了多种干旱指数，那么在这个区域找到一个最佳的干旱指数就非常有必要。本节聚焦美国中西部的 2012 年农业干旱事件，采用了 SPI、SPEI、PDSI、帕尔默 Z 指数、VegDRI、PADI 和 USDM 干旱指数或产品作为对比分析。由于 PADI 是目前干旱指数领域的最新成果之一，并且在中国区域的研究已表明 PADI 具有明显的优势，但是 PADI 在美国区域的适用性还未知。因此，在本节中重点分析 PADI 与传统其他干旱指数的对比关系。这是本节要回答的第一个问题，即基于物候的干旱指数 PADI 与基于降水的干旱指数 SPI 有什么不同?还要回答另一个更大的问题，即不同指数在表征 2012 年中西部农业干旱严重度方面的能力如何?

3.2.2 美国中西部干旱综合监测方法

研究方法的第一部分是干旱过程分析。农业干旱依赖于降水、土壤水分的时空变异，以及土壤水分补充蒸散发的能力。作者提出基于演化过程的多传感器协同监测方法 EPMC 来分析农业干旱的过程。在 EPMC 方法中，农业干旱包括 4 个关键阶段：潜伏期、开始期、发展期和恢复期。每一个阶段代表农业干旱过程中的一个关键转折。例如，潜伏期代表降水相对比长期均值的亏缺阶段。这一时期代表着气象干旱的开始，却不一定是农业干旱的开始。由于人为灌溉能够补充水分和土壤自身具备一定持水能力，根区土壤水分在这个阶段并不会显著性地降低。也就是说，在这个阶段作物尚没有受到干旱的影响，即使降水已经产生亏缺。开始期代表土壤水分相比于长期均值的亏缺状态。这一阶段代表植物可获取的土壤水分出现不足。不同植物，甚至同一植物在不同生长阶段对水分亏缺的响应都不一致。例如，在植物早期的水分亏缺能够帮助植物深部的根系生长，而在生殖阶段的缺水则会导致严重的减产。PADI 将利用这一特性准确计算干旱严重程度。发展期代表农业干旱持续推进。在这一阶段，作物受旱状态已经能够明显地被卫星遥感观察到。因此此处的作物受旱状态代表叶片冠层的明显变化，而不是作物气孔短时的关闭状态。恢复期代表土壤水分的补充回升。在这一阶段，通常由充足的降水补充土壤水分恢复到正常水平，农业干旱结束。但即使是降水和土壤水分能够恢复正常，很多时候作物却不能够再恢复到干旱前的状态。由于有上述农业干旱过程的存在，采用前期状态累计的干旱严重度评价方法就比周期性刷新的干旱评价方法要更加科学。为了进一步量化上述状态，分别采用 PCI、SMCI 和 VCI 指数来判断每个阶段发生与否。根据这三种指数及其阈值，就能够从时间轴的角度，判定一次干旱的潜伏期、开始期、发展期和消亡期。

研究方法的第二部分就是干旱指数的对比分析。本节采用 SPI、SPEI、PDSI、帕尔默 Z 指数、VegDRI、PADI 和 USDM 等干旱指数和产品进行对比分析。这些指数都将与产量异常指数（YAI）做关联分析。下面简要介绍这些关键指数。

标准化降水指数（SPI）能够较好地反映干旱强度和持续时间，使得用同一干旱指标反映不同时间尺度和区域的干旱状况成为可能，因而得到广泛应用。该指数假设降水量服从 Γ 分布，考虑了降水服从偏态分布的实际，随后又进行了正态标准化处理，使得同一个干旱指数可以反映不同时间尺度和不同类型的水资源状况，成为继帕尔默干旱严重度指数之后又一被广泛认可的干旱指数。SPI 通过计算给定时间尺度内降水量的累积概率，能够在多个时间尺度上进行计算比较，不仅可反映短时间内降水量的变化，如对农业生产有重要影响的土壤水分的动态变化，也可以反映长期水资源的演变情况，如地下水供给和地表径流等。SPI 适合于不同类型的干旱定量化研究，时间尺度为 5～24 月的 SPI 可用于反映地下水位的变化，2～3 月的 SPI 可反映农业干旱情况。

标准化降水蒸散指数（SPEI）是一种综合考虑降水、蒸发和蒸腾作用，同时能在多时间尺度上合理评估干旱的指数。以往研究较常采用的标准化降水指数 SPI 仅考虑了降水因素，忽略了水分平衡及温度的影响，无法反映温度对干旱趋势变化的影响。SPEI 基于降水和蒸散的差额，能更客观地描述地表干湿变化，该指数既包括对温度敏感的特点，也具备 SPI 适合多尺度、多空间比较的优点，适用于气候变暖背景下干旱特征的分析，已得到较广应用。许多学者对于 SPEI 中蒸散量的计算主要是利用原始计算过程中仅考虑温度因素的 Thornthwaite 公式，而联合国粮食及农业组织（FAO）推荐以能量平衡和水汽扩散理论为基础的 Penman-Monteith 公式计算参考作物蒸散，理论基础坚实、精度较高并且得到广泛应用。

帕尔默干旱严重度指数（PDSI）是另一个常用的干旱指标，在水文、气象和农业等领域广泛应用。它是以桑斯威特的可能蒸发的概念为基础，包含降水量、蒸散量、径流量和土壤有效水分储存量在内的水分平衡模式。帕尔默干旱严重度指数不仅考虑当时的水分条件，而且考虑前期水分状况和持续时间，因此是一个较好的定量描述旱情指标，其基本要点是：干旱是水分持续亏缺的结果，干旱强度是水分亏缺和持续时间的函数；水分亏缺以本月降水量与本月气候适宜降水量之差的修正值来表示，而持续时间因子则以在前月旱度基础上再加上本月水分状况对旱度的贡献来体现。

植被干旱响应指数（VegDRI）综合利用气象干旱指数（SPI 和 PDSI）、植被指数及地形等信息，通过分类回归树的方式，得到干旱严重程度，该指数能够近实时提供国家尺度的干旱监测信息，成为综合干旱监测指数的典范。而 PADI 是最新的多变量干旱指数。PADI 基于 EPMC 的结果，且能够进一步结合作物物候信息计算累计干旱严重程度。这种累计的特征，能够充分考虑前期的干旱影响，这是与现有周期刷新的干旱指数 SPI 和 VegDRI 显著不同的地方。

3.2.3　研究区域和数据

为了定量评估 2012 年干旱对美国中西部地区农业的影响，同时避免其他地物（城市、草地和湿地等）造成的影响，选取美国中西部的农业地区作为实验区。该地区是全球农业生产最为频繁的区域之一。2012 年的美国农业普查数据表明，该地区的农业总产值已达到 1 820 亿美元，生产了美国超过 93%的玉米和大豆。本节选取玉米作为干旱影响的主要研究对象。根据 2013 年美国农业部统计信息服务数据，该地区灌溉农业的比例为 29.3%，雨养农业的比例为 70.7%。因此这也导致该地区容易遭受干旱的负面影响。

降水和根区土壤水分数据来源于美国环境预测国家中心维护的第二代北美陆表数据同化系统（NLDAS-2）输出的 1979～2013 年数据。月尺度总降水量和根区土壤水分数据从 NLDAS L4 级月值数据 V002 中提取，空间分辨率为 0.125°。这些数据已经被美国干旱监测器（USDM）和国家集成干旱信息系统（NIDIS）验证和应用。同时，选择根区土壤水分的原因是它对环境的短时变化相对不敏感，是农业生产中最为关键的土壤水分源。基于以上数据，计算了标准化降水指数（SPI）、降水状态指数（PCI）和土壤水分状态指数（SMCI）。另外，植被健康产品（VHP）从美国国家海洋和大气管理局（NOAA）维护的 AVHRR 卫星传感器数据中获取。AVHRR-VHP 是一个包含多种植被变量（如 NDVI、VCI 和 TCI）的再处理数据集。在本节中，选取了 2011～2013 年 4 km 分辨率的 VCI 数据。最后，还获取了 USDM 数据、VegDRI 数据、自校正的 PDSI 数据、SPEI 数据、帕尔默 Z 指数和 USDM 数据。其中，SPI 和 SPEI 选取了 1～12 个月尺度的数据。上述这些数据集的信息见表 3.5。同时值得注意的是，它们具备不同的时空分辨率，这种不同可能会影响后续对比分析的结果。

表 3.5　本研究采用的数据集

序号	数据集名称	时间尺度	空间分辨率	时间分辨率	目的
1	NLDAS-2 Noah L4 （NLDAS_NOAH0125_M.002）	1979～2013 年	0.125°	月	降水数据计算 PCI 和 SPI；根区土壤水分数据计算 SMCI
2	AVHRR VHP	2011～2013 年	4 km	周	计算 VCI
3	玉米生长物候信息	2012 年	—	—	玉米生长过程
4	多尺度土地特征联盟	2011 年	30 m	—	土地覆盖
5	美国干旱监测器	2011～2013 年	—	周	监测结果对比
6	VegDRI	2011～2013 年	1 km	周	监测结果对比
7	自校正 PDSI（sc_PDSI_pm）	2011～2013 年	2.5°	月	监测结果对比
8	SPEI	2011～2013 年	0.5°	月	监测结果对比
9	帕尔默 Z 指数	2011～2013 年	0.125°	月	监测结果对比

美国中西部 2012 年玉米的物候信息来源于美国农业部国家农业统计服务系统（USDA NASS）。不同的玉米生长阶段对应不同的水分亏缺敏感系数，如表 3.6 所示。基于这个数据，发现玉米生殖生长阶段，也就是 7 月最容易受缺水影响。另外，也从 NASS 中获取了 2002～2012 年美国中西部每个县的玉米种植面积和产量数据。基于此，计算了 2012 年每个县的产量异常指数（YAI），用来表征当年产量相对于历史长期趋势的偏移。

表 3.6　玉米生长阶段划分及对应的水分亏缺敏感系数

阶段序号	阶段名	定义	缺水敏感系数
1	营养生长期	从播种到抽穗期（抽穗期之前）	0.25
2	生殖生长期	从抽穗期到灌浆期	0.50
3	成熟期	从灌浆期到成熟期（抽穗期之后）	0.25

3.2.4　美国中西部 2012 年干旱灾害监测分析

图 3.7 展示了基于 EPMC 方法获取的 2012 年美国中西部农业干旱过程，同时还有玉米物候信息、干旱指数信息和干旱状态转换点信息等。从图中可知，2011～2013 年该地区干旱出现、演化和消亡了多次。对于 2012 年特大干旱事件来说，其潜伏期实际上从 2011 年 6 月就开始了，当时 PCI 从 0.53 降低到了 0.44，低于 PCI 阈值 0.50，展示了此次农业干旱的前期征兆。然后在 2011 年 9 月，农业干旱正式开始，当时 SMCI 由于持续的降水亏缺降低到 0.42。在此时和 2012 年的年

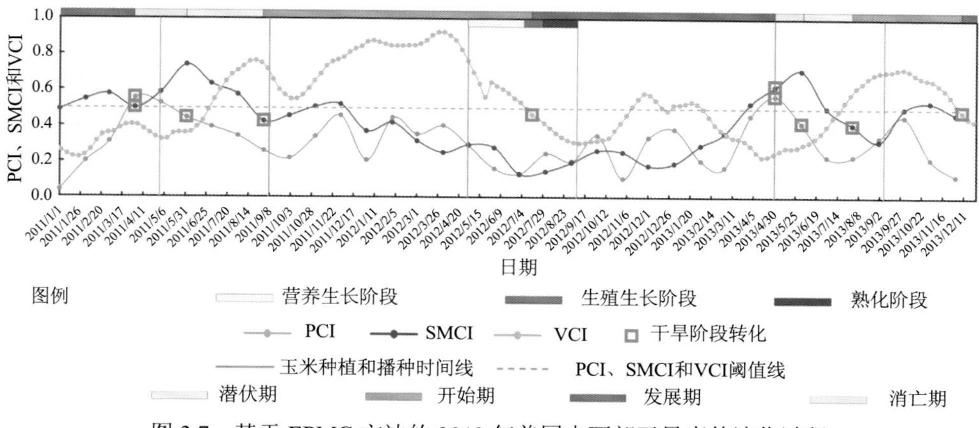

图 3.7　基于 EPMC 方法的 2012 年美国中西部干旱事件演化过程

初，尽管 PCI 和 SMCI 都低于阈值 0.50，但是 VCI 表明植被状态还比较正常。从 2012 年 7 月开始，此次农业干旱的发展期开始，代表着干旱对农作物生产开始产生明显的负面影响。因此，此次干旱时间的开始期持续了 10 个月。这个时间长度受多种原因影响，包括土壤水分亏缺时间、后续降水量、气温、风速、地下水存储和植被类型等。在 2011 年 11 和 12 月，SMCI 增长到 0.50，而此时 PCI 仍低于 0.50，这代表这一地区的水分亏缺仍在持续，干旱还未结束。此次干旱的消亡期开始于 2013 年 5 月，此时 PCI 和 SMCI 分别达到 0.67 和 0.62，都超过 0.50 阈值。因此总的来说，2012 年美国中西部干旱事件的总长度为 20 个月。

已有研究表明，2012 年美国中西部干旱是一个骤旱（flash drought），因为它从 2012 年 5 月开始发展迅速，在 8 月即达到高潮。因此干旱时长为 4 个月。这一结果在图 3.7 中也可以得到一些反映，比如 5 月植被和降水量确实有明显的下降趋势。但是基于 EPMC 方法的结果，发现这一变化仅仅是是该地区长期干旱状态的进一步加深而已，实际上的干旱已经开始于 2011 年 9 月。而这种发展历程的关键信息，在本节之前尚未明确发现。

基于上述干旱过程，可以进一步计算得到每一干旱阶段的具体时间长度。在 2012 年的玉米生长阶段，共遭受了 77 天的干旱开始期、54 天的干旱发展期。对比而言，2011 年和 2013 年的玉米生长阶段仅分别遭受了 6 天和 37 天的干旱开始期。因此，从这一时间长度而言，2012 年农业干旱对玉米的影响确实比 2011 年和 2013 年更大。玉米在吐丝阶段比灌浆阶段和营养生长阶段对水分亏缺更加敏感。而 2012 年干旱恰好就覆盖了玉米的吐丝等生殖生长阶段，因此进一步表明此次干旱对玉米产量的严重影响。这一研究也表明，在作物生长的关键期，短时的干旱也能够造成严重的后果。以上的分析表明了基于多指数的干旱过程综合分析及与地面作物物候信息的集成分析比传统的单一干旱指数更加有用。

基于 USDM、PDSI、帕尔默 Z 指数、VegDRI 和 PADI 的 2012 年美国中西部干旱事件时空分布过程如图 3.8～图 3.10 所示。由于不同指数的计算模型不同，它们的结果表现出一些异同。①南部和中部区域，如内布拉斯加州、堪萨斯州和伊利诺伊州，在此次干旱事件中受影响最大。PDSI 在内布拉斯加州的最小值达到了−7.00，而伊利诺伊州的 VegDRI 值在 2012 年 8 月降到了 5.00；②USDM、VegDRI 和 SPI-9 表明此次干旱初始于明尼苏达州和艾奥瓦州，然而帕尔默 Z 指数表明明尼苏达州在此阶段都是非常湿润的，两者存在不一致。例如 2012 年 5 月，SPI-9 和帕尔默 Z 指数在明尼苏达州的值分别为−0.38 和 2.86；③大多数干旱指数表明从 8 月和 9 月，干旱从伊利诺伊州和印第安纳州开始消退（PSDI 从−3.60 提高为−2.67，而帕尔默 Z 指数从−0.38 提高为 1.54）但是，只有 VegDRI 和 PADI 仍然显示有严重的干旱（PADI 从 0.27 增长到 0.38）。这表明了 PADI 的特殊性，即它表

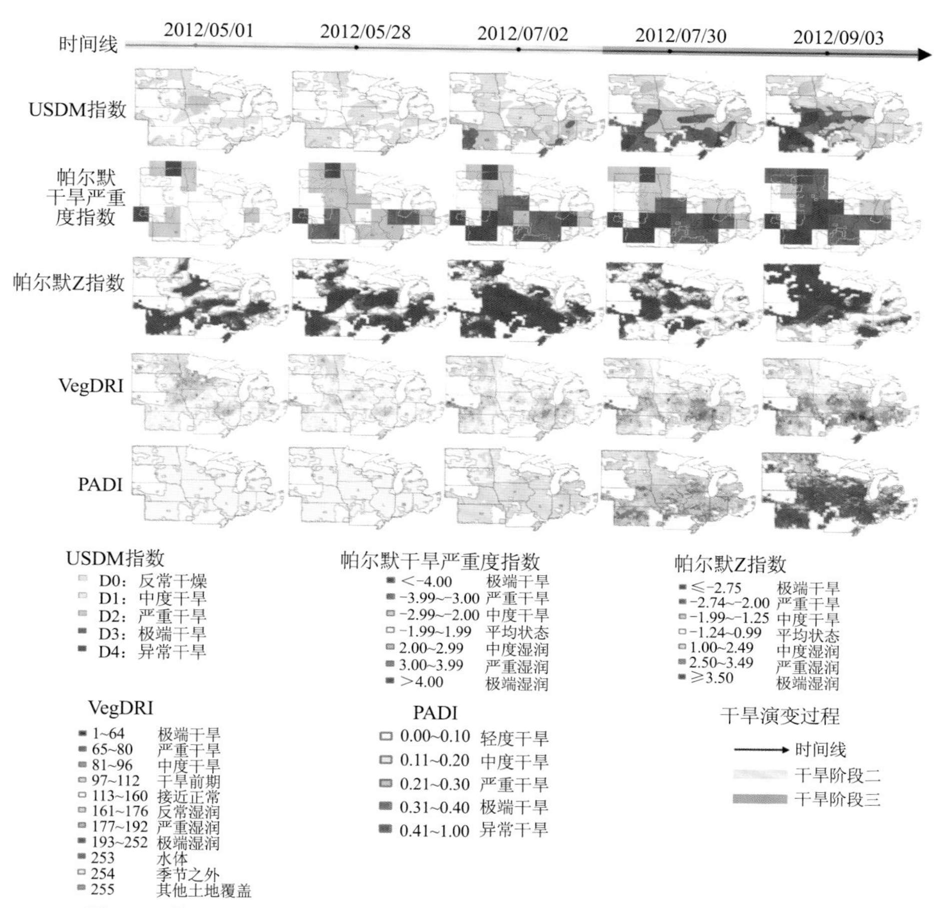

图3.8 基于USDM、PDSI、帕尔默Z指数、VegDRI和PADI的2012年美国中西部干旱事件时空分布过程

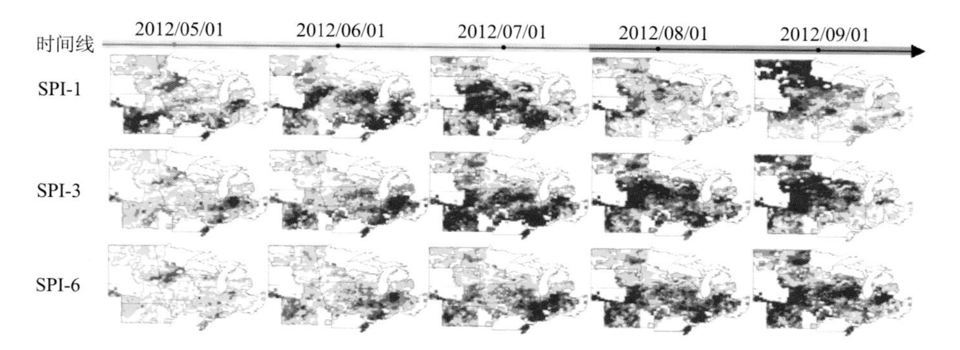

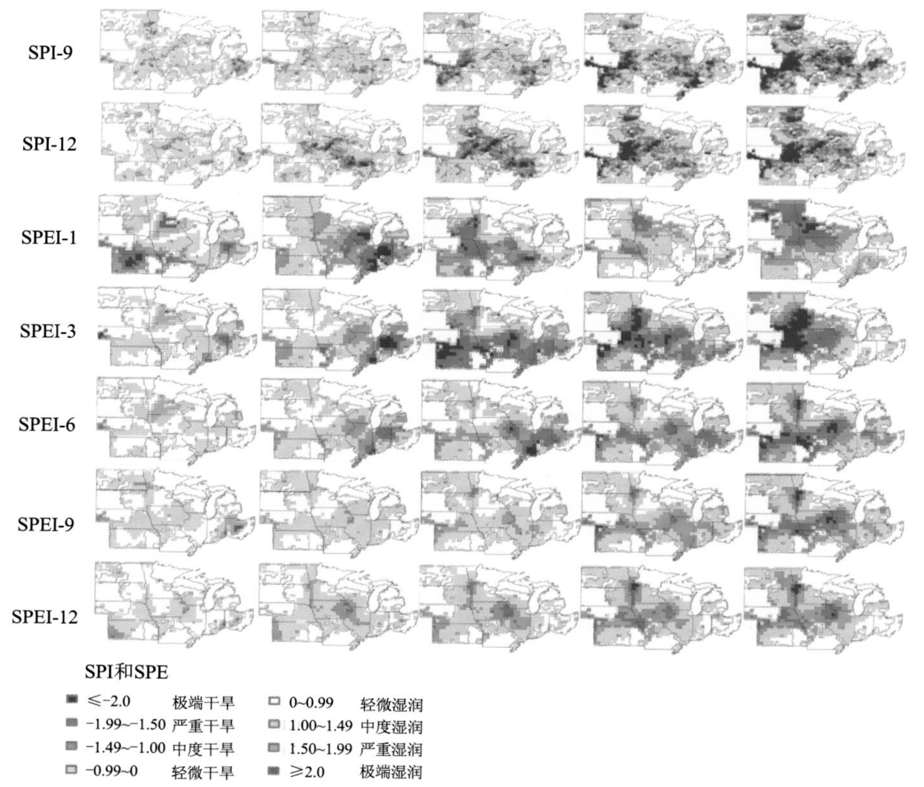

图 3.9　基于多时间尺度 SPI 和 SPEI 的 2012 年美国中西部干旱事件时空分布过程

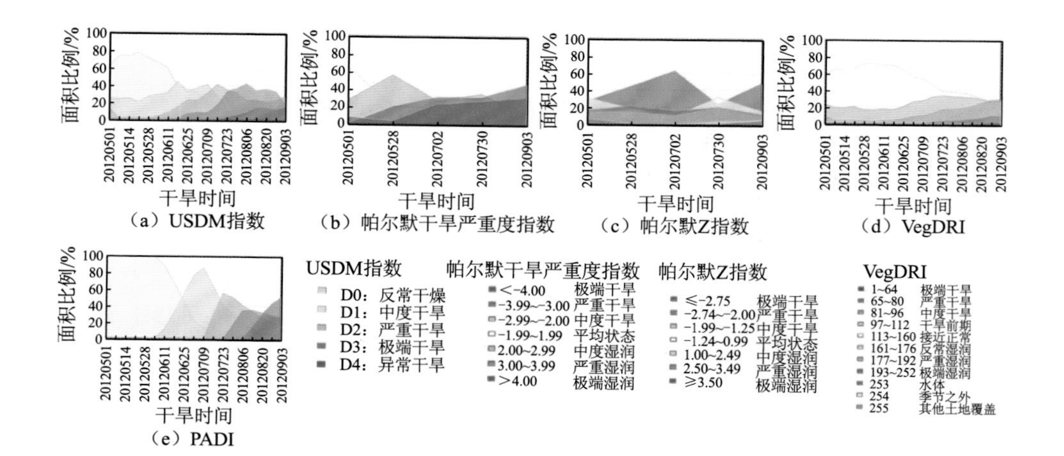

（a）USDM指数　（b）帕尔默干旱严重度指数　（c）帕尔默Z指数　（d）VegDRI　（e）PADI

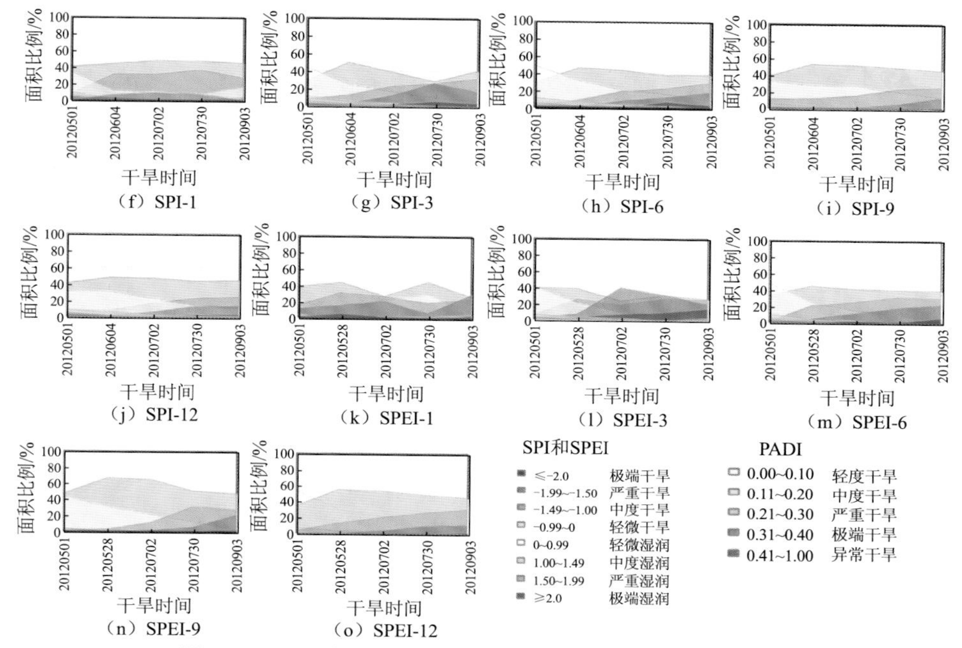

图 3.10　2012 年美国中西部干旱严重等级区域的面积变化

征的是干旱的累计影响，而不是周期性刷新；④PDSI 和 PADI 与 USDM 在干旱百分比变化规律上较为一致。PADI 与 USDM 在不同等级的干旱面积变化规律之间的 Spearman 秩相关系数达到 0.87、0.27、0.71、0.80 和 0.83。

对于农业干旱监测来说，非常有必要基于作物检查评估干旱严重程度。为了将干旱指数与作物减产 YAI 相关联，分析二者在中西部各县的相关性，如图 3.11 所示。使用 K-S 检验和 5%的显著性水平，实验发现该区域 YAI 结果并不呈现正态化分布，因此此处采用 Spearman 秩相关系数。从结果可以看到，PADI 和 YAI 具备最高的相关性，相关系数达到-0.74。除了 PADI，VegDRI 也与作物减产有较强的相关性，达到 0.61。在 EPMC 方法的三个单一变量感知指数中，PCI 与 YAI 有较强的相关性，系数达到-0.58，SMCI 和 VCI 与 YAI 的相关性就较差。考虑 PADI 是基于 SMCI 和 VCI 构建的，PADI 与 YAI 的较高相关性的原因就在于 PADI 不仅融入了干旱变量信息还融入了地面作物的物候信息，体现了多源信息融合的优势。帕尔默 Z 指数和 PDSI 与 YAI 的相关性较弱。作为气象干旱指数，SPI 和 SPEI 与 YAI 的相关性也不强。有意思的是，SPI 比 SPEI 的表现还要更好一点。

为了分析 PADI 在空间上的一致性，进一步计算 2012 年 9 月的 PADI 在每一个州与州内各县 YAI 的相关性，如图 3.12 所示。结果表明，PADI 在美国中西部的表现相对稳定，相关性均值为-0.70，范围从-0.38 到-0.87。因此，与现有其他

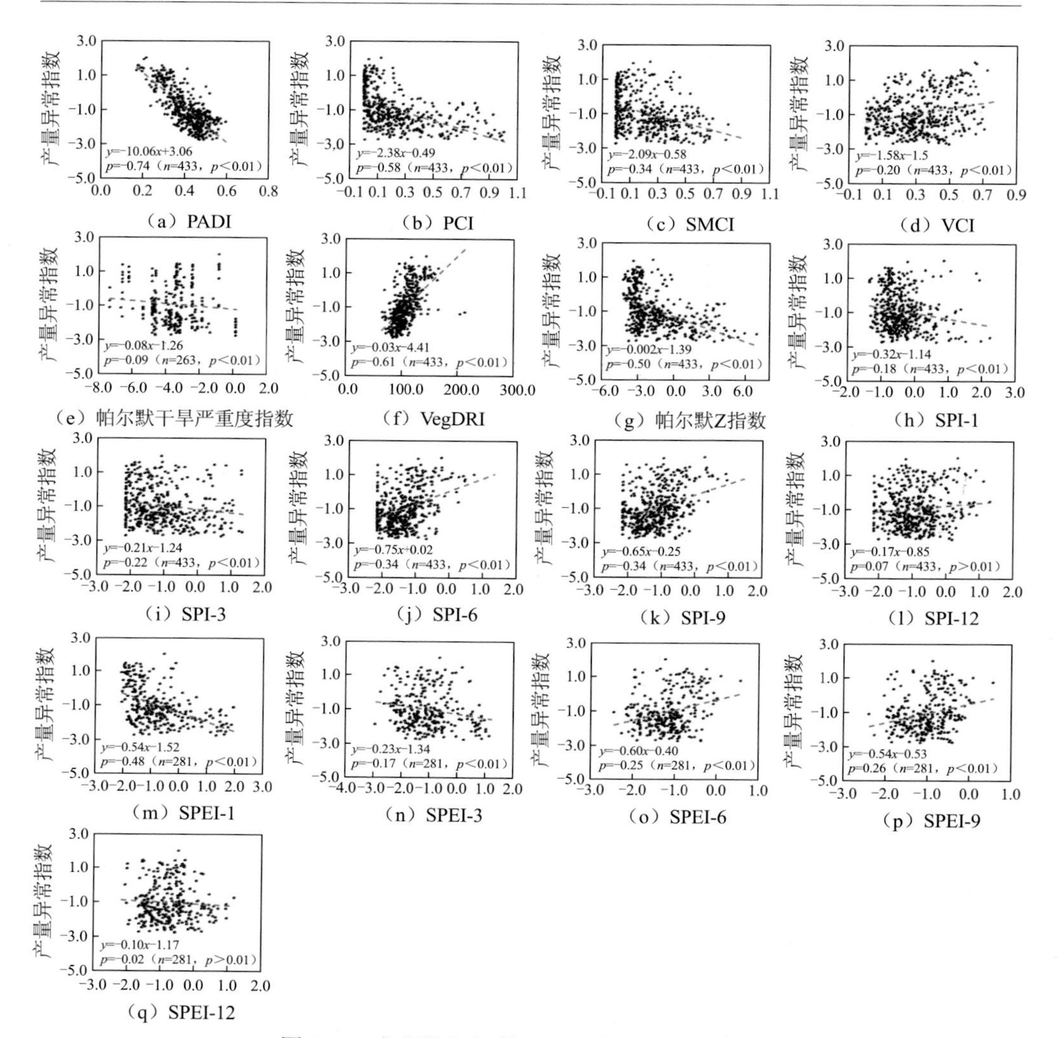

图 3.11　各指数与各县 YAI 的相关性分析结果

干旱指数相比，PADI 具备有较强的干旱严重程度的指示效果，且空间上表现平稳。

为了进一步分析 PADI 在时间上与 YAI 的相关性，计算二者 2012 年 5～9 月的相关性系数，结果如图 3.13 所示。首先，相关性系数在持续地提高，从 0.2 增长到 0.7 左右，这表明 PADI 作为一个累积性干旱指数，能够提供越来越可靠的干旱严重程度估计。其次，从 7 月中旬开始，相关性有一个比较明显的提升，这与干旱发展期密切相关。在作物收获的前一个月，即 8 月，PADI 与 YAI 的相关系数已经达到了 0.7 左右。这说明，PADI 能够在作物收获前 1 个月左右，较为准确地预测出此次干旱事件对作物的减产影响。

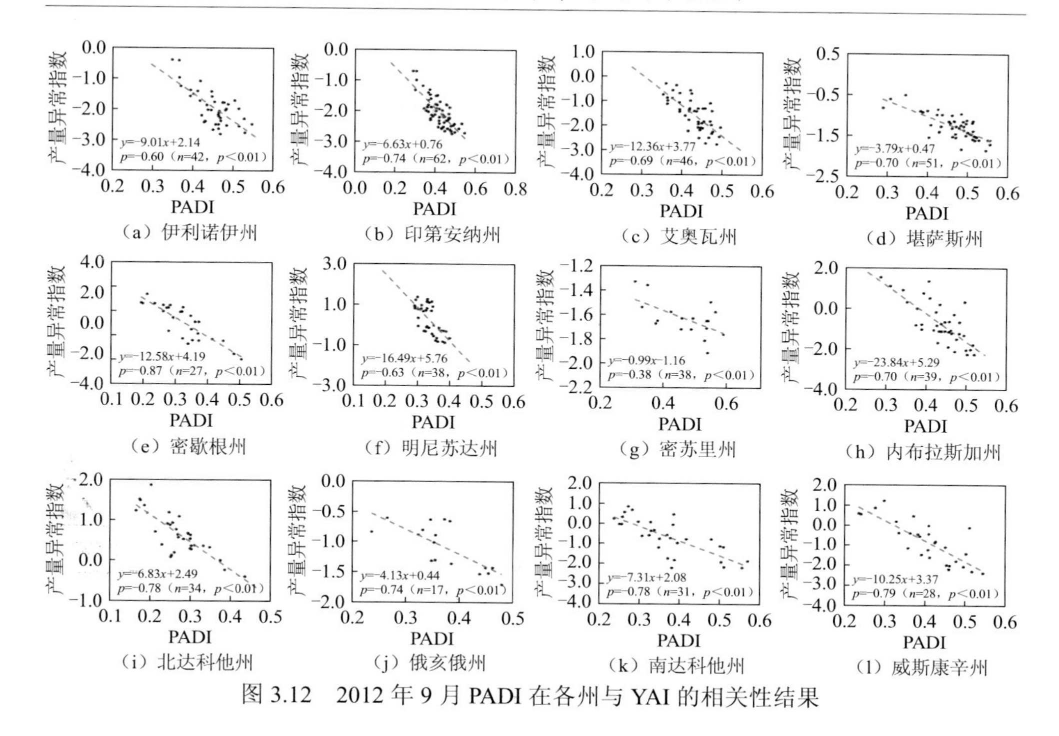

图 3.12　2012 年 9 月 PADI 在各州与 YAI 的相关性结果

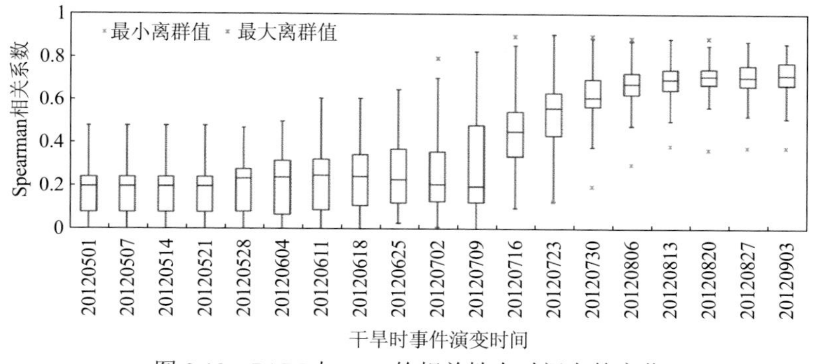

图 3.13　PADI 与 YAI 的相关性在时间上的变化

为了测试多指数结合的方法在提高作物减产表征上是否存在可行性，多元线性拟合分析的结果如表 3.7 所示。此处选取几个有代表性的干旱指数，包括 SPI-6、SPEI-6、VCI、VegDRI 和 PADI。结果表明，所有的多指数拟合模型与 YAI 都有较为显著的相关性，相关系数从 0.23（SPEI+VCI）到 0.63（SPI+PADI；SPI+VegDRI+PADI）。总的来说，多指数综合的方法并没有显著地提高与 YAI 的相关性。

表 3.7　多指数与 YAI 的线性拟合关系

指数	回归关系	相关系数	显著性水平	*P* 值	均方根误差
SPI，VCI	YAI=0.71×SPI+1.34×VCI−0.97	0.38	0.01	0.00	0.76
SPEI，VCI	YAI=0.52×SPEI+1.62×VCI−1.46	0.23	0.01	0.00	0.95
SPI，VegDRI	YAI=0.48×SPI+0.02×VegDRI−2.58	0.38	0.01	0.00	0.76
SPEI，VegDRI	YAI=0.18×SPEI+0.03×VegDRI−4.20	0.33	0.01	0.00	0.82
SPI，PADI	YAI=0.37×SPI−8.86×PADI+2.84	0.63	0.01	0.00	0.46
SPEI，PADI	YAI=0.28×SPEI−10.00×PADI+3.11	0.60	0.01	0.00	0.50
SPI，VCI，VegDRI	YAI=0.45×SPI+1.22×VCI+0.01×VegDRI−2.92	0.42	0.01	0.00	0.72
SPEI，VCI，VegDRI	YAI=0.15×SPEI+1.29×VCI+0.03×VegDRI−4.52	0.37	0.01	0.00	0.78
SPI，VegDRI，PADI	YAI=0.32×SPI+0.004×VegDRI−8.63×PADI+2.26	0.63	0.01	0.00	0.46
SPEI，VegDRI，PADI	YAI=0.18×SPEI+0.01×VegDRI−9.09×PADI+1.66	0.61	0.01	0.00	0.48

3.3　印度北部干旱灾害综合监测

3.3.1　印度北部干旱监测现状

干旱作为一种极端气候事件，严重影响全球植物生长和粮食生产。考虑气候变化和人类活动的影响，有大量文献证明了未来干旱影响农作物产量的风险总体增强。在印度，由于季风降水偏少、地下水枯竭及约 12.52 亿人口的粮食需求压力，这一风险更为显著。

自 20 世纪 60 年代以来，科学家就开始研究印度的干旱问题，发现由于东亚上空的对流层阻塞山脊，西南季风的“爆发”时间延长导致印度次大陆发生了严重的夏季干旱。在干旱监测方面，遥感数据和原位站点数据（如降水、径流、温度和植被数据）已单独或者两类数据联合进行干旱状况的监测。此外，还利用再分析产品，近实时进行干旱监测，形成了新的干旱指数。从干旱的分布和趋势来看，多项研究发现印度不同地区存在独特的干旱频率。除此之外，已有研究预测在 2050～2099 年，印度西部中部、半岛和东北中部地区的干旱事件将增加。考虑干旱的影响，月度季风降水的分布占水稻产量波动的 44%，并且 4 月和 5 月的 SPI-7

与小麦产量基本相关。最近的一项研究也分析了 1901～2004 年印度的干旱趋势及其变化，结果表明干旱严重程度和频率呈上升趋势。印度南部沿海、马哈拉施特拉邦中部和印度恒河平原的农业重要地区出现了更多的区域性干旱。但是，该初步研究仅针对基于降水的气象干旱。此外，人们认识到，虽然可以确定干旱胁迫的压力，但对作物生产的影响需要更全面地考虑作物物候。

在这些研究的基础上，现在可以通过多源数据集来识别主要的干旱类型，包括气象、水文、土壤水分和植被干旱。在本节中，将传统的农业干旱拆分为两类干旱类型，分别是土壤水分干旱和植被干旱。这种新方法将帮助人们对干旱的过程转变有一个清晰的认识。因此，对这些干旱的分布、持续时间、严重程度和趋势同时进行全面分析是及时的，因为它们之间的相互作用仍然相对未知，特别是在印度。在以往的研究中，也缺乏对这 4 种不同类型的干旱与农作物产量之间的关系的研究。例如哪种干旱类型对小麦产量损失影响最显著、这种关系是否随时间而变化等问题还没有被解决。因此，这里提出一种综合方法来研究印度的干旱规律，以评估其对小麦产量的影响。本节对 1981～2013 年气象、水文、土壤水分及植被干旱 4 类干旱，在发生点、时空演变特征、严重程度、持续时间和演变特征进行分析。特别关注小麦生长期间（从 10 月到次年 4 月）的干旱演变过程。本节的目标是从更精细和更系统的角度增强不同干旱类型及其对小麦产量影响的认识，从而提高干旱对区域产量的影响研究的效率。

3.3.2 研究区域和数据

小麦是印度仅次于大米的最重要的粮食，也是该地区数百万人的主食。印度河-恒河平原（IGP）地区被称为这个国家的“面包篮子”或“食物碗”。Punjab、Haryana、Uttar Pradesh 和 Bihar 是 IGP 区域中 4 个主要的小麦生产邦，并被选为主要研究区域。根据农业气候条件，这一区域主要属于西北和东北平原地区。根据印度农业部的数据，2013～2014 年 IGP 区域约占印度小麦种植面积的 58%，小麦总产量的 67%，成为“印度粮仓”。研究区小麦生长面积从 1 400 hm^2 缓慢增加到 1 800 hm^2，但由于产量增加，产量从 2 500 万 t 增加到 6 000 万 t 以上，如图 3.14 所示。虽然也有波动，但是总产量的趋势是显著增加的，从每百万公顷 4 500 万 t 增加到 8 500 万 t。1980～1990 年和 2002～2014 年实际产量低于平均值，1991～2001 年实际产量高于平均值。

研究区域的月平均气温变化由 12 月和 1 月的 10℃左右到 5～8 月的 30℃以上。降水随时间的变化十分显著：64.85%的全年降水集中在季风季节（7～9 月），而在小麦生长季（10～4 月）降水总量仅为 25.4 cm。然而，种植小麦所需的降水量在 30～100 cm。因此，此研究区划为小麦生长时的干旱易发区。由于降水不是影响小麦产量的唯一因素，这项研究将有助于确定印度不同类型干旱条件造成的产量损失的百分比。值得注意的是，根据印度开放政府数据（OGD）平台，该研究区域 2009～2010 年的灌溉率超过了 40%。这是 20 世纪 60 年代印度绿色革命带来的影响。由于这种人为干预，仅基于降水或仅基于土壤水分的干旱指数将无法真正捕捉地表干旱状况。因此，此处采用多指标方法对该地区的干旱进行研究。

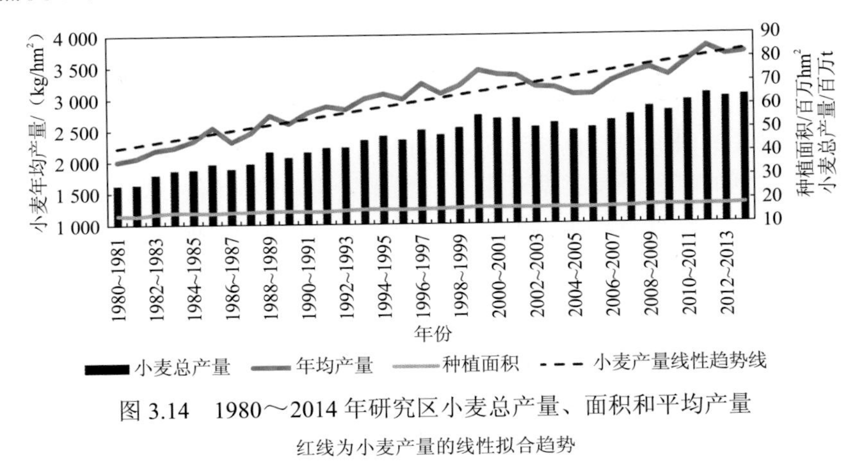

图 3.14　1980～2014 年研究区小麦总产量、面积和平均产量

红线为小麦产量的线性拟合趋势

3.3.3　印度北部干旱综合监测方法

1. 干旱的发生和严重程度

此处选取 4 种常用的干旱指数，包括标准化降水指数（SPI）、标准化径流指数（SRI）、标准化土壤水分指数（SSI）和植被状况指数（VCI）。SPI、SRI 和 SSI 是对降水、径流和土壤水分亏缺的三种标准化测量，被广泛用于描述印度和世界范围内的干旱。SPI 值可以解释为观测异常偏离长期均值的标准差数。在计算 SRI 和 SSI 时，通过 Kolmogorov-Smirnov 检验标准化过程，假设径流和土壤水分的正态分布、对数正态分布、泊松分布、指数分布、瑞利分布和伽马分布在 alpha 水平为 0.05。测试共包含 62 个网格，每个网格的样本量为 396。结果表明，73%的径流原始数据适合用伽马分布来表示，而网格数据不适合用正态分布或对数正态分布来表示。因此，采用伽马函数来计算 SRI。就 SSI 而言，目前的做法是采用一种正态分布或者非参数经验分布方法。但在本研究区，土壤水分网格不适合用

上述任何一种函数来表示。这一结果可能与研究区广泛的土壤水分管理（如灌溉）有关。由于与径流高度相关，在计算 SSI 时也采用了伽马分布。

与上述干旱指数对应的干旱等级如表 3.8 所示。D1～D4 级为干旱事件分类。这些阈值来自美国干旱监测器（USDM）。这类干旱使用百分数方法对严重程度进行分类。这种方法还可以使用户根据每 100 年发生的事件数轻松地解释一次干旱事件的概率。例如，D0（异常干燥）条件表明在某指定年份某指定地点发生的概率为 21%～31%，而 D1（适度干旱）事件发生的概率为 11%～20%。此外，选取 0.35 作为 VCI 的阈值。

表 3.8　不同程度和类别的干旱指数（SPI、SRI、SSI 和 VCI）的范围

干旱严重度	SPI、SRI 和 SSI 指数	VCI	类别
异常干燥	−0.50～−0.79	0.45～0.36	D0
适度干旱	−0.80～−1.29	0.36～0.25	D1
严重干旱	−1.30～−1.59	0.25～0.16	D2
极端干旱	−1.60～−1.99	0.15～0.06	D3
异常干旱	−2.00 或更少	0.00～0.05	D4

2. 干旱指数的计算

为了计算 SPI 的值，通过全球降水气候中心（GPCC）全数据再分析 version 7 产品，获取 1981～2013 年的栅格降水数据。由于基于全球 67 200 个台站，GPCC 数据具有较高的精度。用于计算 SRI 和 SSI 的数据输入来自 MERRA-2 产品。在本节中，选择二维、月平均和时间平均的地表产品（MERRA-2 tavgM_2d_lnd_Nx）。在此基础上，获得 1981～2013 年的月径流和根区土壤水分值，空间分辨率由 1/2°×2/3°重新采样到 0.5°×0.5°。除了上述数据，VCI 也被用来量化植被亏缺。VCI 将当前的 NDVI 与前几年同一时期观测到的值的范围进行比较。与植被指数不同，VCI 有能力将短期天气波动与长期生态变化区分开来。VCI 值越低，植被状态越差。为了获得 VCI，此处使用了美国国家航空航天局（NASA）的 GIMMSNDVI 产品。选择最新版本的第三代 NDVI 数据集（GIMMS NDVI3g），时间范围从 1981 年 7 月到 2013 年 12 月，空间分辨率从 1/12°重新采样为 0.5°。GIMMS NDVI3g 采用双周 GIMMS NDVI3g 平均到一个月平均值，以匹配降水、径流和土壤水分的时间分辨率。

利用 1981～2013 年逐月尺度的 SPI、SRI、SSI 和 VCI，分析气象、水文、土壤水分和植被干旱的发生情况和严重程度。与多变量综合农业干旱指数（如植被干旱响应指数 VegDRI）相比，这种策略可以明确地区分土壤水分干旱和植被干旱，可以更直接地量化特定环境变量的变化。基于原位站点的数据在探测当地极端情况时更直接和可靠。然而，由于站点数据的可用性有限和多个变量来综合评估干旱演变的需求，本节采用上述网格数据集。

3. 干旱的范围、时间、频率和分布

如前所述，气象、水文、土壤水分和植被干旱的情况分别由 SPI、SRI、SSI 和 VCI 确定。然后，通过计算某个给定时间段内经历干旱的网格单元总数并将其除以研究域中的网格单元总数，估算每个月干旱的空间/面积范围，以估算某地区干旱下的面积百分比。为了得到干旱的时间范围，计算 1981～2013 年每个网格单元在给定月份发生干旱的年数。并发干旱的时间范围采用了类似的方法，即同时考虑了多次干旱同时发生的情况。例如，为了计算气象干旱和水文干旱同时发生的时间，计算 1981～2013 年每个网格在同一月份经历这两场干旱的年数。随后，计算了每 10 年的平均干旱持续时间，并统计了 10 年来发生干旱事件的总数，然后将这 10 年中各干旱事件的持续时间加起来，得到总持续时间。最后，用总持续时间除以干旱发生次数，得到这 10 年各干旱的平均持续时间。为了分析干旱的纬向分布，首先将研究区每行 SPI/SRI/SSI/VCI 数据压缩为一个平均值，从而将每年的干旱图转换为一个列向量。然后，把每个三年期间的列向量加起来，就可以得到每个三年期中发生干旱的年数。最后，对 11 个三年期干旱向量按时间进行排列，研究其纬向变化趋势。

4. 干旱的演变过程分析

演变过程是由美国国家气象局及国家干旱缓解中心定义的一个定性过程，其形成过程是从气象到水文，再到土壤水分，最后到植被干旱。这一多视角过程对研究不同干旱相关变量的水分亏缺变化具有重要意义。然而，目前许多研究缺乏对这一特征的定量分析。本节首先对一种干旱如何影响其他干旱进行理论分析，如图 3.15 所示。

一般来说，气象干旱往往是首先发生的一种干旱。一段时间内降水的减少会导致陆地表面缺水。随着高温和风的增加，潜在蒸散量增加，耗水量增加。当土壤中的水分平衡被破坏时，地表或地下水（如水流、水库和地下水）可以通过灌溉系统转移到土壤中。因此，从理论上看，虽然土壤水分亏缺发生的时间早于水文径流亏缺，在灌溉农业中，它们的出现顺序通常是颠倒的。本节选择印度的主要小麦产区之一。20 世纪 60 年代绿色革命后，这个地区的灌溉非常普遍。因此，

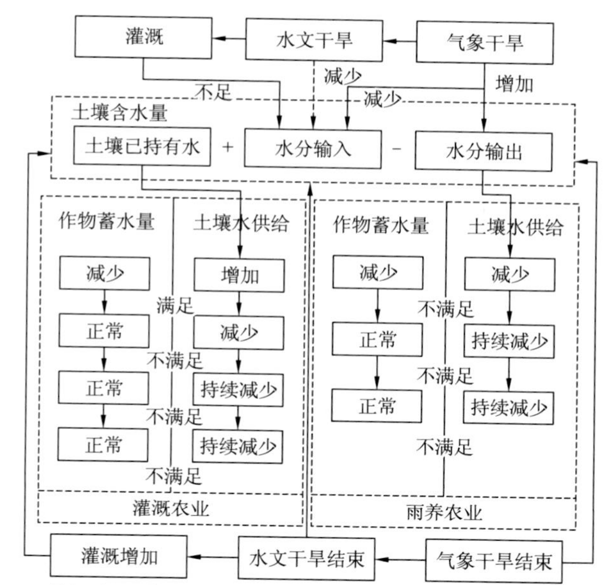

图 3.15 从气象、水文、土壤水分到植被干旱的干旱演化机制流程图

本节认为土壤水分干旱发生在水文干旱之后。土壤水分干旱后，植被处于水分胁迫状态。虽然它在减少水分消耗方面（即气孔闭合）具有有限的适应性功能，一段时间的缺水萎蔫会对植物造成永久性伤害，进而导致产量损失。这时发生最后一种干旱——植被干旱。以上分析为本节同时研究这 4 种干旱提供了理论支持。上述干旱的演变序列和时间间隔在不同的地区是不同的。这也表明，有必要开展局部规模的干旱研究，以系统地获取干旱致灾知识。

干旱类型之间转换所需的时间（称为时滞）在本研究区仍不清楚。因此，采用互相关分析作为第二步来分析它们的演化滞后时长。为了确定这 4 种干旱演变过程之间的相关程度，还采用了线性回归分析方法。滞后时间越短，两种干旱之间的演化过程越快，滞后时间越长，两种干旱之间的演化过程越长。在本节中，广泛灌溉（由印度绿色革命带来）的人为特征也通过分析这一演变过程来评估。

5. 基于 Mann-Kendall 的干旱趋势分析

关于干旱趋势至少有三种不同的结论：增加、减少和没有变化。除了利用面积、频率和持续时间的变化来预测干旱趋势，还采用显著性水平为 0.05 的 Mann-Kendall 趋势检验。Mann-Kendall 测试曾在以前的许多研究中用于探测水文和气候数据的趋势。此外，Sen 斜率也被用来量化趋势的烈度。Mann-Kendall 检验是基于时间序列的秩和它们时间顺序之间的相关性。

6. 干旱与作物产量的关系

小麦在印度主要是冬季作物，通常在 10 月种植，4 月收割。为评价干旱与小麦产量的关系，本节选择整个生长季。小麦物候期分别为出穗期、抽穗期、开花期和成熟期。不同物候期小麦产量对土壤水分胁迫的敏感性各不相同。因此，研究小麦生长季各月干旱与产量的关系是有必要的。利用每年 10 月～次年 4 月的干旱指数，分析干旱对作物产量的影响。此外，还注意到作物在不同生长阶段的深度取水潜力是不同的。因此，考虑不同深度的土壤水分将为分析作物与土壤水分之间的关系提供更精细的方法。

1980～2014 年的小麦产量数据通过印度农业部经济和统计局（http://eands.dacnet.nic.in/）和 2014 年农业统计概览获得，这些数据由印度各邦提供，每年的产量异常指数作为产量损失计算。Spearman 相关系数用以确定作物产量异常与干旱指数之间的关系。各年的产量异常指数（YAI）的计算公式为

$$\mathrm{YAI} = (Y - \mu) / \sigma \tag{3.1}$$

其中：Y 为作物某年的产量；μ 为长期平均产量；σ 为长期产量标准差。

3.3.4 印度北部干旱回顾性统计分析

此处利用网格化观测降水、模型模拟的总径流、土壤水分和遥感植被数据重建历史干旱。图 3.16 为 1981～2013 年研究区逐月平均标准化降水指数（SPI）、标准化径流指数（SRI）、标准化土壤水分指数（SSI）和植被状况指数（VCI）的时间序列。仅凭目测很难确定研究区域是变得干燥还是潮湿。相对于降水，土壤水分和水文条件具有持久性，表现出较少的变异性。当降水异常发生时，往往能立即观察到相应的水文和土壤水分变化。但是，为了量化以上初步判断，获得更精确的结果，进行更多的定量分析。

首先列出不同年份的干旱发生情况，如表 3.9～表 3.12 所示。小麦生长季中至少发生三种干旱的年份分别为 1985 年、1990 年、1993 年、1997 年、1999 年、2000 年、2001 年、2004 年、2006 年和 2010 年。它们被判定为小麦生产受干旱影响显著的年份。60%的气象干旱发生年份在 2000 年以后，其中 91%集中在 1～2 月，但是 43%的水文干旱发生在 20 世纪 90 年代，53%的植被干旱发生在 1993 年以前。此外，2 月发生植被干旱的次数是其他月份的两倍多。研究还发现，大部分气象和土壤水分干旱的严重程度相当于 D1 等级，而其他两种干旱达到 D3 等级甚至 D4 等级，严重程度的阈值见表 3.13。总体而言，对于该研究区域，水文和植被干旱造成的影响更大。

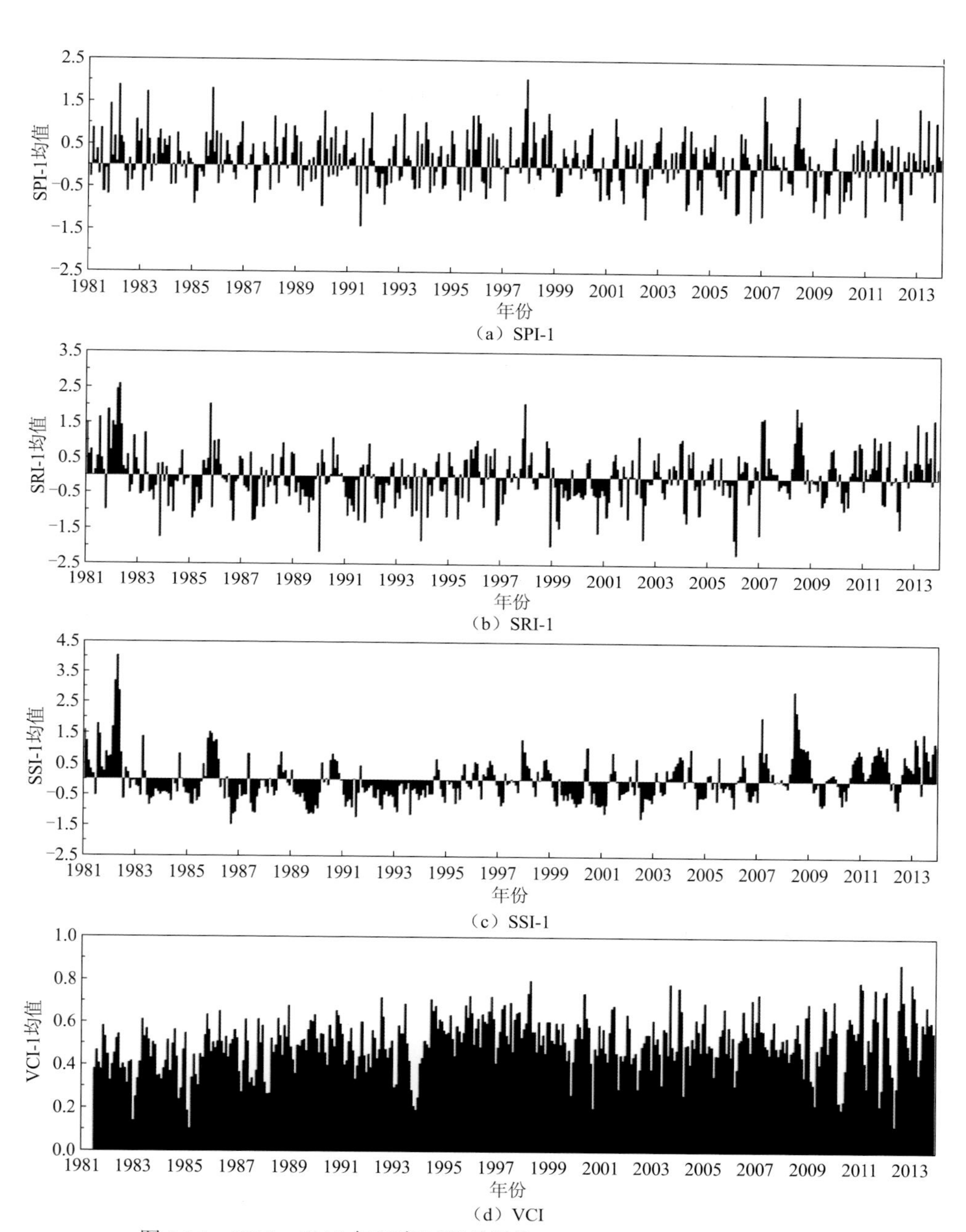

（a）SPI-1

（b）SRI-1

（c）SSI-1

（d）VCI

图 3.16　1981～2013 年研究区逐月平均 SPI-1、SRI-1、SSI-1、VCI-1

分别用于确定气象、水文、土壤水分和植被干旱

表 3.9　利用每个月的作物期平均干旱指数估计中度或更高严重程度的气象干旱的发生情况

阶段 年	出穗期		抽穗期		开花期		成熟期
	10 月	11 月	12 月	1 月	2 月	3 月	4 月
1985					D1		
1990				D1			
1997					D1		
1998							
2004					D1	D1	
2006				D1	D1		
2007				D1			
2009				D1			
2010				D1			
2011				D1			

表 3.10　利用每个月的作物期平均干旱指数估计中度或更高严重程度的水文干旱的发生情况

阶段 年	出穗期		抽穗期		开花期		成熟期
	10 月	11 月	12 月	1 月	2 月	3 月	4 月
1981	D1						
1983		D3					
1984						D1	
1985		D1			D1	D1	
1987		D1					
1989							D1
1990				D4			
1991	D2				D1		D1
1992			D1				D1
1993	D1		D3				
1994			D1			D1	
1996		D2	D1				
1997							

续表

阶段 年	出穗期		抽穗期		开花期		成熟期
	10 月	11 月	12 月	1 月	2 月	3 月	4 月
1998			D3				
1999						D1	D2
2000	D3						
2001			D1		D1		
2004					D1	D1	
2006				D3	D4		
2007				D3			
2010							D1

表 3.11　利用每个月的作物期平均干旱指数估计中度或更高严重程度的土壤水分干旱的发生

阶段 年	出穗期		抽穗期		开花期		成熟期
	10 月	11 月	12 月	1 月	2 月	3 月	4 月
1985					D1	D1	
1986	D1	D1					
1989	D1	D1	D1				
1990				D1			
1991					D1		
1992							
1993				D1	D1		
1997					D1		
1999							D1
2000		D1	D1	D1			
2001					D1	D1	
2006					D1		

表 3.12　利用每个月作物期的平均干旱指数估计中度或更高严重程度的植被干旱的发生情况

阶段 年	出穗期		抽穗期		开花期		成熟期
	10 月	11 月	12 月	1 月	2 月	3 月	4 月
1982	D1				D1		
1983			D1	D3	D1	D1	
1984	D2	D1			D1		
1985					D2	D3	D1
1987						D1	
1988					D1	D1	D1
1993	D1	D2	D2		D1	D1	
1994				D2			
1999			D1				
2000	D2						
2001	D1						
2004							D1
2006							D1
2009						D1	D1
2010							D2
2011		D2	D1				

表 3.13　1981～1989 年、1990～1999 年和 2000～2013 年期间，分别由 SPI、SRI、SSI 和 VCI 的网格数目确定的气象、水文、土壤水分和植被干旱时间的平均面积范围

每十年	气象干旱			水文干旱			土壤水分干旱			植被干旱		
	平均值	面积范围	标准差	平均值	面积范围	标准差	平均值	面积范围	标准差	平均值	面积范围	标准差
1981～1989 年	12.7	9.0～−19.8	3.5	21.4	7.4～−32.2	9.7	24.3	3.4～−45.0	13.0	32.9	19.3～−41.2	8.5
1990～1999 年	13.9	7.8～−18.4	3.6	24.3	14.0～−39.5	9.5	20.7	5.8～−33.8	10.9	18.7	6.1～−39.7	9.4
2000～2009 年	18.0	9.9～−26.8	5.6	18.9	9.6～−30.0	6.9	19.9	6.5～−36.6	9.7	23.2	17.9～−32.1	3.8

按空间范围或严重程度列出了所有小麦生长月份和所有 4 种干旱类型的干旱最严重的年份，见表 3.14 和表 3.15。结果表明，28 年降水量中有 19 年与干旱最严重年份的相关性较好，且空间范围最大。值得注意的是，2000 年 10 月是气象、水文和植被干旱面积最大的一年，同时也是水文和植被干旱最严重的一年。对应于作物的两个水分胁迫敏感期（抽穗期和开花期），影响最大的干旱发生在 1985 年和 2006 年，当时至少发生了 4 次面积最大或严重程度最高的干旱（小麦物候信息见表 3.16）。在严重程度上，水文和植被干旱通常比气象和土壤水分干旱更严重。这种差异在空间范围上也是有效的。研究区最严重的气象干旱以局部和中度影响为主，平均占 44.8%的空间范围和 D1 级严重程度。此外，严重的气象干旱仅在 2007 年 1 月、2006 年 2 月和 2004 年 3 月发生。

表 3.14　基于区域平均干旱指数估算的 1981～2013 年干旱最严重的年份的空间范围（单位：%）

类型	出穗期				抽穗期				开花期				成熟期	
	年份	10 月	年份	11 月	年份	12 月	年份	1 月	年份	2 月	年份	3 月	年份	4 月
气象干旱	2000	53.5	1996	4.4	1998	11.3	2007	86.2	2006	71.1	2004	56.0	1989	30.8
水文干旱	2000	97.5	1983	98.7	1998	100	2007	95.0	2006	98.7	1994	95.6	1999	95.0
土壤水分干旱	1989	87.4	1989	85.5	1989	74.8	1990	76.7	2001	99.4	1985	56.6	1999	49.1
植被干旱	2000	81.8	2011	79.2	1993	83.0	1983	91.2	1985	82.4	1985	91.2	2010	73.6

表 3.15　利用区域平均干旱指数估算 1981～2013 年作物期干旱严重程度及（D1～D4）的干旱最严重的年份

类型	出穗期				抽穗期				开花期				成熟期	
	年份	10 月	年份	11 月	年份	12 月	年份	1 月	年份	2 月	年份	3 月	年份	4 月
气象干旱							2007	−1.1（D1）	2006	−1.0（D1）	2004	−0.8（D1）		
水文干旱	2000	−1.6（D3）	1983	−1.8（D3）	1998	−1.9（D4）	1990	−2.2（D4）	2006	−2.2（D4）	2004	−1.9（D1）	1990	−1.5（D2）
土壤水分干旱	1986	−1.1（D1）	1989	−1.1（D1）	1989	−0.9（D1）	1990	−1.0（D1）	2001	−1.1（D1）	1985	−0.8（D1）	1999	−0.8（D1）
植被干旱	2000	0.2（D2）	1993	0.2（D2）	1993	0.2（D2）	1983	0.1（D3）	1985	0.2（D2）	1985	0.1（D3）	2010	0.2（D2）

表 3.16　冬小麦作物的物候期

阶段	描述	日期	产量响应因子
出穗期	发芽出现	10～11 月	0.2
抽穗期	从出现到双峰	12～1 月	0.6
开花期	从双峰到花期	2～3 月	0.5
成熟期	包括从开花期到成熟期的灌浆期	4 月	—

在像素级（网格空间为 0.5 度）尺度上，分析气象、水文、土壤水分和植被干旱（严重程度为 D1 或以上）的年数。如图 3.17 所示，干旱的时间范围提供了作物生长季节每个月在干旱条件下的年次数。结果表明：33 年以来，几乎所有研究区 1 月的干旱次数都是平均干旱次数的 8 倍以上，而 11 月和 12 月的气象干旱次数都不到 4 次。水文干旱的月变化不大，仅为 4～8 次。土壤水分干旱发生频率在约 10 次，2 月为 8 次以上，3～4 月为 4 次左右。与其他 3 次干旱相比，植被

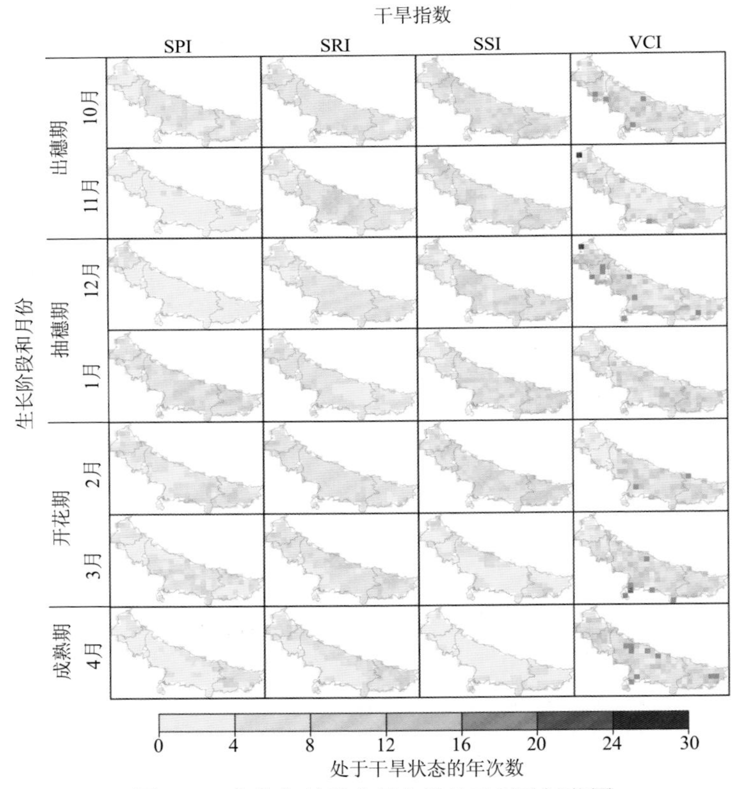

图 3.17　作物生长季节每个月的干旱时间范围

干旱的时间分布具有明显的异质性。在不同的月份之间没有显著的差异，但是在某些月份，在不同的像素点出现了很大的差异（从 4 次以下到 16 次以上）。另外未发现明显的空间集中区域。该结果表明，在整个小麦生长季，水文干旱和植被干旱的月度差异不大。气象干旱集中在 1 月，土壤水分干旱集中在 10 月到来年 2 月。在整个研究领域，特别是对于植被干旱，在空间上突出显示了不同网格下受干旱影响的总年数。总的来说，10 月、1 月和 2 月是 3 个干旱多发月份，4 种干旱通常同时在该时段发生。

除了上述对不同干旱类型的回顾性分析，还进行了同期并发的干旱分析。从时间（年和月）、空间分布、并发类型和发生频率 4 个方面分析小麦生长季并发干旱的特征。如表 3.17 所示，从区域的角度提供小麦生长季节每个月的区域干旱关联特征。首先，研究发现 1981～2013 年这 32 年里在小麦生长过程中共发生 17 次干旱。2 月被确定为多干旱易发月份，有超过 41%的历史同期干旱发生。11 月没有同时发生的干旱。此外，两类干旱同时出现的次数占同时出现多种干旱类型的 76%以上，只有 1985 年 2 月受到了所有 4 种干旱的影响。1993 年小麦生产经历了最频繁的多类干旱并发，包括 10 月、12 月和 2 月发生了 3 次植被干旱。同时发生的干旱中有 88%以上是水文干旱。

表 3.17　使用每个月在作物期的平均干旱指数估计，同时发生气象、水文、土壤水分和植被中度或更高严重程度的干旱

年份	出穗期		抽穗期		开花期		成熟期
	10 月	11 月	12 月	1 月	2 月	3 月	4 月
1985					M+H+S+V	H+S+V	
1990				M+H+S			
1991					H+S		
1993	H+V		H+V		S+V		
1997					M+S		
1999							H+S
2000	H+V						
2001					H+S		
2004					M+H	M+H	
2006				M+H	M+H+S		
2007				M+H			
2010							H+V

注：M 为气象干旱；H 为水文干旱；S 为土地壤干旱；V 为植被干旱

为了更好地了解 11 种连片地区并发干旱的空间分布，图 3.18 展现了每个网格中并发干旱的年数。总的来说，同时发生干旱的年数在 1～8 年。在小麦生长季节，不论空间位置如何，10 月、1 月和 2 月是最常同时有多种不同类型干旱发生的月份。11 月和 12 月有三种常见的组合，即水文与土壤水分干旱、水文与植被干旱、土壤水分与植被干旱。与其他并发类型相比，这些并发类型也是最常见的类型。此外，研究还发现，无论 4 月发生的是哪种类型的并发干旱，都主要分布在研究区域的南部。这 4 种干旱同时发生的月份主要集中在 10 月、1 月和 2 月。

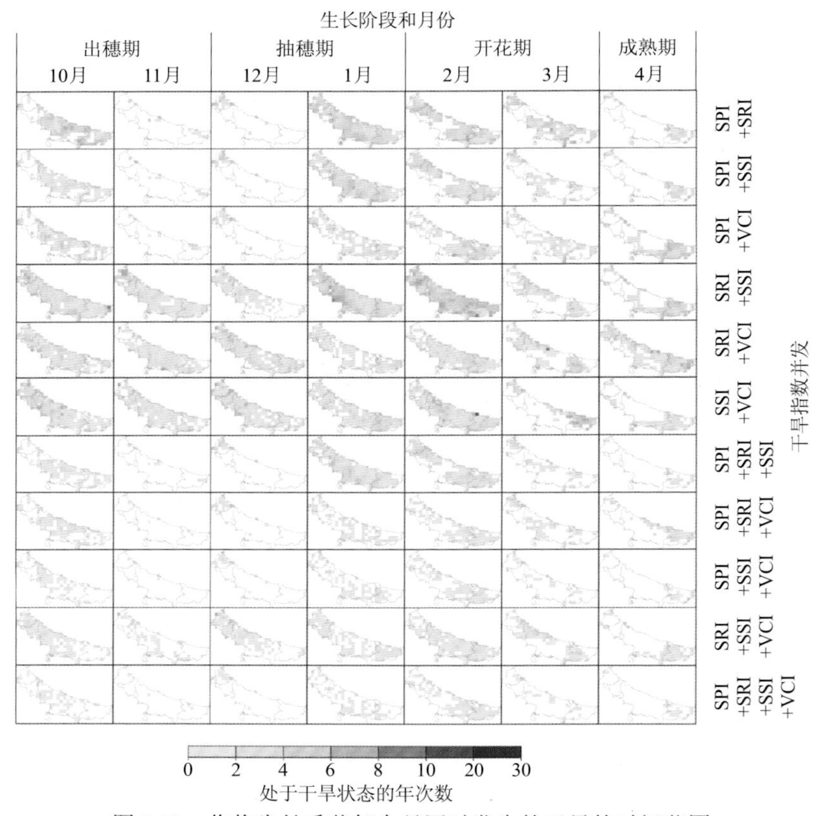

图 3.18　作物生长季节每个月同时发生的干旱的时间范围

3.3.5　印度北部干旱演变分析

根据逐月干旱数据，演变过程如表 3.18 和图 3.19 所示。结果表明，除了从气象干旱演变为植被干旱，这 4 种干旱之间并没有时间差。在本研究区域内，气象、水文和土壤水分干旱之间的转换一般在 1 个月内完成。从土壤水分干旱到植被干旱的演化周期也不超过 1 个月，而从气象干旱到植被干旱的完整演化周期则在 1 个月左右。也就是说，随着降水量的急剧减少，气象、水文和土壤水分干旱会在同一个月迅速完成演变。而在这个月之后，植被才会表现出明显的水分压力。这表明，在未来的评估中，至少需要每周的干旱数据，才可能对演变过程进行更细致的分析。

表 3.18　1981～2013 年气象干旱向水文干旱、气象干旱向土壤水分干旱、水文干旱向土壤水分干旱、土壤水分向植被干旱、气象干旱向植被干旱转变的时滞

演变	气象到水文干旱	气象到土壤干旱	水文到土壤干旱	土壤到植被干旱	气象到植被干旱
时间间隔/月	0	0	0	0	1

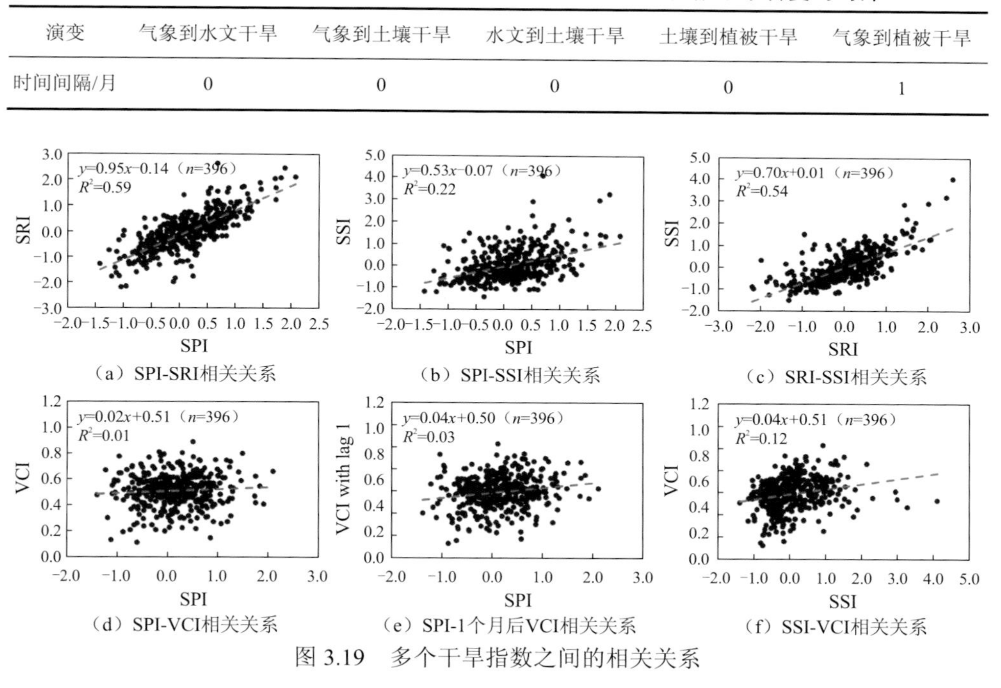

（a）SPI-SRI相关关系　（b）SPI-SSI相关关系　（c）SRI-SSI相关关系

（d）SPI-VCI相关关系　（e）SPI-1个月后VCI相关关系　（f）SSI-VCI相关关系

图 3.19　多个干旱指数之间的相关关系

线性回归分析结果表明，59%的水文变化可以被降水异常解释，54%的土壤水分变化可以被水文异常解释，而降水与土壤水分的共同决定系数仅为 0.22。该结果表明，径流主要受降水控制，并且是研究区域土壤的主要水源。但有趣的是，有 31 个月存在水文干旱，但没有土壤水分干旱发生，只有 18 个月两种干旱共同发生。前者比后者高出约 72%。考虑在同一月份引起这两场干旱过程的自然一致性，它们的数量预计是相当的。这一结果显示了研究区域地下水灌溉农业的特征（20 世纪 60～70 年代印度绿色革命之后）。绿色革命通过采用高产品种的种子、化肥、杀虫剂和灌溉技术，显著提高了印度的小麦产量，在应对干旱胁迫时，更多的地表水被抽出用于灌溉。土壤水分和降水与同期或 1 个月之后的植被情况的相关性都很低。这一结果进一步揭示了存在大量人为因素和其他因素影响了该研究区作物生长。

3.3.6 印度北部干旱趋势分析

干旱趋势分析的结果，包括持续时间的统计平均值、频率、线性回归的面积范围、Mann-Kendall 分析和纬度变化的结果如表 3.19～表 3.21 和图 3.20 所示。从持续时间趋势来看，1981 年以来，只有气象干旱的持续时间略长，每次干旱持续时间为 1～1.2 个月。同时其他 3 种干旱持续时间分别缩短为 1.1 个月/次、1.4 个月/次和 1.3 个月/次，土壤水分干旱平均持续时间急剧减少一半。结果表明，研究区 4 种干旱类型的平均持续时间均略长于 1 个月。换句话说，与持续数月或数年的干旱相比，有更多的“骤旱”发生。

表 3.19　1981～1989 年、1990～1999 年和 2000～2013 年，利用领域平均 SPI、SRI、SSI 和 VCI 确定气象、水文、土壤水分和植被干旱时间的平均持续时间

时间	气象干旱			水文干旱			土壤水分干旱			植被干旱		
	平均时间/个月	时间范围/个月	标准方差	平均时间/个月	时间范围/个月	标准方差	平均时间/个月	时间范围/个月	标准方差	平均时间/个月	时间范围/个月	标准方差
1981～1989 年	1	1	0	1.2	1～2	0.4	2.8	1～6	1.9	1.9	1～3	0.7
1990～1999 年	1	1	0	1.2	1～2	0.4	1.3	1～2	0.4	1.7	1～3	1.2
2000～2009 年	1.2	1～1.5	0.3	1.1	1～1.5	0.2	1.4	1～2	0.5	1.3	1～3	0.8

表 3.20　通过 1981～1989 年、1990～1999 年和 2000～2013 年的平均 SPI、SRI、SSI 和 VCI 分别确定气象、水文、土壤水分和植被干旱时间频率

时间	气象干旱	水文干旱	土壤水分干旱	植被干旱
1981～1989 年	2	13	5	20
1990～1999 年	5	21	10	8
2000～2009 年	11	11	10	9

注：单位为每十年的干旱次数

表 3.21　1981～1989 年、1990～1999 年和 2000～2013 年期间，分别由 SPI、SRI、SSI 和 VCI 像素水平确定的气象、水文、土壤水分和植被干旱时间的平均面积占比范围

每十年	气象干旱			水文干旱			土壤水分干旱			植被干旱		
	平均面积占比/%	面积占比范围/%	标准方差	平均面积占比/%	面积占比范围/%	标准方差	平均面积占比/%	面积占比范围/%	标准方差	平均面积占比/%	面积占比范围/%	标准方差
1981～1989 年	12.7	9.0～-19.8	3.5	21.4	7.4～-32.2	9.7	24.3	3.4～-45.0	13.0	32.9	19.3～-41.2	8.5
1990～1999 年	13.9	7.8～-18.4	3.6	24.3	14.0～-39.5	9.5	20.7	5.8～-33.8	10.9	18.7	6.1～-39.7	9.4
2000～2009 年	18.0	9.9～-26.8	5.6	18.9	9.6～-30.0	6.9	19.9	6.5～-36.6	9.7	23.2	17.9～-32.1	3.8

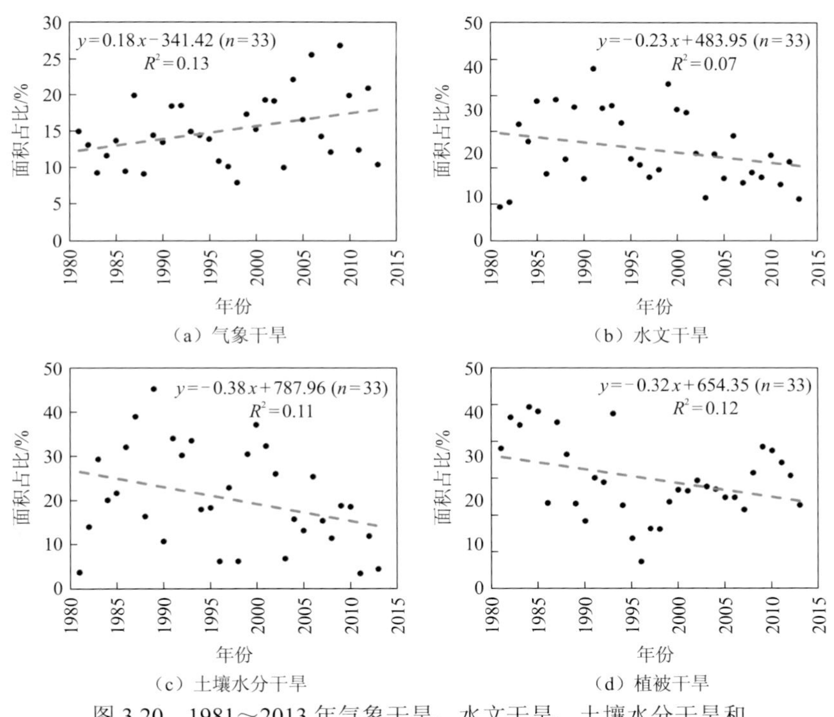

图 3.20　1981～2013 年气象干旱、水文干旱、土壤水分干旱和植被干旱平均面积百分比的线性回归

从干旱发生频率角度来说，气象干旱和土壤水分表现出一种上升趋势（从 2～11，从 5～10），而其他两种干旱类型呈现下降趋势（从 13～11，从 20～9）。换

句话说，降水和土壤水分异常增加了，径流和植被异常减少了。在最近十年中，每种类型的干旱平均发生10次（标准偏差为0.96）。从面积范围角度来说，气象干旱影响的面积越来越大，从20世纪80年代的12.7%上升到21世纪初的18.0%。近几十年来，其他三类干旱更多是形成了局部干旱事件。各水文和土壤水分干旱影响的面积范围分别由21.4%下降到18.9%，由24.3%下降到19.9%。受植被干旱影响的区域面积由32.9%下降到23.2%。近十年来，受4种干旱类型影响的区域平均面积均为20%，标准差为2.27。此统计分析表明，气象干旱持续时间更长、频率更高、影响面积更大。与此相反，水文干旱和植被干旱呈现持续时间短、发生次数少和影响面积小的特点。另外，土壤水分干旱的发生频率较高，但以局部和短期为主。

对于每月干旱严重程度趋势的空间域，Mann-Kendall分析结果如图3.21所示。在小麦生长季节，很容易发现不同类型干旱趋势之间的明显差异。东北地区气象

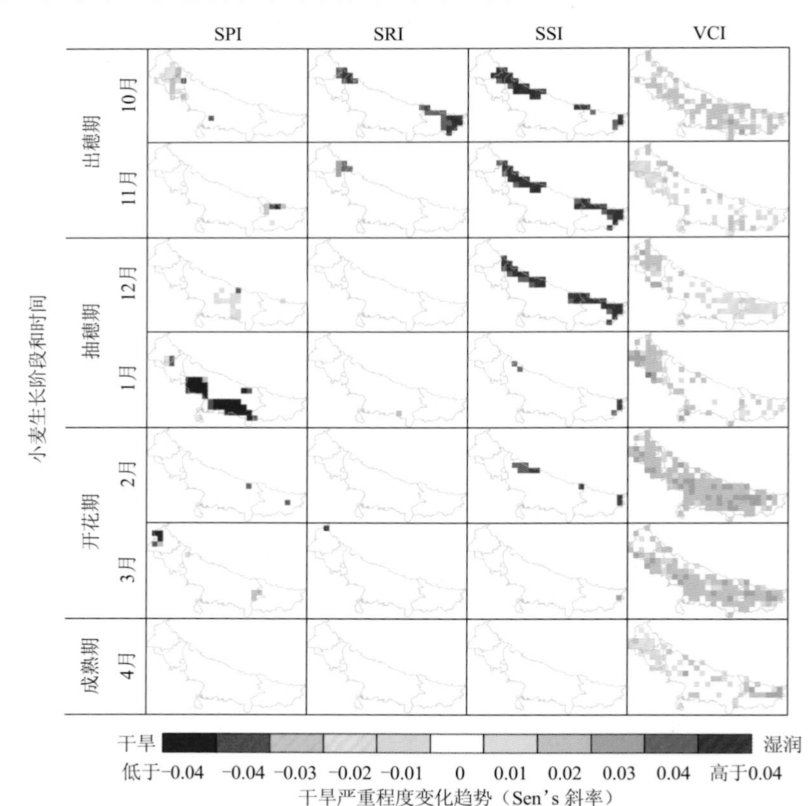

图3.21 1981～2013年小麦生长月气象、水文、土壤水分和植被干旱严重程度变化趋势

Mann-Kendall 分析采用0.05显著性水平

干旱在 10 月和 3 月较为严重，中南地区气象干旱在 12 月和 1 月较为严重。尤其值得一提的是，1 月的气象干旱的烈度变化幅度十分显著，这表明降水量缺口量很大。2 月和 4 月无显著变化趋势。对于水文和土壤水分干旱，部分研究区域的上部边界附近地区干旱情况明显缓解，尤其在 10 月、11 月和 12 月。而其他地区和其他月份则没有达到明显的严重趋势。由于小麦产量对 12 月～次年 3 月土壤水分胁迫的敏感性较高，实验结果表明，这些分区的土壤水分供应可能由于灌溉而变得更加有利。由于面积较大，植被干旱趋势明显。总体来看，东北地区植被在 11 月和 4 月偏干，南方在 12 月偏干，其他地区和月份则偏湿，且没有明显趋势。因此，在过去三十年中，只有气象和植被干旱在某些区域的严重程度加深了，突出了每个月不同的易旱区域。

为了确定详细的纬向干旱趋势，图 3.22 显示了 1981 年以来纬度方向下干旱年数的变化。总体上，气象干旱的变化规律各不相同，但 1 月有一定的南移趋势，其他月份的干旱集中在南北区域。水文干旱无纬向运动。28° N 以上区域土壤水分干旱较为严重，并且在 10～12 月明显。植被干旱在 10～12 月集中在 28° N 以上，在 2～3 月集中在 28° N 以下。

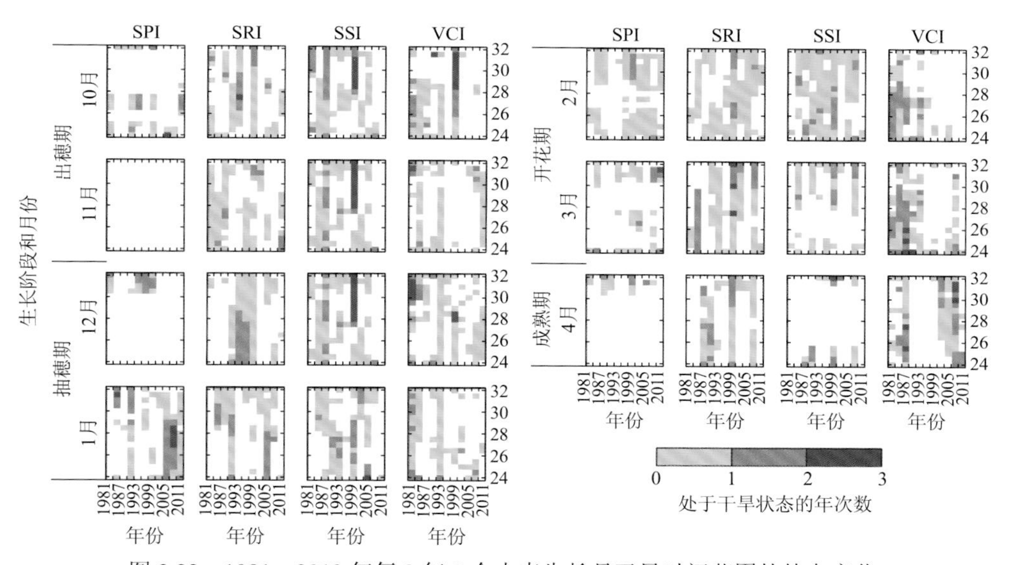

图 3.22　1981～2013 年每 3 年 7 个小麦生长月干旱时间范围的纬向变化

3.3.7 印度北部干旱与作物产量的关系

以上分析从干旱发生、分布和趋势等方面说明了干旱与小麦生长的关系。它们相关关系的数值表示如表 3.22 和图 3.23 所示。研究发现，在整个小麦生长季节，只有土壤水分和植被干旱与某些月份下的小麦产量密切相关。总体而言，出苗期（10 月和 11 月）的土壤水分指数与小麦产量异常显著相关，相关系数分别为 0.38 和 0.45，p 值分别为 0.03 和 0.01。植被状况指数则在花期（2 月和 3 月）的相关性更强，相关系数分别为 0.75 和 0.74，p 值均为 0.00。此外，在 10 月和 2 月，土壤水分和植被干旱指数均具有较高的相关系数。而抽穗期与成熟期（12 月、1 月和 4 月）则无显著相关。4 月植被干旱与产量损失的相关系数较低，可能与收获活动的影响有关。综上所述，花期时的 VCI 可以很好地反映最终产量的损失，另外的替代指标则为 10 月的 VCI 和 11 月的 SSI。虽然 SPI 是全球默认使用的干旱指数，但此处结果表明，在农业干旱的评估中，应该谨慎使用它。这些结果还强调了在气候研究中应明确考虑作物物候和不同干旱类型的演变。此外，未来的研究和评估应该谨慎地将当前和未来气候的降水量不足或类似 SPI 的指数与作物产量损失或粮食安全联系起来。当系统地进行干旱影响评估时，非常有必要同时考虑作物物候、干旱演变和当地管理实践的作用。

表 3.22　小麦产量与生长季各月区域干旱指数的关系

阶段干旱	出穗期		抽穗期		开花期		成熟期
类型	10 月	11 月	12 月	1 月	2 月	3 月	4 月
气象	−0.01	0.02	−0.36*	−0.32	0.00	−0.22	0.31
水文	0.24	0.22	−0.28	0.03	0.14	0.04	0.30
土壤水分	0.38*	0.45*	0.34	0.29	0.44*	0.06	0.30
植被	0.55*	−0.08	−0.17	0.17	0.75*	0.74*	0.17

注：*表示显著相关，即统计值 $p<0.05$

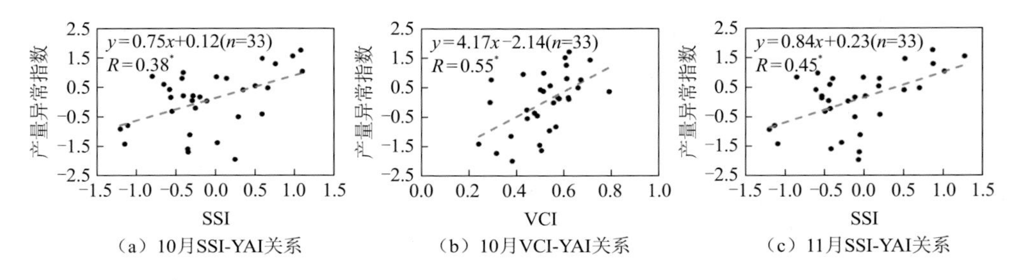

（a）10月SSI-YAI关系　（b）10月VCI-YAI关系　（c）11月SSI-YAI关系

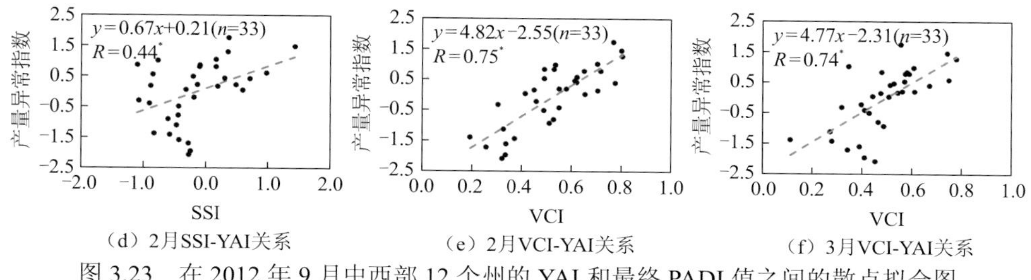

（d）2月SSI-YAI关系　（e）2月VCI-YAI关系　（f）3月VCI-YAI关系

图 3.23　在 2012 年 9 月中西部 12 个州的 YAI 和最终 PADI 值之间的散点拟合图

3.4　长江中下游五省干旱灾害综合监测

3.4.1　长江中下游干旱综合监测分析方法

由于干旱事件自身的复杂性和对社会影响的广泛性，目前尚未有一种干旱指数能实现时空上的普适性，指数的适用性评估一直是干旱研究的关键问题。而长江中下游地区作为我国水稻主产区，近年来不断遭受干旱灾害的侵扰，如 2014 年长江以北地区的伏旱、2013 年长江以南区域的夏旱和 2011 年长江中下游地区的春夏连旱。其中 2011 年的春夏连旱是建国以来该地区最严重的一次旱情，耕地受旱面积高达 302.3 万 hm^2，占全国受旱面积的 43.4%。因此，开展多种干旱指数在长江中下游地区的适用性研究，对该地区的干旱监测及旱情预警具有重要指导意义。

本节利用多源卫星遥感资料，以标准化降水指数（SPI）和作物减产率为参考指标，开展了温度状态指数（TCI）、植被状态指数（VCI）、降水状态指数（PCI）、土壤水分状态指数（SMCI）及优化的植被干旱指数（OVDI）5 种干旱指数在长江中下游五省（江西、湖南、湖北、江苏和安徽）的干旱监测适用性分析。基于计算原理，上述干旱指数分为三类：一是具有多时间尺度的 SPI；二是对变量进行简单归一化处理得到的指数 PCI、SMCI、VCI 和 TCI，即基于条件的干旱指数；三是对多个干旱变量，通过一定的约束条件进行组合得到的综合干旱指数 OVDI。

基于条件的干旱指数是对降水、土壤水分、植被状态及地表温度等干旱变量的归一化计算结果，从而以不同的角度对干旱事件进行量化。其中：PCI 和 SMCI 可反映降水和土壤水分的动态变化，其取值越大，表明降水或土壤水分越充足；VCI 主要是通过量化植被受环境胁迫的程度，来反映极端事件（干旱）的严重程度；TCI 是由地表反射率计算得到，反映了地表温度的变化，温度升高会加速（加重）干旱的发生（强度）。OVDI 作为综合干旱指数，是对降水、土壤水分、植被状态及地表温度 4 个变量的最优权重组合。由于 OVDI 是多个干旱指数的组合，在计算 OVDI 时，将计算 PCI、SMCI、VCI 和 TCI 数据的空间分辨率统一为了 0.25° ×0.25° 。作物减产率（YAI）反映了作物产量与其长期产量均值的偏离程度，可用来监测干旱对作物产量的影响，公式同 3.3 节。

3.4.2 研究数据和实验区

实验区包括江苏、湖南、湖北、安徽及江西 5 个省，地理位置介于 24° 29′～35° 08′N、108° 21′～121° 55′E，地处长江中下游平原，地势平坦，属东亚季风区，气候温暖湿润，是我国重要的商品粮基地，也是我国旱涝灾害频发区域之一。该区域土地利用类型以林地、水田和旱地为主，其中水田、旱地主要分布在安徽、江苏两省，在湖北和湖南的汉江平原、江西北部也有分布。长江中下游五省以种植稻谷为主，因此使用了 2001～2013 年稻谷单产资料计算作物减产率，该数据来源于《中国统计年鉴》。计算各指数所用的卫星遥感数据集见表 3.23。

表 3.23 卫星遥感数据信息

指数	变量	数据集名称	时间范围/年	时间分辨率	空间分辨率
SPI	降水	GPCCV7	1901～2013	每月	0.5° ×0.5°
PCI	降水	TRMM3B43	2000～2016	每月	0.25° ×0.25°
SMCI	土壤水分	GLDAS_NOAH025_M2.1	2000～2017	每月	0.25° ×0.25°
VCI	NDVI	GIMMS3g_V0	1983～2013	半月	0.083° ×0.083°
TCI	地表温度	MODLT1T 中国合成产品	2000～2016	每月	0.006° ×0.006°

3.4.3 长江中下游五省干旱监测对比分析

由于各指数的干旱等级划分标准不同，为便于分析比较，本节将地表状况统一为“正常”和“干旱”两种情况，各干旱指数的等级阈值划分方法如下。①通过研究区 2001～2013 年 PCI 和 SMCI 逐月数据集，逐像元计算各月的均值与标准差，将二者差值作为判断干旱发生的阈值，即当 PCI 和 SMCI 的取值分别低于当月阈值时，表明该像元发生了干旱；反之，则表现为正常。②当 VCI＜0.5 时，干旱发生，而 VCI＜0.35 时，则处于严重干旱状态，故 VCI 阈值设为 0.5。③TCI 的干旱等级阈值设定为 0.95，当 TCI＞0.95 时，表明地表温度出现异常，干旱发生。

根据上述阈值划分方法，得到 2012 年和 2013 年长江中下游五省 4 个干旱指数的干旱监测分布状况，并统计了干旱比例，如表 3.24 所示。在 2012～2013 年期间，长江中下游五省气象干旱（PCI）和农业干旱（SMCI、VCI）均有发生，且存在明显的时空变化特征。从发生频次来看，2013 年气象干旱的发生频次高于 2012 年，但 2012 年气象干旱发生时段较为集中，主要发生在 1～2 月和 6～7 月两个时段，发生区域主要集中于研究区北部（湖北、安徽和江苏），湖南西部及江西北部也有小范围的气象干旱；除 5 月外，2013 年其余月份均有不同范围的气象干旱发生，研究区南部（湖南和江西）干旱的发生频次相对较高，主要集中在 1～2 月和 6～10 月两个时段。统计发现，研究区 2013 年气象干旱的波及范围约为 2012 年的 2 倍，年均受旱面积比例分别为 39.7%和 20.4%。

表 3.24　基于 PCI、SMCI、VCI、TCI 的 2012、2013 年各月、全年平均长江中下游五省受旱比例统计　（单位：%）

项目	2012 年				2013 年			
	PCI	SMCI	VCI	TCI	PCI	SMCI	VCI	TCI
1 月	26.4	22.4	64.3	1.4	51.2	6.0	44.6	26.7
2 月	45.2	27.4	81.4	18.1	45.8	3.3	54.1	26.6
3 月	0.9	12.0	61.7	15.0	20.4	29.0	35.6	14.5
4 月	18.8	11.9	13.0	4.3	38.7	32.7	39.3	3.8
5 月	18.9	9.9	21.0	34.5	0.5	6.3	11.5	44.2
6 月	47.2	55.1	56.9	26.5	41.1	24.2	26.5	20.0
7 月	40.1	17.4	20.6	8.3	66.8	58.9	7.5	18.6
8 月	24.0	30.6	12.4	2.6	55.5	82.5	2.4	76.3
9 月	1.2	1.5	14.0	0.1	19.5	30.7	5.2	23.0
10 月	20.0	11.0	42.1	2.0	67.4	26.4	20.8	12.7
11 月	1.7	1.0	78.6	3.0	21.1	35.0	39.8	3.2
12 月	0.1	4.5	72.6	2.2	48.3	27.2	19.6	3.3
年平均	20.4	17.1	44.9	9.8	39.7	30.2	25.6	22.8

从干旱形成的气象水文机制来看，若在长时间降水负异常后紧接着出现土壤水分负异常，即 PCI 和 SMCI 同时出现负异常时，则该区域很可能发生农业干旱。研究区 2012 年农业干旱发生时间集中在 1～2 月、6 月和 8 月，夏季干旱范围较冬季大，干旱范围大致呈东北-西南向的条带状分布，主要集中分布在除江西外的其余 4 省。2013 年，农业干旱主要发生在夏季 7 月、8 月，干旱自 6 月开始由南部向东北方向扩展，8 月已扩展至全区大部（湖北中西部除外）；随后 9～12 月，各省旱情总体均得到不同程度的缓解。这与 2013 年的《中国水旱灾害公报》描述基本一致。从表 3.24 统计结果来看，2013 年长江中下游五省的年均受旱面积大于 2012 年，分别为 30.2%和 17.1%，且 2013 年约一半时间的受旱面积比例在 30%以上，表明研究区 2013 年的农业干旱比 2012 年的严重。

从 VCI 的干旱监测结果可知，长江中下游五省在 2012 年、2013 年均发生了干旱，2012 年干旱发生时段集中在 1～3 月、6 月和 10～12 月，干旱波及范围大，呈面状分布，而 2013 年干旱发生时段集中在 1～4 月和 11 月，旱区自 1 月开始由北部向南部转移。对比 VCI 干旱面积统计结果发现，2012 年的旱情比 2013 年严重，年均受旱面积比例分别为 44.9%和 25.6%，该指数对旱情的描述与实际旱情相反，这可能与当年多次发生洪涝灾害有关。VCI 是通过植被状态的异常来反映干旱，而长江中下游地区是我国降水丰沛区域，虽有干旱发生，但不是植被生长唯一限制因子，植被长势还受洪涝和病虫害等影响。可见 VCI 监测长江中下游地区的干旱状况弊端较大。

从 TCI 的干旱监测结果可知，2012 年长江中下游五省干旱发生时段集中在 2～3 月和 5～6 月，但旱区面积不大。2013 年干旱发生时段集中在 1～2 月、5 月和 8 月，波及范围更广。由表 3.24 可知，2013 年的旱情比 2012 年严重，年均受旱面积比例为 22.8%。整体来看，TCI 能监测到研究区干旱的发生，但其灵敏度不高，监测结果较差，仅适用于对干旱事件是否发生的简单探测。

表 3.25 是长江中下游五省干旱指数 PCI、SMCI、VCI、TCI 和 OVDI 之间的相关系数，发现 OVDI 与 PCI 和 SMCI 呈显著正相关，且与前者相关性最强（r 为 0.997），而与其他 2 个指数则呈现弱的负相关关系，表明 OVDI 指数在长江中下游五省主要综合了降水和根区土壤水分信息。PCI 与 SMCI 之间存在显著的正相关，相关系数为 0.448，表明长江中下游五省的农业干旱对气象干旱有一定程度的响应。PCI 与 TCI 之间呈负相关（r=−0.231），表明长江中下游地区高温少雨天气往往同时出现，这是导致该区干旱频发的主要原因之一。SMCI 与 TCI 呈现弱的负相关，表明该区域温度对作物根区水分变化有一定影响，但不是最主要的因素。VCI 与其余 3 种干旱指数的结果表明，温度和降水的变化会对长江中下游五省植被的正常生长造成不同程度的影响，而土壤水分与植被生长之间的关系无法用简单的线性模型来描述。

表 3.25　长江中下游五省各干旱指数间的相关性系数

指数	VCI	TCI	PCI	SMCI
VCI				
TCI	0.162*			
PCI	−0.126*	−0.231*		
SMCI	−0.007	−0.226*	0.448*	
OVDI	−0.131*	−0.234*	0.997*	0.501*

注：*表示显著性 p 值小于 0.05

不同时间尺度的 SPI 可以反映不同的干旱类型，通过上述各指数与不同时间尺度的SPI的相关性分析，可进一步评价各指数的适用性。图 3.24 是研究区 2001～2013 年 5 种干旱指数与不同时间尺度 SPI（样本数为 780 个）的相关分析。可以看出，PCI、SMCI 和 OVDI 与不同时间尺度 SPI 的拟合结果均通过了 0.05 的显著性检验，表明这 3 个指数与不同时间尺度的 SPI 均存在显著的正相关关系。其中，

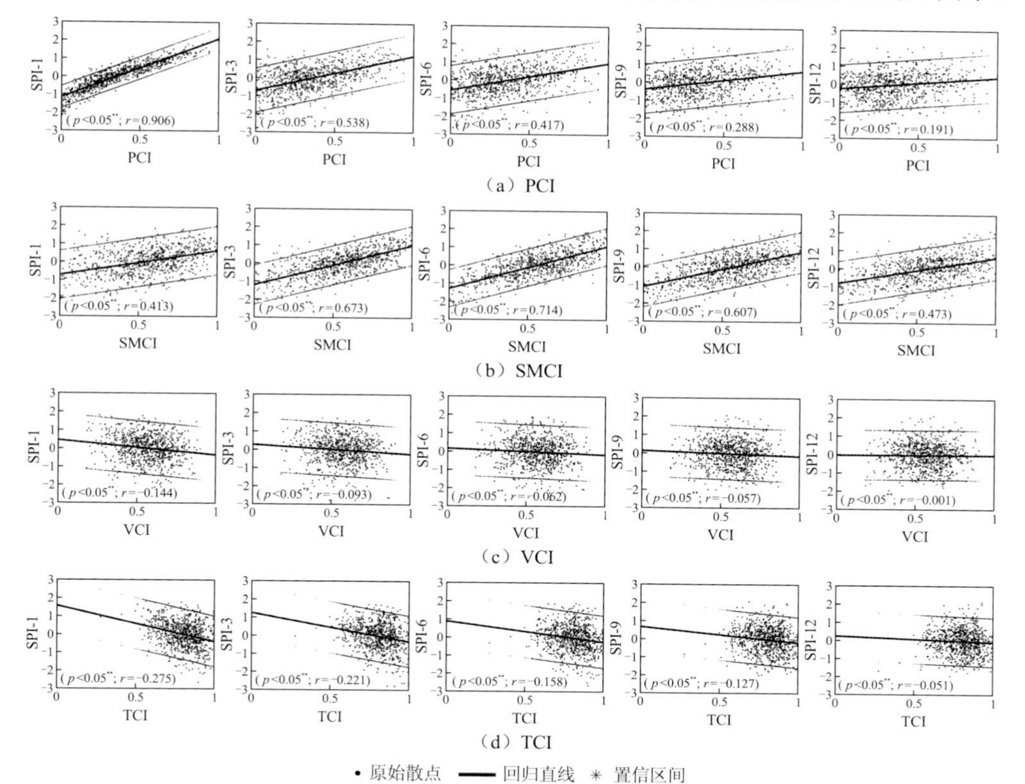

图 3.24　研究区指数 PCI、SMCI、TCI、VCI 与不同时间尺度 SPI 的散点图

PCI 与 1 个月尺度的 SPI 相关性最好（r=0.906），表明二者之间具有较好的同步性，PCI 更适用于该区域的气象干旱监测。SMCI 与 3 个月和 6 个月时间尺度的 SPI 相关性最高，r 值分别为 0.673、0.714，表明 SMCI 更适用于该区域的农业干旱监测。OVDI 与 SPI 的相关性类似于 PCI，可见 OVDI 在该区域干旱监测中并未体现出比 PCI 更大的优势。TCI 与短时间尺度的 SPI 存在较弱的负相关关系，且与 1 个月时间尺度的 SPI 相关性最高（r=−0.275），而 VCI 与 SPI 基本不存在显著的线性相关，这进一步表明了 TCI 和 VCI 无法对长江中下游五省的干旱监测做出较为准确的判断。

为探究各干旱指数对作物产量的影响，以作物减产率为参考指标，对 2001～2013 年长江中下游五省稻谷生长期（4～11 月）5 个干旱指数的各省平均值作相关分析，其中样本数为 65（13×5），如图 3.25 所示。作物减产率与各干旱指数的相关性普遍偏低，仅与 SMCI 和 VCI 呈现显著的负相关（通过 0.05 的信度检验），而与其余指数无显著相关性，表明长江中下游五省作物产量在受干旱影响的同时，也受到洪涝、病虫害和人类活动等因素的共同影响，这种现象在其他区域也有类似发现。

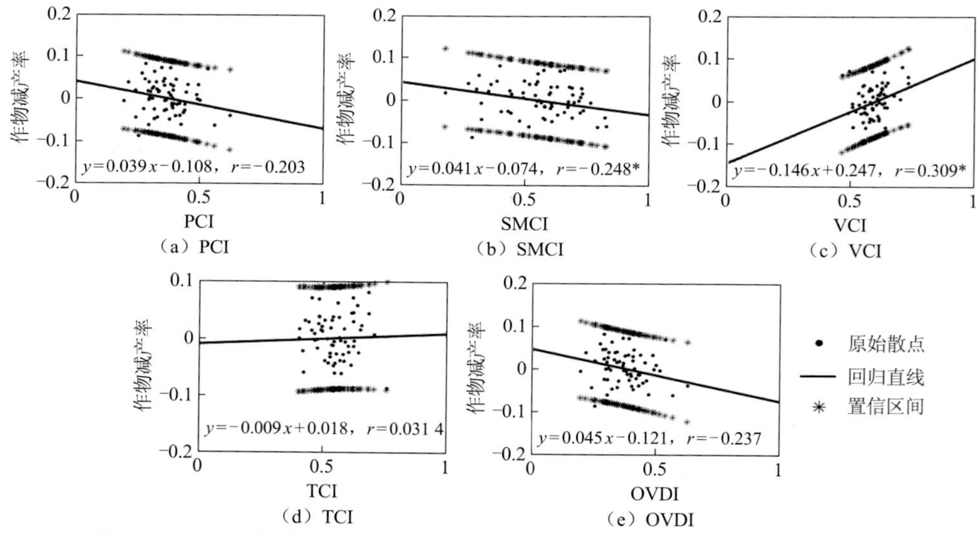

图 3.25　研究区指数 PCI、TCI、VCI、SMCI、OVDI 与作物减产率的散点图

3.4.4　干旱指数监测适用性分析

通过对 PCI、SMCI 和 VCI 的计算结果进行分析发现，在长江中下游五省 2012～2013 年期间，气象干旱和农业干旱均有发生，2013 年的干旱波及范围更广。

在发生频次上，2013 年气象干旱的发生频次高于 2012 年的发生频次。在时间分布上，2012 年气象干旱的发生时间较为集中，而 2013 年气象干旱的发生时间则较为分散，且反复发生。从空间分布上来看，2012 年气象干旱主要集中分布在研究区北部，而 2013 年气象干旱无明显的空间分布规律，但研究区南部的发生频次较高。此外，干旱监测结果表明，通过植被指数的异常来监测干旱的 VCI 不适合该地区的干旱监测。

PCI、SMCI、VCI、TCI 和 OVDI 之间的相关性分析结果表明，在本研究区，OVDI 的干旱监测能力与 PCI 类似。PCI 与 SMCI 之间的相关性结果表明，气象干旱和农业干旱之间存在一定的响应机制。PCI、SMCI、VCI、TCI 和 OVDI 与不同时间尺度的 SPI 的相关性分析结果表明，VCI 与 SPI 基本不存在相关性。另外，与 SPI 相关性最高的干旱指数是 PCI，且 PCI 类似于月时间尺度的 SPI，可用于气象干旱的监测，而 SMCI 类似于 3 个月或 6 个月的 SPI，可用于农业干旱的监测。

作物减产率与这 5 个指数的线性回归分析结果表明，在人类活动等多重因素的干扰下，目前尚无可靠的社会经济指标能单一反映干旱所造成的社会经济影响，这也属于当前干旱研究的难题。因此，如何表征干旱指数与作物减产之间的复杂关系，是后续需继续探索研究的关键问题。干旱的发生受气象条件、植被状态和人类活动等多方面影响，干旱的发生具有随机性，因而难以在全球范围提出一个指标对干旱进行监测。此外，对干旱的监测是通过多个干旱指标来综合分析的，干旱指标的选取具一定的主观性，为减少这种主观因素的影响，提出一个综合性的干旱指标，来对干旱的各个方面（干旱强度和持续时间等）进行量化，也是一项具有挑战性的工作。总而言之，本节综合多个指标对研究区的干旱发生情况进行了分析，在一定程度上避免了对干旱事件的误判，同时对不同研究方法之间的异同进行了定量探讨。

3.5　我国农业区域骤旱监测与时空分析

3.5.1　骤旱研究现状

近些年，随着对干旱分析的逐步深入，骤旱引发了干旱领域的关注。参考已有研究，本节将骤旱定义为：由于降水亏缺、高温热浪或人类活动，在半月时间内，根区土壤水分出现异常偏低的干旱事件。相比于传统的缓慢发展的气象干旱或水文干旱，骤旱具有发生速度快的显著特征，往往具有较大的社会经济影响（例如美国 2012 年的骤旱事件），对干旱的监测和预测提出了更高的要求。因此，如何高效监测与科学分析骤旱已成为一项亟待解决的关键科学问题。

目前学术界对骤旱的研究已经取得了一些初步的成果：首先，骤旱一般被划分为两类，一类是高温导致高蒸散发进而使得土壤水分迅速降低，第二类是降水亏缺蒸散发降低而地表温度升高导致土壤水分迅速降低；然后，骤旱的具体定量定义尚未有一个广泛共识，有学者提出在美国东部的骤旱定义为在最多 20 天内，0～40 cm 土层体积相对含水率由至少 40%分位数下降到 20%分位数；其次，对美国大陆的骤旱研究表明，中西部和太平洋西北部在作物生长阶段最容易发生骤旱，并且美国大陆干旱事件次数在近一个世纪降低但从 2011 年开始回升；另外，中国区域的骤旱大多发生在湿润和半湿润地区，并且无论是全国范围还是赣江流域，骤旱次数都有逐年增加的趋势；最后，与美国干旱监测器（USDM）相比，基于热红外遥感的蒸发胁迫指数（ESI）有助于对骤旱进行提前预警。目前在中国范围的骤旱研究虽然取得了一些重要结果，但大多采用地面数据，存在空间缝隙问题，抑或只分析了我国局部流域的骤旱特征，尚缺乏全国性的研究。并且，由于骤旱其本质是土壤水分的急剧降低，很有必要考虑研究区域的下垫面条件，选取最符合骤旱特征的区域进行研究。

为此，本节基于空间连续的遥感和陆表同化数据，在我国农业用地范围内，研究 1983～2015 年 3 类骤旱（不仅包括传统的降水骤旱和高温骤旱，还包括复合骤旱）的时空分布特征，以半月为时间分辨率，揭示我国区域骤旱发生次数、历时、分布和趋势等关键时空特征，掌握全国范围的骤旱的发生规律，以期为我国农业骤旱的预警、缓解和决策提供核心信息支撑。

3.5.2　研究区域和数据

本节的区域选定为我国主要的农业用地。基于欧洲空间局（ESA）提供的 GlobCover v2.0.7 数据，提取我国的农业区域范围，并按照我国常用的地理区域划分方法，将农业用地范围划分为东北、华北、西北、华东、华中、西南和华南 7 个子区域。以我国农业用地为研究对象，更加符合骤旱的特征，有助于提高研究结论对于实际应用的指导性。

本节采用的降水数据来源于 PERSIANN-CDR 产品。该产品水平空间分辨率为 0.25°×0.25°，时间分辨率为每日，时间跨度为 1983～2015 年。PERSIANN-CDR 产品提供了全球降水量融合估计，其融合模型采用人工神经网络，输入数据来源于多种红外和微波卫星数据，并由 GPCP v2.2 数据校正得到。为了有效检测骤旱事件，同时为避免气象条件的短期异常波动，本节将其计算为半月一次的降水数据。PERSIANN-CDR 降水产品已经在中国干旱监测与分析中得到了广泛检验和应用。

本节采用的实际蒸散发数据和根区土壤水分数据来源于全球陆表同化数据系统 GLDAS 2.0/2.1 产品。该产品基于多种遥感和地面数据，采用多种陆表同化模型，提供多种时空尺度的陆表参数同化结果。选取 1983～2015 年 GLDAS 蒸散发数据和根区土壤水分数据，其水平空间分辨率为 0.25° ×0.25° 。同时，为了与降水数据的时间分辨率保持一致，将原有 3h 分辨率的数据计算处理为半月。GLDAS 同化数据也在全球和我国的干旱监测与分析中广泛使用。由于人类活动数据的可得性限制，本节暂不考虑中国农业区域存在的灌溉等人类活动的影响。

3.5.3　基于多源数据的骤旱监测方法

1. 干旱指数

为了分析骤旱，本节采用的干旱指数包括 3 种：标准化降水指数（SPI）、标准化蒸散指数（SETI）和标准化土壤水分指数（SSI）。SPI 是一种经典的降水指数，其主要特征是采用了标准化的方法，将偏态分布的降水转变为正态分布，使得不同干湿区域的降水亏缺程度能够横向对比，已经成为继 PDSI 之后的另一全球通用干旱指数。本节中，遵循已有研究的结论，取−1 为 SPI 指数的阈值，用以判别降水是否出现异常。与 SPI 类似，SETI 和 SSI 也采用类似的计算方法和阈值，分别用来判断研究区域蒸散发异常和根区土壤水分异常。另外，在计算之前，分析原始降水、蒸散发和土壤水分数据的分布，例如在研究区域有 79.33%的格点蒸散发数据符合 Gamma 分布，因此选取最合适的 Gamma 分布作为计算 SETI 的标准化分布数学模型。选取的这 3 个干旱指数，涵盖了骤旱的 3 个核心要素，且易于被其他研究人员采用和对比。

2. 骤旱分类和判别

为了对比分析，基于骤旱的发生机制，本节将骤旱事件划分为具体的 3 类，包括降水骤旱、高温骤旱和复合骤旱。降水骤旱代表短时间内降水亏缺甚至无降水导致土壤水分急剧降低到异常值的骤旱事件；高温骤旱代表短时间内高温大风等大量的蒸散发导致土壤水分急剧降低到异常值的骤旱事件；复合骤旱指短期内同时出现降水亏缺和高温大风条件导致土壤水分急剧异常的骤旱事件。复合骤旱是本节定义的一种骤旱形态，体现了当前极端事件频发和共发的趋势。通过细化

3类骤旱，本节能够从形成机理上区分不同骤旱，进而挖掘对应的时空分布规律。而现有的研究多关注高温骤旱和降水骤旱，缺乏对复合骤旱的分析。下面分别说明3类骤旱的判别规则。

第一类降水骤旱的具体判别规则为：在半月时间尺度内，SPI<−1，SETI>−1，并且 SSI<−1。第二类高温骤旱的判别规则为：在半月时间尺度内，SPI>−1，SETI<−1，SSI<−1。第三类复合骤旱的判别规则为：在半月时间尺度内，SPI<−1，SETI<−1，SSI<−1。阈值−1为SPI和SSI常用的干旱判断阈值，可以有效避免短时干湿微小波动带来的误差。本节通过严格区分降水骤旱、高温骤旱和复合骤旱的发生条件，有望分别重点突出降水骤减和高温骤发在形成骤旱中的核心作用。

3. 时空分布特征计算方法

本节通过计算多种时空分布特征来描述3类骤旱在我国农业地区的发生规律，具体包括：骤旱年际次数、骤旱年际历时、骤旱总次数空间分布、骤旱平均历时空间分布和逐半月骤旱面积时间分布。其中，连续2次或多次骤旱视为1次骤旱。骤旱年际次数：代表在整个研究区域内，1983～2015年每年、逐年各格点发生干旱的总次数。骤旱年际历时：代表在整个研究区域内，1983～2015年每年、逐年骤旱总历时除以骤旱总次数。骤旱总次数空间分布：代表1983～2015年共33年时间内，每个0.25°的格点各发生骤旱的次数之和。骤旱平均历时的空间分布：代表在1983～2015年共33年时间内，每个0.25°的格点骤旱的平均历时，即格点骤旱总历时除以总次数。逐半月骤旱面积的时间分布：代表在整个研究区域1983～2015年每半月的骤旱面积（用骤旱格点总数代替）。

3.5.4 我国骤旱年际次数和历时趋势

如图3.26所示，从3类骤旱的年际发生次数变化可以看到，我国农业区域的骤旱次数总体上呈现逐年增加的趋势，其中高温骤旱的增幅最大。具体来说，降水骤旱次数从年均1 000次增加到2 000次左右，线性拟合的相关系数为0.196 4；高温骤旱在2000年前后提高到年均1 500次左右，线性拟合的相关系数为0.735 9；而复合骤旱也呈现类似的趋势，线性拟合的相关系数为0.472 4，但近几年在年均500次左右且波动较大。虽然3类骤旱在1983～2015年的总次数目前只占理论总次数的1.03%（理论总次数为研究区域格点数2 994×3类骤旱×每年24个半月×33年），但由于其持续增长的趋势和较强的破坏性，骤旱的即时监测与快速缓解因此具有较重要的意义，而这方面研究还较为匮乏。

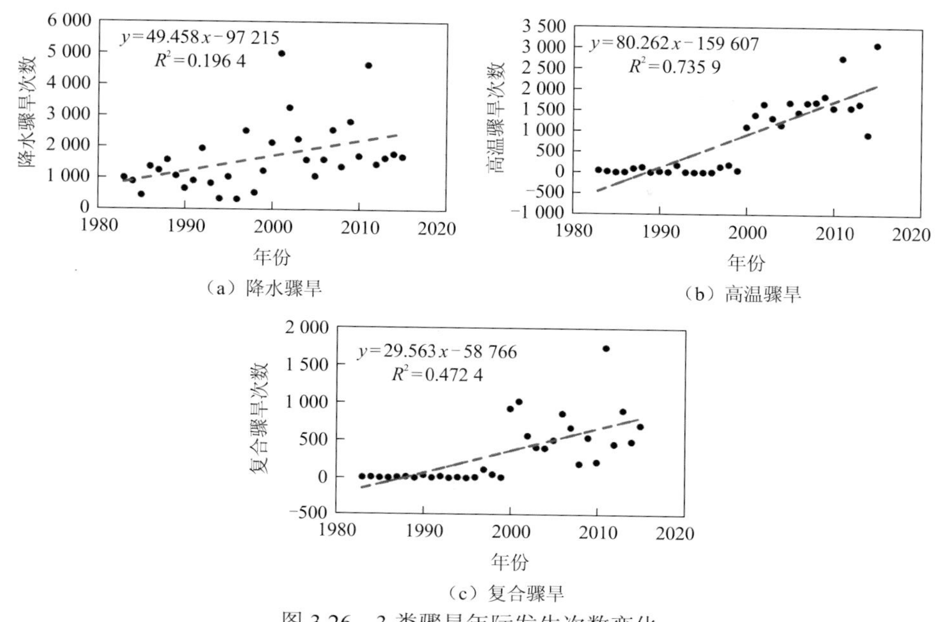

（a）降水骤旱

（b）高温骤旱

（c）复合骤旱

图 3.26　3 类骤旱年际发生次数变化

进一步，采用 Mann-Kendall 方法结合 Sen 斜率分析了骤旱发生次数年际变化的趋势。结果表明，在 0.25° 的区域尺度，仅有西南、华中和东北小部分区域的骤旱有显著增加趋势，而复合骤旱则没有局部趋势变化。这一结果与骤旱总次数相对较低有关，也体现出我国骤旱次数是一个局部显著增多带动全局整体上升的过程。在 2001 年，降水骤旱出现极大值，达到 4 988 次，而高温和复合骤旱出现较大值，分别为 1 401 次和 1 016 次。在 2011 年，降水骤旱出现极大值，达到 4 641 次，同时高温和复合骤旱次数分别达到 2 766 次和 1 741 次，均为研究时段历史最值。因此，骤旱分析的结果不仅与 2001 年我国多地特大干旱和 2011 年我国长江中下游特大干旱的实际相符，而且揭示出 2001 年的干旱中出现了大量的短时降水骤旱事件，而在 2011 年干旱时 3 类骤旱均大量出现。进一步，2010～2015 年的骤旱次数占过去 33 年骤旱发生总次数的 31.28%。因此，基于本节的定义，近些年频发的高温骤旱和复合骤旱，与当前气候变化条件下，高温异常事件频发有着紧密的因果关系，并且在未来仍将继续增多。这也意味着，传统的基于降水分析干旱的方法将越来越难以反映真实的地表干湿状况。

除了骤旱发生次数，还有一个关键性指标，就是骤旱的历时变化。如图 3.27 所示，3 类骤旱呈现出不同的年际历时变化特征，即降水骤旱平均历时为 1.17 个半月，且 1983～2015 年呈现略微缩短的趋势；而复合骤旱的平均历时为 1.04 个半月，呈现略微变长的趋势；变化趋势最明显的是高温骤旱，从 1983 年的约 1

个半月的历时增长到 2011 年左右的 1.7 个半月历时，后续又呈现降低的趋势。骤旱的历时由降水亏缺、高温极值、植被覆盖和土壤物理参数等共同决定。结合骤旱发生次数结果，可以发现近几年我国农业区域主要是短历时的降水骤旱和复合骤旱，以及相对较长时的高温骤旱。其空间分布特征将在 3.5.5 小节论述。

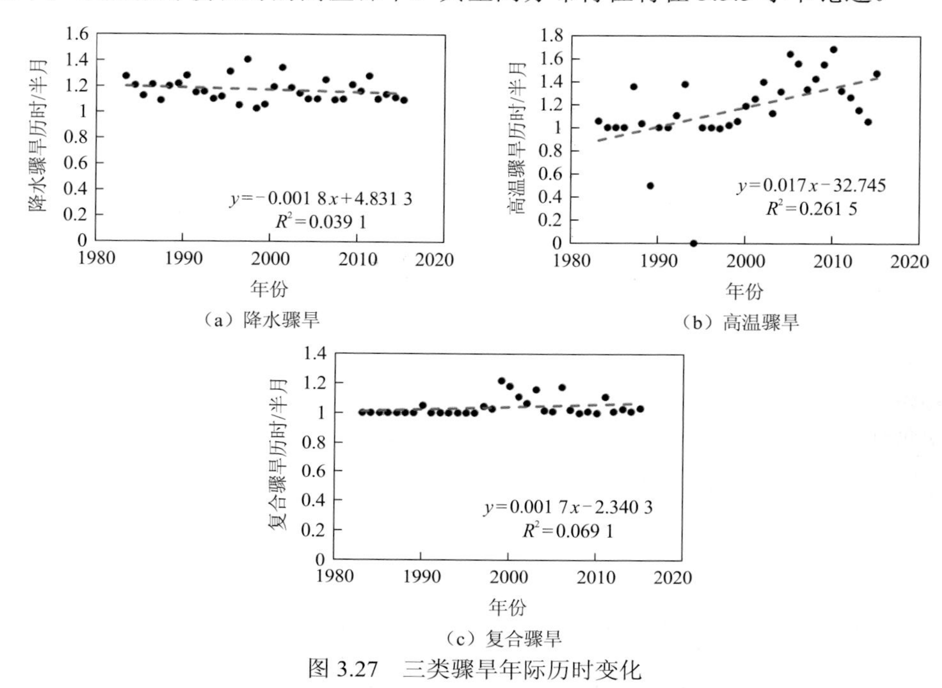

图 3.27　三类骤旱年际历时变化

3.5.5　我国骤旱次数和历时空间分布

从空间格局上分析我国骤旱的发生规律，降水骤旱的总次数约是其他两类骤旱的 2～3 倍，3 类骤旱发生总次数的平均值分别为 17.54、9.59 和 5.19。另外，3 类骤旱的空间分布具有不同的特征。降水骤旱发生面比较广，但主要发生在东北、西北及华中和华东部分区域；高温骤旱的聚集特征则更加明显，在东北、西南和华中部分地区达到 14～25 次/格点；复合骤旱的空间分布在中国区域呈现出“北低南高”的特点，东北、华北和西北地区最多 7 次/格点，而西南、华中和东南部分地区达到 8～13 次/格点。这一结果与我国华中和西南地区年极端高温整体偏高的趋势一致，而在东北地区的高温，则与 500 hPa 位势高度上盛行纬向环流，东北地区上空位势高度的垂直分布接近于正压结构有关。

骤旱历时的空间分布与发生次数呈现出不同的分布特征，降水骤旱在全国农业区的历时绝大部分集中在 0.5～1.5 个半月，除了东北和华东的小部分区域，历时长短的区域性变异不显著；高温骤旱的历时呈现“北长南短”的分布，在东北和华北地区，平均历时长达 1.5～4 个半月，而在西北、华中、华东、西南和华南区域，历时以 0.5～1.5 个半月为主；对于复合骤旱而言，其在西南地区的历时明显高于全国其他范围，长达 1.5～2.0 个半月。

3.5.6　我国骤旱面积半月频次分布

为了进一步挖掘我国骤旱的时空分布特征，按照每半月的时间跨度，统计 3 类骤旱平均干旱面积，用以表征该半月内骤旱的影响范围大小（图 3.28）。总体来看，降水骤旱主要大面积发生在 5 月下半月至 10 月下半月，占比达 59.64%，冬季影响范围最小；高温骤旱主要发生在 1 月下半月至 5 月上半月，即冬春两季，占比达 51.90%；而复合骤旱主要集中在 7 月上半月至 9 月上半月，时间分布更集中在夏季，占比 51.66%。因此，本结果表明，在不同的月份或季节，应该重点防范不同类型的骤旱，即在冬春两季节应主要监测高温骤旱，而在夏秋两季应主要监测降水骤旱和复合骤旱。

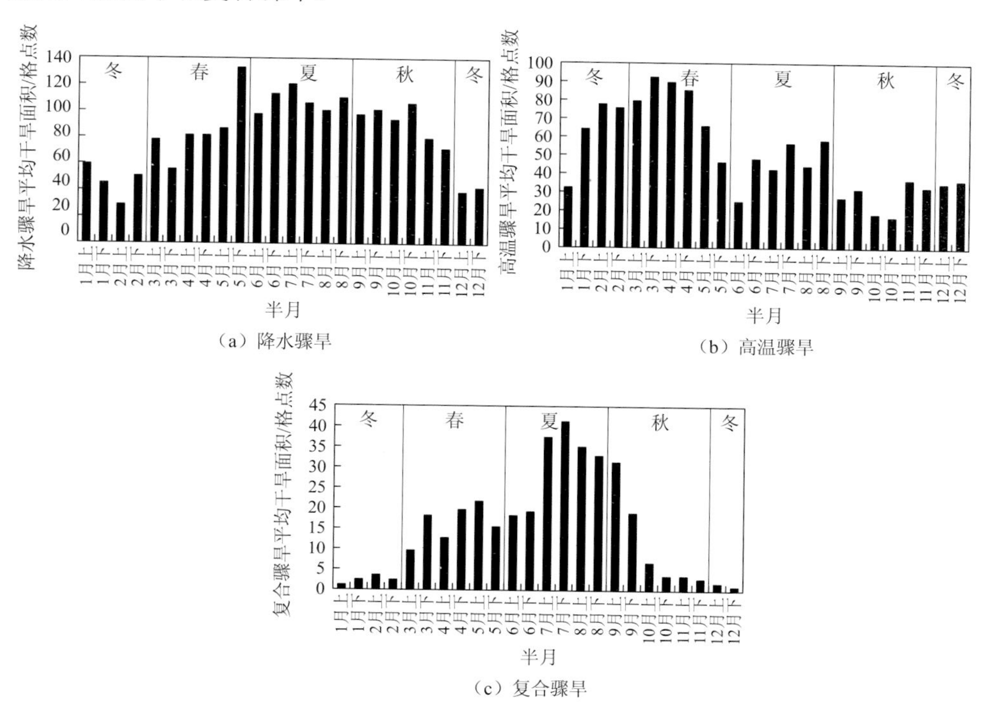

（a）降水骤旱

（b）高温骤旱

（c）复合骤旱

图 3.28　三类骤旱半月频次分布

已有研究表明，东北地区，秋冬季节高温阈值呈现较为明显的波动上升趋势，并且冬季最长热浪天数增长最为明显。同时，冬季气温异常偏高时，往往会出现严重干旱。本节的结论佐证了以上特征，并进一步阐明了冬季高温骤旱的时空分布。虽然在冬季，全国范围内地面种植作物数量相对较少，但由于冬季骤旱较为明显的聚集特征和逐步增加的趋势，骤旱与地面作物在不同生育期的交互影响关系研究值得深入探讨。

3.5.7　骤旱分析结果对比

如表 3.26 所示，将本节的研究与现有研究对比，可以看到：①在区域选择上，本节集中研究了农业区域的骤旱分布特征，避免了其他下垫面条件对骤旱规律分析的影响，这与国内外骤旱研究核心是土壤水分的共识是相呼应的；②本节不仅选取了降水和高温这两类骤旱进行分析，而且进一步提出了复合骤旱的定义，分析了复合骤旱的时空特征，对于完善后续的骤旱研究具有较好的意义；③本节采用的星地融合数据和陆表同化数据作为分析源，避免了采用地面站点分析造成了空间缝隙问题，提升了结果的空间连续性，且对于全球更多缺乏地面站点数据的区域具有借鉴意义；④本节得到的结论与相关研究都一致认为中国区域的骤旱频次是处于增加的趋势，但本节详细分解了 3 类骤旱的空间分布和历时分布，并认为，东北地区的高温骤旱频率和历时处于较严重的程度；⑤本节进一步得到，骤旱主要集中在春季和夏季，分别以高温骤旱和降水骤旱为主。

表 3.26　本研究与现有其他研究对比

研究区域	研究时段	骤旱种类	数据源	主要结论
美国大陆	1916～2013 年	高温骤旱	地面站点、遥感同化	高温骤旱的次数和面积都在减少；骤旱在中西部和太平洋西北部发生次数较多
中国	1979～2010 年	降水骤旱、高温骤旱	地面站点	骤旱更多发生在湿润和半湿润地区；由于长期升温，骤旱增加了 109%
美国东部	1979～2010 年	未划分	地面站点	骤旱发生概率为 0.1%～1.5%；东南部有更高的发生次数
赣江流域	1961～2013 年	降水骤旱、高温骤旱	地面站点、遥感同化	流域北部主要发生高温骤旱，而中部和南部主要是降水骤旱；1997～2013 年骤旱频率升高

续表

研究区域	研究时段	骤旱种类	数据源	主要结论
中国农业地区	1983～2015 年	降水骤旱、高温骤旱、复合骤旱	星地融合数据、遥感同化	骤旱次数呈现逐年增加的趋势，而年际的历时变化有增有减，但幅度均不大；我国东北农业地区是骤旱的重灾区；骤旱主要集中在春季和夏季，分别以高温骤旱和降水骤旱为主

如表 3.27 所示，针对中国区域骤旱研究的不足，本节分析了 1983～2015 年来我国农业区域的骤旱分布时空特征，重点挖掘了降水骤旱、高温骤旱和复合骤旱的发生次数、历时、空间分布和时间聚集等特征，获得了一些比较新的结论：①我国农业区域的骤旱次数呈现逐年增加的趋势，尤其是高温引发的骤旱呈现急剧增长趋势，而年际的历时变化有增有减，但幅度均不大；②我国东北农业地区是骤旱的重灾区，发生频率高，高温骤旱的历时也较长；③骤旱主要集中在春季和夏季，分别以高温骤旱和降水骤旱为主。下一步将从三个方面进行探索：①系统分析骤旱形成的气象物理机理，挖掘骤旱发生的深层次原因，指导骤旱预警决策；②探讨当前骤旱定义与地表实际作物参数实际之间的关联关系，进一步优化骤旱定义，提高骤旱检测和评估精度；③采用地面实测数据，系统性评价所采用数据源的精度，以量化骤旱分析结果的不确定性，提高骤旱分析结论的可靠性。

表 3.27　三类骤旱时空分布特征分析与对比

骤旱类型	年际次数变化	年际历时变化	次数空间格局	历时空间格局	面积时间分布
降水骤旱	近几年达到 2 000 次左右；以 1.61%的年增长率缓慢增加	均值为 1.17 个半月；以 0.46%的速率缓慢缩短	东北、西北、华中和华东部分区域分布较多；大多为 14～25 次	空间变异不明显；主要历时为 0.5～1.5 个半月	60%的骤旱集中在 5 月下半月至 10 月下半月
高温骤旱	近几年达到 1 500 次左右；以 13.11%的年增长率急剧增加	均值为 1.16 个半月；以 1.02%的速率增加	在东北、西南和华中区域分布较多；大多为 1～19 次	北长南短；东北和华北部分区域，平均历时长达 1.4～5 个半月	52%的骤旱集中在 1 月下半月至 5 月上半月
复合骤旱	近几年达到 500 次左右；以 15.49%的年增长率急剧增加	均值为 1.04 个半月；以 0.11%的速率缓慢增加	北方较少、南方较多；大多为 1～13 次	西南地区较长，平均历时为 1.5～2.0 个半月	49%的骤旱集中在 7 月上半月至 9 月上半月

第 4 章　复杂干旱演变过程的综合解析

4.1　基于多源数据融合的长江流域农业干旱过程解析

4.1.1　长江流域农业干旱过程综合解析方法

第 3 章论述了当前几种典型的复合干旱指数区域适用性，同时对全球多地典型干旱灾害事件进行了回顾性监测与分析，但这些研究主要是从干旱事件“断面”进行的分析。为了研究从气象干旱到农业干旱的复杂演化过程，此处旨在利用长江流域多源遥感数据解析农业干旱演化的时空格局，目的是：①利用标准化的干旱指数建立基于交叉小波和空间自相关的定量化演化分析方法；②评估干旱指数之间的时间关系，主要关注过程的时滞；③预测干旱指数之间的时长关系和空间关系，探讨其潜在影响因素。本节将为长江流域农业干旱演化过程的分析提供一种新的方法，对构建一个有效的干旱预警监测系统具有重要意义。

如图 4.1 所示，此处提出的干旱演化过程定量解析方法，包括多种干旱指数、交叉小波、k 均值和空间自相关方法。总体而言，该方法由三部分组成：数据预处理、时间尺度和空间尺度分析。SPI、SRI、SSI 和 VHI 分别用于描述气象干旱、水文干旱、土壤水分干旱和植被干旱；随后利用 SPI 和 SRI、SRI 和 SSI、SRI 和 VHI 的交叉小波分析，揭示气象、水文、土壤水分和植被干旱时间的演变关系；然后利用 k 均值算法将区域分为若干具有相似时间特征的类别；最后采用空间自相关方法对各指标的空间相关性进行检验。

交叉小波分析基于交叉谱分析和小波分析，是研究两个相关时间序列相关性的有效工具。该方法能较好地检验两个时间序列在时频域中的联系。本节利用 SPI、SRI、SSI 和 VHI，探讨气象、水文、土壤水分与植被干旱的时间关系。同时，还利用空间自相关技术对各干旱指数的空间分布进行评价，探讨各干旱指数与周期变化规律的关系。另外，此处采用了 Moran I 自相关系数，它被认为是评估每个指数（单变量）及其之间（双变量）空间自相关的最广泛使用的方法之一。单变量空间自相关表示一个位置的一个变量与相邻位置的相同变量之间的相关性，而双变量空间自相关表示一个位置的一个变量与相邻位置的不同变量之间的相关性。Moran I 的正值表示空间正相关，而负值表示空间异常值。

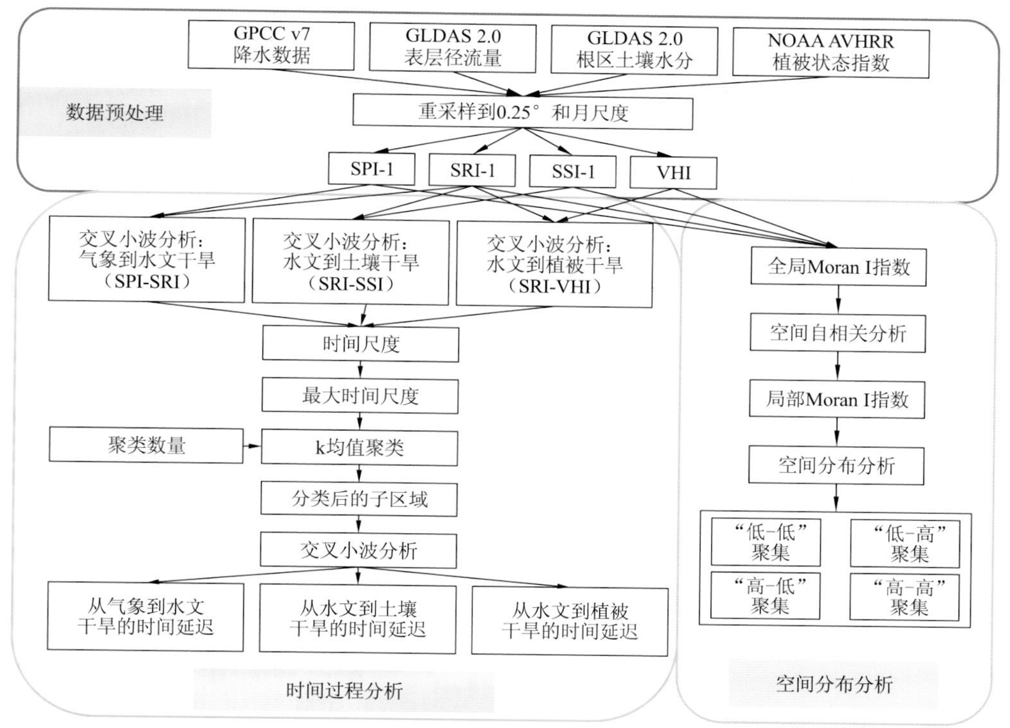

图 4.1　利用交叉小波分析和空间自相关分析农业干旱传播的流程图

除总体空间分布外，还利用局部 Moran I 对局部空间特征进行了研究。该指数是空间自相关（Lisa）最常用的局部指标之一。对于每个实验，局部自相关的结果提供了关于该观测周围相似值的显著空间聚类程度的指示。根据给定位置与其相邻位置之间的 4 种空间关联类型，识别出与正/负局部空间自相关相对应的低/高值簇：低值包围低值（低-低，low-low，LL），高值包围低值（高-低，high-low，HL），高值被高值包围（高-高，high-high，HH），低值被高值包围（低-高，low-high，LH）。

另外，本节采用 k 均值方法，对具有相同尺度的网格数据进行交叉小波分析。k 均值算法被认为是最流行的数据聚类方法之一，它可以将给定的数据集分组为一定数量的不相交集。这一分析有助于挖掘哪些地区在农业干旱之间具有相似的传播特征，从而有助于减少信息冗余。

4.1.2　研究区域和数据

长江流域（YRB）的地理范围为 90°～122°E，24°～36°N，总面积近 180

万 km^2。由于地表特征的多样性，长江流域通常分为上游、中游和下游区域。上游和下游地区的年平均气温差异很大，上游金沙江流域最低（9.6℃），下游鄱阳湖流域最高（18.1℃）。长江上游金沙江流域年平均降水量为 720 mm，下游鄱阳湖流域年平均降水量为 1 507 mm，中下游 4～10 月降水量占全年降水量的 85%。由于长江流域是中国最密集的水稻种植区之一，也是世界上最重要的水稻生产区之一，频发的干旱灾害对中国的粮食安全构成了巨大威胁。长江流域具备的不同气候条件和地表异质性往往导致复杂的农业干旱灾害过程。在过去 20 年中，长江流域发生了两次严重干旱事件，一次发生在 2006 年夏季，另一次发生在 2011 年，影响了数百万人的生活，造成了巨大的损失。此处从时间和空间的角度对长江流域典型旱灾的演变过程进行分析，有望为该区域灾害管理提供一些新的认识。

由于农业干旱的全过程与降水、径流、土壤水分和植被变化及其相互作用密切相关，需要利用从 1981～2010 年的降水、径流、根区土壤水分和植被数据集。降水数据来自全球降水气候中心（GPCC）第 7 版数据，空间分辨率为 0.5° ×0.5° 。得益于全球 67200 个台站，全球降水气候中心数据具有较高的准确性。在此基础上，计算了 1 个月尺度下的标准化降水指数（SPI-1）。同时，根据全球陆地同化数据第 2 版（GLDAS-2.0）0.25° 网格间距的土地表面模型 L4 级产品计算了 1981～2010 年每月地表径流和根区土壤水分。地表径流是水循环的主要组成部分，在干旱的土壤条件下它与降水和土壤水分密切相关。由于根区土壤水分不易受超短期环境变量的影响，相对稳定，更加适合用来表征土壤水分干旱。基于这些数据集，计算了 1 个月标准化地表径流指数（SRI-1）和 1 个月标准化土壤水分指数（SSI-1）。另外，从国家海洋和大气管理局（NOAA）卫星应用和研究中心，获取 AVHRR 植被产品用于表示 1981～2010 年的植被状况。此处选择了分辨率为 4 km、时间尺度为周的植被健康指数（VHI）产品。并且，为了保持与月降水量、径流和土壤水分数据的一致性，选择接近月底的产品。

4.1.3 长江流域农业干旱演化的时空过程

已有研究表明，气象、水文、土壤水分和植被干旱之间存在时滞现象。为了进一步得到长江流域内气象干旱、水文干旱、土壤水分干旱和植被干旱之间的具体时滞，基于交叉小波分析的方法，此处研究 SPI 与 SRI（SPI-SRI）、SRI 和 SSI（SRI-SSI）、SRI 和 VHI（SRI-VHI）之间的关系，得到这三个演变过程中遥感数据各网格的交叉小波变换结果。如图 4.2 所示，整体上发现它们具有区域相似性。但值得注意的是，SPI 和 SRI 序列在上游域标记点之间的关联主要集中在相对较短的时间尺度（1～16 个月）和较长的时间尺度（1～32 个月）上。而在 1～64 个月的长时间尺度上的相关性集中在下游区域。研究发现，这种从上游到下游的显著变化是从相对较短的时间尺度（1～16 个月）到相对较长的时间尺度（1～64 个月）的变化。在 SRI 和 SSI 序列之间也发现了相同的现象。而 SRI-VHI 的周期则更多地依赖于特定区域，因为相邻区域的时间尺度不同。

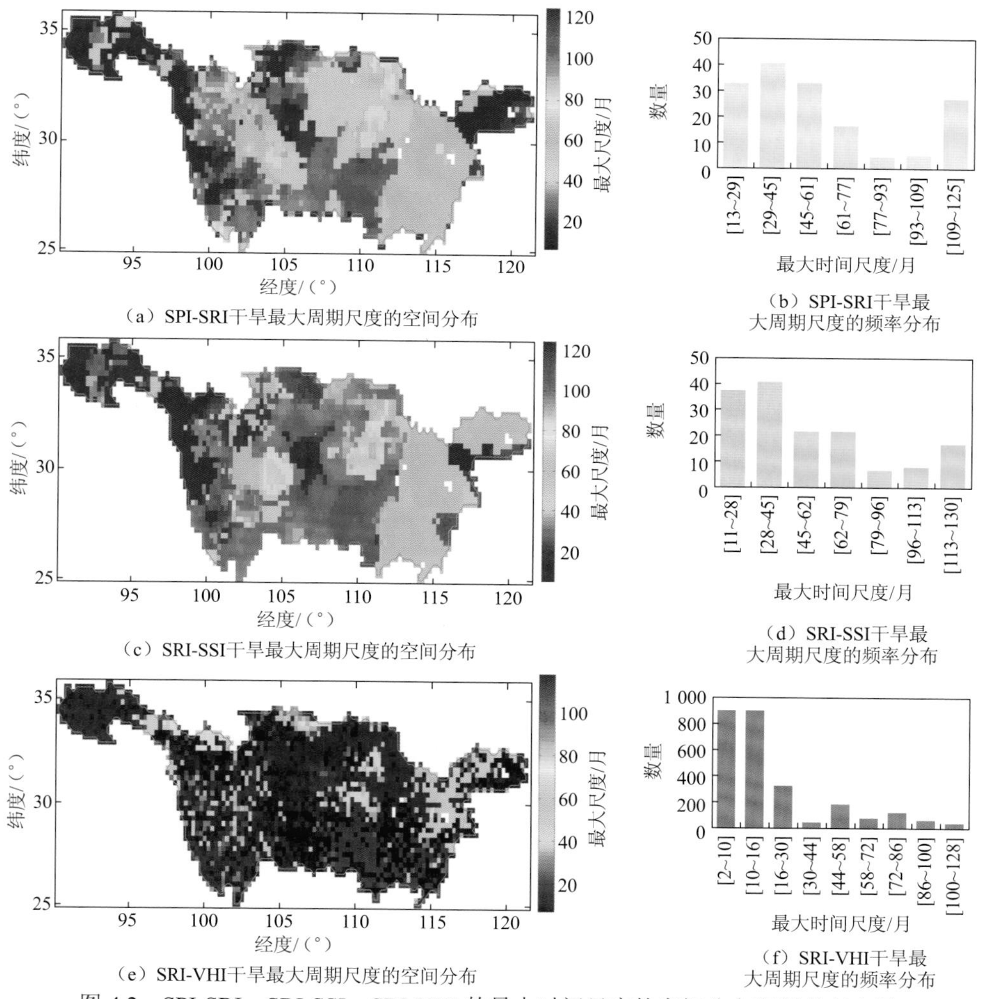

（a）SPI-SRI干旱最大周期尺度的空间分布

（b）SPI-SRI干旱最大周期尺度的频率分布

（c）SRI-SSI干旱最大周期尺度的空间分布

（d）SRI-SSI干旱最大周期尺度的频率分布

（e）SRI-VHI干旱最大周期尺度的空间分布

（f）SRI-VHI干旱最大周期尺度的频率分布

图 4.2　SPI-SRI、SRI-SSI、SRI-VHI 的最大时间尺度的空间分布和频率直方图

除了这些信息，从综合的角度分析整个长江流域周期信息的空间分布，可以发现，长时间尺度能较好地识别不同周期的差异，因此采用了最大尺度区分不同的区域。长江流域中 SPI-SRI、SRI-SSI、SRI-VHI 最大时间尺度的空间分布如图 4.2

所示。长江流域的上、中、下三个地区的尺度各不相同。在 SPI-SRI 序列中，下游地区的最大时间尺度相对较长，为 64～80 个月或 64～124 个月。中部地区的结果各不相同，34%的中部地区的最大时间尺度为 40～60 个月，41%的中部地区为 20～40 个月。而在上游地区，最大时间尺度分布较为分散，从 13～124 个月不等。此外，13.90 个月和 124.81 个月的最大时间尺度是该地区最常见的尺度。在 SRI-SSI 系列中，最大时间尺度为 50～80 个月的区域占下游区域的 67%。中部地区最常见的时间尺度是为 20～40 个月，与 SPI-SRI 序列相似，上部区域分布的最大时间尺度范围为 18～124 个月，124.81 个月也是最常见的尺度。与上述结论不同的是，在 SRI-VHI 序列中，82%的长江流域区域的最大时间尺度为 2～40 个月，但分布不均匀，聚集性差。

为了减少传播信息的冗余度，基于交叉小波分析的最大尺度结果对长江流域进行聚类。最大时间尺度相比于其他尺度更能识别出具有不同周期变化特征的区域。根据不同的设置和比较，发现 12、12 和 9 是 SPI-SRI、SRI-SSI 和 SRI-VHI 过程的最佳分类数，可以有效避免冗余信息，同时保持空间异质性。

如表 4.1 所示，为了获得干旱演变的相干性，分别计算 SPI-SRI、SRI-SSI 和 SRI-VHI 过程中长江流域各类别区域的滞后时间。能量谱的差异在较小的尺度上得到很好的反映，因此选择 16 周期值进行计算。研究发现，这三个序列在 16 周期值的时间段内，其显著性水平超过 5%的时间范围为 1990～2001 年。这一结果表明 SPI、SSI 和 VHI 在 1990～2001 年具有很强的联系，表明在这一时期气象、水文、土壤水分和植被干旱之间存在显著的演变关系。根据时间滞后的结果，发现气象到水文干旱（SPI-SRI）大多数时间滞后在一个月内，水文到土壤干旱过程（SRI-SSI）大多数滞后时间在两个月内，水文到植被干旱过程（SRI-VHI）大多数滞后时间在 2～3 个月。

表 4.1　SPI-SRI、SRI-SSI 和 SRI-VHI 在特定年份内的小波相干总结信息

干旱演变	类别	时间	周期/月	相位角/（°）	时滞/月
气象到水文干旱（SPI-SRI）	1	1995.01～1998.04	10.41～15.60	322.91±9.09	11.57
	2	1990.04～1994.02	7.80～13.89	13.57±7.05	0.32
		1995.03～2002.10	12.38～22.06	12.46±9.94	0.52
	3	1991.11～1998.04	8.26～14.73	−0.41±11.13	−0.01
	4	1996.06～2001.03	11.68～19.96	1.35±11.97	0.06
	5	1990.06～1993.07	7.80～17.51	15.92±10.21	0.56
	6	1990.01～1993.10	7.36～13.12	23.95±5.83	0.68

续表

干旱演变	类别	时间	周期/月	相位角/（°）	时滞/月
气象到水文干旱过程（SPI-SRI）	7	1989.05～1993.10	9.28～18.55	13.28±5.79	0.51
	8	1990.04～1993.10	10.41～19.67	13.01±7.48	0.54
		1997.01～2004.05	12.38～27.79	10.85±12.37	0.61
	9	1991.03～1994.07	5.52～18.55	12.41±14.39	0.42
	10	1990.03～1995.03	6.19～14.72	17.11±10.53	0.50
	11	1994.07～1997.11	8.75～16.52	343.73±15.5	12.06
	12	1997.07～2001.11	8.26～20.82	1.00±14.23	0.04
水文到土壤干旱过程（SPI-SSI）	1	1987.10～1994.04	2.19～18.55	43.94±14.67	1.27
	2	1990.05～1994.05	7.8～16.53	41.14±14.04	1.34
	3	1997.05～2001.08	11.68～16.52	53.23±20.53	2.09
	4	1991.11～1993.06	7.36～10.41	32.76±5.61	0.81
	5	1989.02～1994.04	8.76～18.55	27.68±6.59	1.05
	6	1989.06～1994.02	8.76～18.55	28.98±9.22	1.10
	7	1989.09～1994.07	6.56～18.55	29.54±10.54	1.03
	8	1994.12～1999.12	9.83～ 17.51	30.78±15.47	1.17
	9	1989.10～1993.07	7.80～13.89	37.11±17.31	1.12
	10	1990.03～1993.05	7.80～17.51	65.99±16.82	2.32
	11	1997.01～2002.02	11.69～18.55	34.58±17.11	1.45
	12	1994.05～1998.06	8.76～16.53	43.93±11.42	1.54
水文到植被干旱过程（SRI-VHI）	1	1997.11～2001.02	11.69～19.65	55.62±19.12	2.42
	2	1998.09～2001.04	13.12～19.65	57.17±18.64	2.60
	3	1998.04～2000.12	11.69～19.65	67.14±15.67	2.92
	4	1997.09～2000.07	12.38～19.65	32.07±18.03	1.43
	5	1998.05～2000.07	8.26～19.65	41.12±16.44	1.60
	6	1998.06～2002.03	12.38～20.82	61.89±14.91	2.86
	7	1991.10～1993.07	7.36～10.41	309.50±7.52	7.64
	8	1998.07～2001.02	12.38～18.55	40.03±13.07	1.72
	9	1996.04～1998.01	10.41～13.11	191.03±9.19	6.25

注：相位角表示为平均角±标准偏差

除上述时间滞后的数值，长江流域不同区域的空间分布和时间滞后面积比如图 4.3 所示。从气象干旱到水文干旱，69.35%的地区出现了 0.5 个月左右的滞后。57.44%的下游区域时间滞后为 0.42～0.50 个月，55.10%的中游区域时间滞后为 0.50～0.60 个月，上游区域情况复杂，取决于具体地区。从水文干旱到土壤干旱，91°～100°E 区域的最长时滞为 2.32 个月，上游区域的情况也很复杂，中部地区为 1.03、1.12 和 1.34 个月，下游地区为 1.05、1.10 和 1.27 个月。总的来说，与

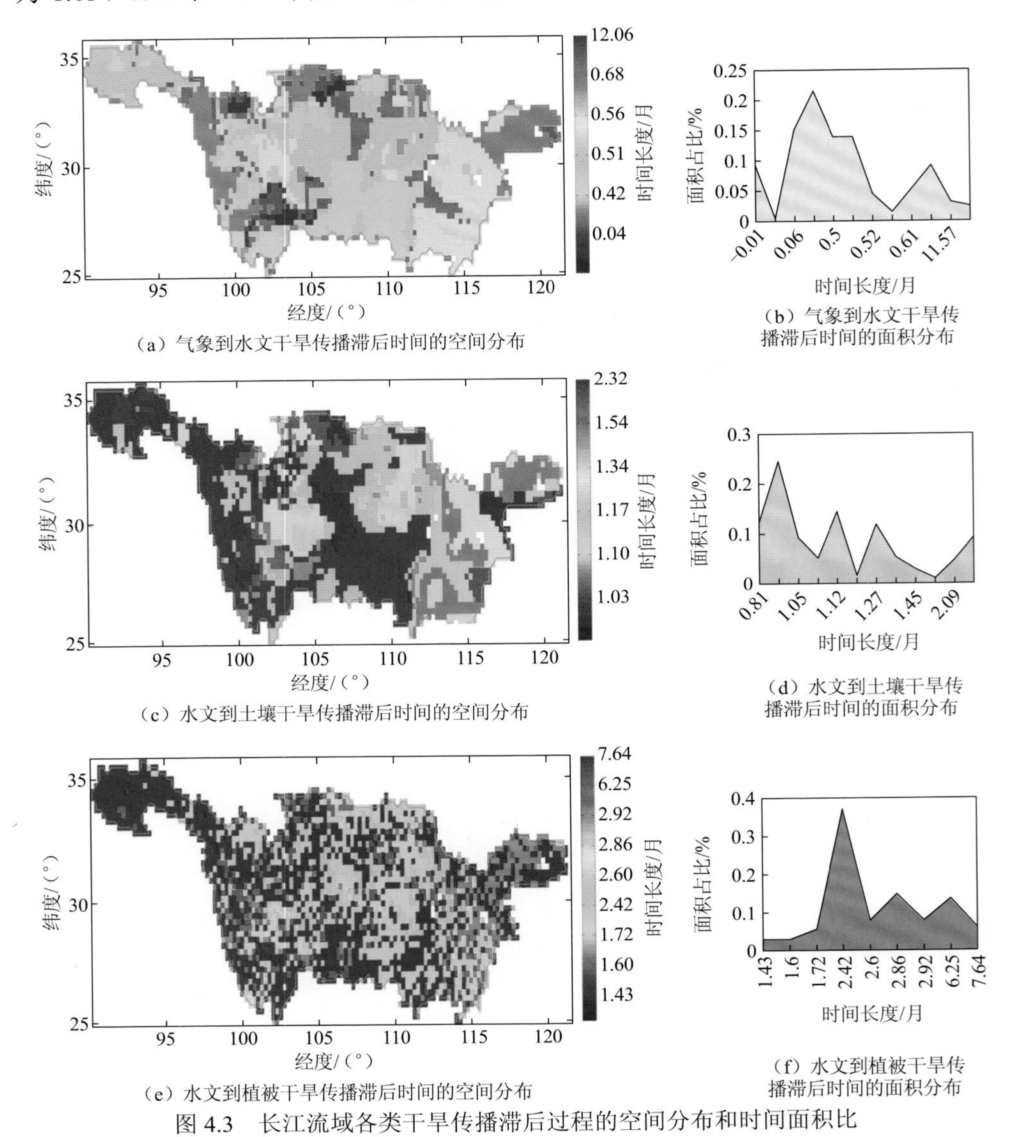

（a）气象到水文干旱传播滞后时间的空间分布

（b）气象到水文干旱传播滞后时间的面积分布

（c）水文到土壤干旱传播滞后时间的空间分布

（d）水文到土壤干旱传播滞后时间的面积分布

（e）水文到植被干旱传播滞后时间的空间分布

（f）水文到植被干旱传播滞后时间的面积分布

图 4.3　长江流域各类干旱传播滞后过程的空间分布和时间面积比

气象到水文干旱和水文到植被干旱的结果不同，长江流域水文和土壤水分干旱的时间差异相对较小。基于图 4.3（a）和（c）相比发现，气象到水文干旱过程的大多数区域具有相似的时间滞后，最短或最长的时间滞后不占很大的区域。虽然水文到土壤干旱过程中的情况不同，但相对较小的时滞（1.03 个月）占据了最大的区域。图 4.3（e）显示大部分地区的时间滞后相对较小，约为 2.42 个月或 1.72 个月，但分布非常分散。这一结果表明从水文到植被干旱的高度不均匀传播，需要在更精细的空间分辨率下进行局部研究。

为了得到上述周期变化所反映的农业干旱过程空间自相关的详细信息，分别计算局部的 Moran I 指数。为了反映 30 年的变化，图 4.4 显示了 1981～2010 年每个网格中 4 种类型的空间相关类型的数量。根据这一结果，发现空间相关类型主要为高-高分布和低-低分布，占总数的 95%以上。而 VHI 系列主要是高-高分布，无低-低分布，与其他三个系列有显著差异。这一结果也表明 SRI-VHI 的演化时间分布是离散的，因为两个序列的空间分布是不同的。SRI 和 SSI 系列中高-高分布和低-低分布的频率较为相似，说明水文干旱和土壤水分干旱的严重程度相似。

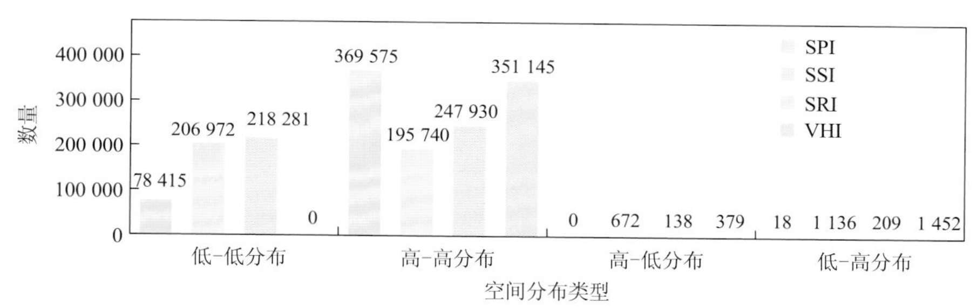

图 4.4　1981～2010 年长江流域每个网格中 4 种类型的空间相关类型的数量

4.2　基于多源数据融合的华北平原农业干旱过程解析

4.2.1　华北平原农业干旱过程综合解析方法

4.1 节对长江流域的复杂干旱过程进行了初步的定量解析，此处进一步扩展到华北平原，并对干旱演化过程进行定量建模。目前关于干旱演变的研究大多集中在气象干旱到水文干旱，从水文干旱到农业干旱的演变过程解析则相对较少。干旱演变研究的不完善限制了对干旱致灾过程的理解。此外，目前较为常用的相关方法主要关注干旱的时长特征，而忽视干旱的严重程度，难以充分掌握气象、水文和土壤水分干旱之间的关系。针对上述问题，如图 4.5 所示，本节拟从演变时长特征和烈度特征两个方面，研究整个干旱过程（从气象干旱到农业干旱）的演变规律。此处运用游程理论对干旱时长特征和干旱烈度特征进行量化，并采用回归分析方法模拟干旱时长特征和干旱烈度特征之间的关系。此处采用华北平原为实验区，选择 MERRA-2 和 GLDAS 数据集。同时，考虑气象、水文和土壤水分干旱的密切关系，拟运用回归分析和游程理论的方法，建立包括时长特征和烈度特征在内的干旱演变特征的响应关系模型。本节采用 SPI、SRI 和 SSI 分别对气象干旱、水文干旱和土壤水分干旱进行定量分析。同时考虑季节因素的影响，使用标准化干旱分析工具箱（SDAT），并采用伽马（Gamma）模型计算 SPI-3、SRI-3 和 SSI-3。各指标的范围和分级阈值见表 4.2。

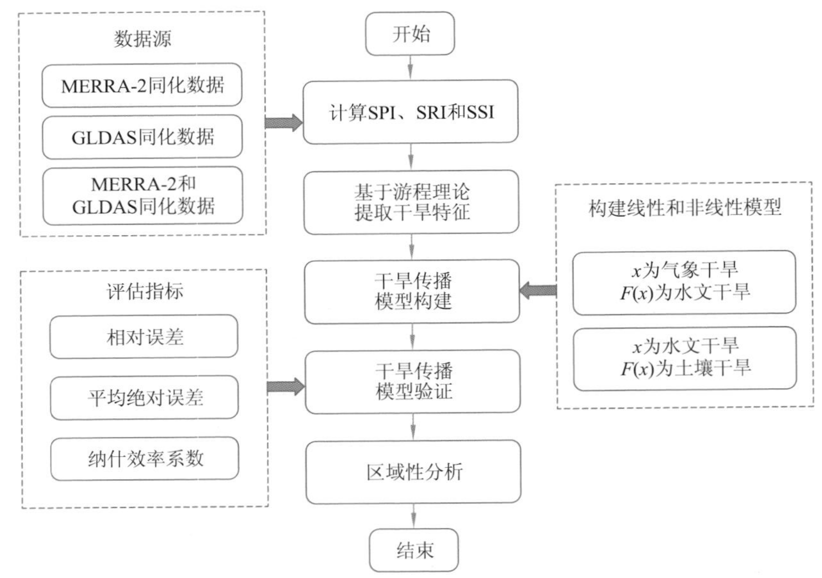

图 4.5　气象干旱、水文干旱和土壤水分干旱的演变关系建模流程

表 4.2　SPI、SRI、SSI 干旱等级分类

等级	分类	S 指数（SPI、SRI 或 SSI）
1	无旱	[−0.50，+∞）
2	轻旱	[−0.80，−0.50）
3	中旱	[−1.30，−0.80）
4	重旱	[−1.60，−1.30）
5	极旱	[−2.00，−1.60）
6	异常干旱	（−∞，−2.00）

干旱特征的提取，包括干旱时长和干旱烈度两方面，采用目前广泛使用的游程理论，得到华北平原气象、水文、土壤水分干旱的持续时间和烈度。为了消除少数异常值或排除少数局部干旱，当该地区 10%面积以上发生干旱时，会记录干旱事件。干旱烈度是区域内干旱烈度的总和，干旱持续时间是区域内干旱的最后一个结束和最早开始干旱事件之差。

首先，提取不同数据源的干旱特征。根据数据来源，本节分为三组实验。在实验 1 中，计算 SPI-3 的数据源是 MERRA-2，计算 SRI-3 的数据源是 GLDAS，而计算 SSI-3 的数据源是 MERRA-2。为了统一空间分辨率，采用最近邻插值的重采样方法对遥感产品进行预处理。在实验 2 中，仅使用 MERRA-2 数据源进行计算。而在实验 3 中，仅使用 GLDAS 数据源进行计算。三个实验中都计算了 1981～2018 年研究区的 SPI-3、SRI-3 和 SSI-3，利用游程理论提取了气象、水文和土壤水分干旱的时长和烈度特征。同时设计这三组实验的目的是为了避免单一数据源可能造成的系统性误差。

随后，建立 5 个关于干旱特征的线性和非线性模型。这些关系模型包括线性模型、多元非线性模型、幂函数、指数函数和对数函数。交叉验证方法用于构建和验证这些关系模型。交叉验证的主要思想是将样本分为两部分，大部分用于模型构建，称为训练集，剩下的小部分数据用于模型验证，称为测试集。最后，根据不同的样本组合，选择模拟和测量误差最小的模型作为预测模型。模型的拟合优度与训练样本与测试样本的比值有关，最优比值设置大于 2。根据这一规律，本节设定 2～3 的比值。

最后，对上述关系模型进行验证以得到适合于干旱传播模型的最优模型。为了评价这些模型的预测效果，此处采用调整 R 方（R^2）、相对误差（RE）、绝对误差平均值（AAE）和纳什效率系数（NSE）等指数。基于此，可以选择最佳拟合模型对整个区域进行模拟，并用评价指标对拟合结果进行评价。

4.2.2 研究区域和数据

本研究区（华北平原）包括北京、天津、江苏、安徽、河南、河北和山东。该区域是中国最大的冬小麦产区，也是最重要的粮食生产基地之一。由于大多数冬小麦产区处于半湿润气候，年降水量在 400～850 mm，该地区被认为是干旱多发地区。如表 4.3 所示，考虑长时间范围的需要，本节中使用的数据源为 MERRA-2，空间分辨率为 0.5°×0.625°，以及 GLDAS 的通用陆面模型（CLM），空间分辨率为 1°×1°，时间分辨率为每月，时间跨度为 1981～2018 年。MERRA-2

和 GLDAS 两个数据源的精度都经过较多的实验验证，同时也被广泛使用在干旱研究中。

表 4.3　本次研究中使用的两类数据源

数据源	时间分辨率	时间范围/年	空间分辨率	变量	计算指标
MERRA-2	每月	1981～2018	0.5°×0.625°	total_precipitation（总降水量）	SPI
				runoff（径流）	SRI
				root_zone_soil_wetness（根区土壤水分）	SSI
GLDAS	每月	1981～2018	1°×1°	total rainfall（总降水量）	SPI
				runoff（径流）	SRI
				average layer soil moisture（平均土层土壤水分）	SSI

4.2.3　华北平原农业干旱演化的时空过程

此处运用游程理论对研究区的气象、水文和土壤水分干旱特征进行分析。如图 4.6 所示，由 GLDAS 数据识别的气象干旱为 42 次，平均持续时间为 5.43 个月。由 MERRA-2 数据识别了 37 次气象干旱，平均持续时间为 7.11 个月。换句话说，1982～2018 年气象干旱时间较为分散，但发生频率较高。在水文干旱方面，GLDAS 数据识别了 37 次水文干旱，平均持续时间 7.76 个月，MERRA-2 识别的水文干旱有 31 次，平均持续时间 8.10 个月。对于土壤水分干旱，GLDAS 数据显示的干旱事件为 39 次，平均持续时间为 6.33 个月，MERRA-2 数据显示了 21 次土壤水分干旱，平均持续时间为 12.24 个月。显然，相比于气象干旱，水文干旱和土壤水分干旱发生得更为连续。基于 MERRA-2 的气象和水文干旱如图 4.6（a）所示，严重的气象干旱和水文干旱时间分别为 2001 年 4 月～2003 年 1 月和 1982 年 1 月～1996 年 6 月。从图 4.6（a）和（b）可以看出，基于 MERRA-2 的土壤水分干旱最严重的时间是 1982 年 1 月～1996 年 6 月，而基于 GLDAS 的气象干旱集中在 1995 年 11 月～1997 年 12 月。图 4.6（c）显示了基于 GLDAS 的水文和土壤水分干旱的时间序列。结果表明：1994 年 2 月～2000 年 7 月是水文干旱发生较严重的时期，1996 年 1 月～1997 年 10 月是土壤水分干旱最严重的时期。这两次干旱发生时间相近，均集中在 1996～1997 年。通过比较，可以发现不同数据源识别的干旱事件并不相同。换句话说，仅仅使用一个数据源不足以捕获干旱识别中的变化和不确定性。这也是在本节中设计三个不同实验来考虑本研究领域所有可用数据集的主要原因。这种方法对于干旱演化过程的可靠分析是必要的。

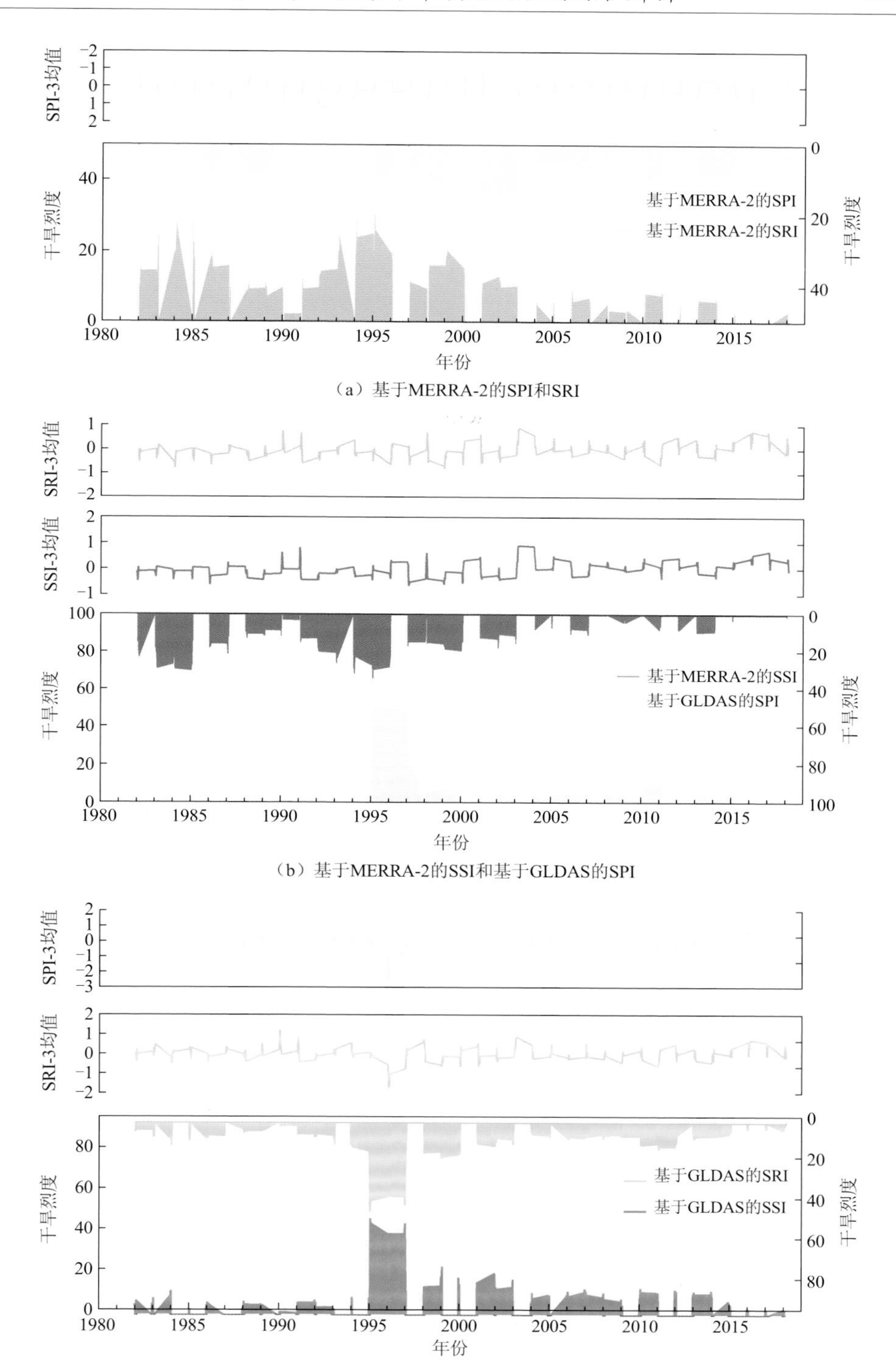

SPI-3均值
干旱烈度
基于MERRA-2的SPI
基于MERRA-2的SRI
年份
(a) 基于MERRA-2的SPI和SRI
SRI-3均值
SSI-3均值
基于MERRA-2的SSI
基于GLDAS的SPI
(b) 基于MERRA-2的SSI和基于GLDAS的SPI
基于GLDAS的SRI
基于GLDAS的SSI

（c）基于GLDAS的SRI和SSI

图 4.6　基于 MERRA-2 和 GLDAS 数据的 1982～2018 年气象、水文和土壤水分干旱特征

如前所述，为了建立气象、水文和土壤水分干旱之间的关系模型，分析不同数据源之间的差异。在此基础上，建立三组实验，分析气象-水文干旱过程（SPI-SRI）与水文-土壤水分干旱过程（SRI-SSI）的关系模型。从识别的干旱事件可以看出，气象、水文和土壤水分干旱之间没有的绝对同步关系。换句话说，水文干旱并不总是发生在气象干旱之后。例如，1985 年 4 月发生了气象干旱，而水文干旱却没有发生。图 4.7 显示了三个实验中不同干旱演变模式的比例。在这里提出“同步速率”的指标来量化这一特性。结果表明，气象干旱与水文干旱同步率大于 91.89%，水文干旱与土壤水分干旱同步率大于 80.56%。这说明，气象干旱、水文干旱和土壤水分干旱特征虽然没有绝对的同步关系，但具有很强的相关性。

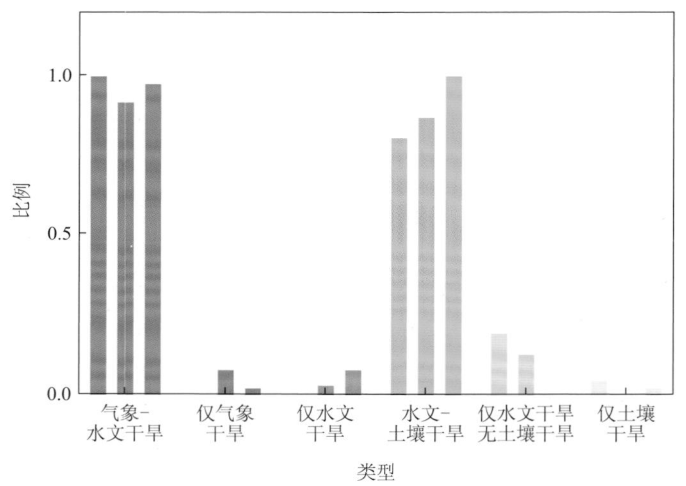

图 4.7　三组实验中不同旱灾演变模式的比例

为了建立关系模型，将干旱特征数据分为三组样本，按照交叉验证的思想建立模型。比如实验 1 中气象到水文干旱和水文到土壤水分干旱的样本数为 29、30，两者的截断界值为 20，即前 20 组、中 20 组和后 20 组为训练数据，其余数据分别为测试数据，分别称为模型 1、模型 2 和模型 3。在其他两个实验中，气象到水文干旱和水文到土壤水分干旱的样本数分别为 29、25 和 19、20，相应的截断界值分别为 20、18、14、15，符合最佳比率。

从模型拟合的结果发现时长特征的线性和二次函数模型具有较大的 R^2。其中 63.89%的 R^2 大于 0.8，而其他模型中 87.04%的 R^2 小于 0.8。此外，线性函数、二次函数和幂函数模型，对于烈度的拟合效果较好，如 66.67%的线性函数和二次函数中 R^2 大于 0.5，而实验 1 其他模型中，75%的 R^2 小于 0.5。这些具有最佳 R^2 的模型在交叉验证的三个样本数据中也显示出良好的拟合效果，在这 5 个模型中，这些模型的 R^2 值 100%是最大的。

对于不同数据源的三个实验，实验 2 和 3 中的 R^2 的结果优于实验 1。在干旱时长特征中，实验 2 中的最大值和最小值分别为 0.984 和 0.45。实验 3 的最大值和最小值分别为 0.964 和 0.564，优于实验 1 的 0.909 和 0.311。但干旱烈度的结果有点不同，实验 3 仅基于 GLDAS 数据，在气象到水文干旱和水文到土壤水分干旱的拟合效果较好。线性模型和二次模型的 R^2 值均大于 0.8。而实验 2 只在气象到水文干旱上显示了良好的结果，并且在三个实验中结果相对最差，其中气象到水文干旱过程中 R^2 的最大值为 0.565。尽管各实验的准确度不同，但这些结果都表明，两个数据集在不同干旱阶段的时长特征之间具有很强的相关性，而烈度之间的相关性较弱。

将所建模型的剩余干旱特征统计数据分别代入上述拟合方程，得到不同条件下干旱特征的模拟值，并与实际干旱特征值进行比较，评价各模型的拟合优度。然后得出评价指标的结果。可以发现，在时长特征中，线性模型比其他函数更适合。虽然二次函数的 R^2 值较高，但交叉验证的结果不如线性函数的结果好，因此选择线性模型作为拟合函数，结果显示，72.22%的 AAE 和 NSE 指标优于二次模型。与干旱的时长特征相比，48.89%的 N-Sc 值小于 0，这意味着拟合结果并不理想。然而，实验 2 和实验 3 在水文到土壤水分干旱中的幂函数显示出良好的拟合效果。但由于三个实验中，关于干旱烈度的结果都很差，在气象到水文干旱过程中，没有 R^2 和验证指标都符合要求的值，这里没有比较。至于干旱的时长特征，可以发现交叉验证的最佳结果是实验 3，AAE（3%）最小，NSE（0.662）最大。

结合 R^2 和评价指标，表 4.4 给出了气象到水文干旱和水文到土壤水分干旱中的时长和烈度特征拟合模型。从历时上看，气象干旱对水文干旱的影响程度分别 1.143、1.057 和 1.006。水文干旱对土壤水分干旱的影响程度分别为 0.871、1.032 和 0.784。实验结果表明，MERRA-2 数据计算的影响程度较大，而 GLDAS 数据计算的影响程度较低。通过对比分析，发现 MERRA-2 数据源计算的影响程度接近平均水平。因此，可以得出结论，在时间上，气象干旱持续时间延长或缩短一个月，超过 91.89%的概率将导致水文干旱延长或缩短 1.143 个月。而当一个单位内的水文干旱持续时间发生变化时，80.56%以上的土壤水分干旱持续时间发生变化的概率为 0.871 个月。在干旱烈度方面，与干旱的时长特征相比，关系并不显著。气象和水文干旱之间的关系不能用函数来描述。幂函数量化了水文和土壤干旱之间的关系，从结果中也可以得出 MERRA-2 数据源计算的影响程度接近平均水平的结论。

表 4.4　干旱时长和烈度特征在气象到水文干旱过程和水文到土壤干旱过程中的拟合函数

实验类型		拟合函数	
		干旱时长	干旱烈度
实验 1	气象到水文干旱（SPI-SRI）	$f_1(x)=1.143x-0.388$	—
	水文到土壤干旱（SRI-SSI）	$f_1(x)=0.871x-0.415$	$f_4(x)=0.948x^{0.991}$
实验 2	气象到水文干旱（SPI-SRI）	$f_1(x)=1.057x-1.29$	—
	水文到土壤干旱（SRI-SSI）	$f_1(x)=1.032x+0.346$	$f_4(x)=1.345x^{0.985}$
实验 3	气象到水文干旱（SPI-SRI）	$f_1(x)=1.006x+1.75$	—
	水文到土壤干旱（SRI-SSI）	$f_1(x)=0.784x+0.752$	$f_4(x)=1.066x^{0.946}$

为了分析这些拟合函数在华北平原不同地区的适应性，用这些拟合函数模拟华北平原的干旱传播，评价结果如表 4.5 所示。在这段时间内，在实验区的三组实验中，所有的拟合函数都能很好地体现演变规律。

表 4.5　干旱演变过程拟合函数在华北平原的验证结果

实验类型		评价结果		
		AAE 最大值/%	NSE>0.5 的比例/%	ARE<0.2 的比例/%
实验 1	气象到水文干旱（SPI-SRI）	2.8	74.29	72.57
	水文到土壤干旱（SRI-SSI）	4.7	78.29	65.71
实验 2	气象到水文干旱（SPI-SRI）	3	81.41	96.48
	水文到土壤干旱（SRI-SSI）	3	100	89.45
实验 3	气象到水文干旱（SPI-SRI）	2	100	16.67
	水文到土壤干旱（SRI-SSI）	2	100	94.87

第 5 章　未来干旱格局的综合预测

5.1　融合机器学习和小波分析方法提升干旱预测精度

5.1.1　多模型集合预报研究现状

不同干旱预测模型有不同的精度差异，因此如何融合利用这些方法的优势，强强联合，实现更好的预测效果，成为一项关键性的科学问题。区域尺度的月度或季节性降水预报对早期干旱预警至关重要，进而还能帮助农民选择作物品种、播种时间和灌溉频率。因此，季节预测系统应准确、可靠和适用。然而，由于不确定的初始条件和模型缺陷，目前季节性降水预报的表现不令人满意。目前已有一些运行系统提供了季节性降水预报结果，例如国家环境预测中心（NCEP）耦合预报系统第 2 版（CFSV2）、欧洲中期天气预报中心（ECMWF）和北京气候中心气候系统模型 1.1 版（BCC_CSM1.1）等。最近，科研人员通过结合多种气候模型开发了北美多模式集合（NMME），旨在减少预测的不确定性。通过平均集合成员，北美多模式集合显示出比单一气候模型更好的预测效果，在全球范围内表现出一定的优势。然而，较大的偏差和误报仍然存在于区域或地方范围内。已有研究表明，北美多模式集合仅可以检测到约 30%的全球干旱。并且由于海表温度（SST）、温度和降水的信噪比（SNR）在热带纬度地区是最大的，气候信号在北美多模式集合中的可预测性在热带地区最高，但向温带纬度递减。因此，北美多模式集合在降水、土壤水分和水文气象变量等方面的潜在预测能力究竟如何提高，值得深入研究。

与此同时，气候模型的输出应进行偏差校正和降尺度，以消除系统误差并提高空间分辨率。降尺度方法可分为统计方法和动态方法。统计方法通过传递函数将气候变量在粗略和更精细的空间分辨率联系起来。粗分辨率的大气环流模型（GCM）也可以通过区域气候模型（RCM）动态缩减到更高分辨率。还有其他一些降尺度方法，例如将特定天气类别与当地气候联系起来的天气模式方案，以及使用马尔可夫链模型以气候事件为基础产生气候变量的随机天气发生器。在本章中，采用统计方法来校正北美多模式集合。偏差校正中常用的方法是分位数映射（QM）。分位数映射方法试图通过统计变换来调整气候输出和当地观测之间的分布，包括经验累积分布函数（CDF）、参数变换和等距分位数匹配方法等。目前这些方法被广泛用于气候模型预测的偏差校正。然而，在从粗糙的大气环流模型到局部的统计变换中可能存在尺度不匹配问题。虽然局部区域的气候信号可以通过使用高分辨率区域气候模型或具有多种输入的统计方法（如地形、位势高度和位置等）进行降尺度来获得，但大气环流模型与当地观测之间的直接转换可能忽略了局部尺度的气候和地表条件，因此可能导致局部地区的偏差校正结果不佳。即使在通过区域气候模型缩小大气环流模型之后，站点观测中的点测量与大气环流模型输出中的平均变量之间也往往存在尺度不匹配问题。

为了解决上述问题，目前已有研究评估了两种统计降尺度方法，即空间分解和偏差校正空间分解，在美国西部将季节性温度和降水降尺度至 4 km。并且基于观测和预报的联合分布，利用联接函数纠正了美国大陆的北美多模式集合降水预报，并开发了一种集合后处理技术，使得使用基于连接函数的集成后处理方法能够比传统分位数映射取得更高的可靠性和准确性。还有一些其他研究侧重于通过对北美多模式集合成员加权来改善性能。尽管做出了这些努力，仍然需要进一步改进现有的方法和工具，以提高季节性降水和干旱预报的准确性。

5.1.2 融合机器学习和小波分析的多模型集合预报方法

在北美多模式集合中，可用于降尺度的预测器非常有限。本节的目的是建立北美多模式集合降水预报与地面大规模降水观测之间的直接关系。不同于传统的分位数映射方法，此处结合采用了小波和机器学习方法。具体而言，小波支持向量机（WSVM）和小波随机森林（WRF）方法用于偏差校正局部尺度的北美多模式集合。因为随机事件或变量通常依赖于时间和空间尺度，可能包含噪声、干扰和突然变化，小波能够从基于基函数的信号中提取各种特征，从而产生多尺度分解的能力，这对于噪声消除、图像压缩和变化检测是有用的。因此，本节旨在融合小波多尺度分解和机器学习中非线性建模的优势，提高降水预报的准确性，并进一步比较和讨论传统方法和机器学习方法中的偏差校正准确性。

本节研究的基本流程图如图 5.1 所示。第一步通过分位数映射校正 8 个北美多模式集合模型。然后通过小波分解为一系列近似值和细节。近似值是数据的低频分量，细节是高频分量。每个站点的分解组件被视为随机森林和支持向量回归的输入，以进行本地预测。降水站点与最近的北美多模式集合网格相连，以进行降尺度调整。整个处理步骤在中国的 518 个站点上进行迭代，并且提前 0.5～8.5 个月进行预测。另外采用留一法交叉验证步骤用于计算样本外预测误差。

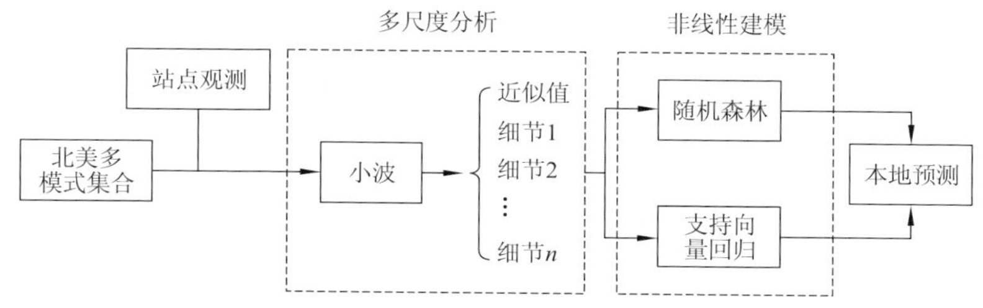

图 5.1　偏差校正框架

此处的研究区域是中国大陆区域，年平均降水量从 100～2 000 mm，并呈现从北向南逐渐增加，从东向西逐渐减少的空间不均匀分布。半个世纪以来，降水量的时间变化也是不规则的，夏季雨带可能向西北方向迁移。大体而言，实验区域主要有 4 种气候类型：南方的热带气候、中南部的亚热带气候、北方的温带气候和西部的高山气候。为了对预测准确性进行详细的空间比较，此处按照惯例将研究区域分为 7 个子区域：东北、华东、华北、华中、华南、西南和西北。

同时，从中国气象局（CMA）维护的中国气象资料服务中心（CMDC）获得了 1961～2016 年 756 个气象站的月降水量观测资料。在初步数据质量控制的基础上，从 1982～2016 年选择了 518 个站点，与北美多模式集合中的可用时段相匹配。然后，所选数据还用于偏差校正北美多模式集合模型。另外，如表 5.1 所示，采用 8 个北美多模式集合模型，包括 99 个集合成员来预测当地的季节性降水。每个模型的集合数目从 10 到 28 不等，提前期在 0.5～11.5 月。北美多模式集合的追算开始于 1980 年之后，并于 2010 年结束，预测期从 2011 年开始并延伸至现在。1982～2016 年中国的 1°×1° 分辨率数据来自国际研究所/拉蒙特多尔蒂地球观测站（IRI/LDEO）气候数据库。

表 5.1　选择的 8 个北美多模式集合模型

模型	发布组织	时间/年	集合数量	预测时间/月	缩写
CMC1-CanCM3	CMC	1981～2010	10	0.5～11.5	C3
CMC2-CanCM4	CMC	1981～2010	10	0.5～11.5	C4
COLA-RSMAS-CCSM4	NCAR	1982～2010	10	0.5～11.5	CC4
GFDL-CM2p1-aer04	GFDL	1982～2010	10	0.5～11.5	A04
GFDL-CM2p5-FLOR-A06	GFDL	1982～2010	12	0.5～11.5	A06
GFDL-CM2p5-FLOR-B01	GFDL	1981～2010	12	0.5～11.5	B01
NASA-GMAO-062012	NASA	1981～2010	11	0.5～8.5	G12
NCEP-CFSv2	NCEP	1982～2010	24/28	0.5～9.5	CF2

5.1.3 多模型集合预测精度总体对比分析

小波支持向量机和小波随机森林方法的降尺度性能如图 5.2 和图 5.3 所示，其中 8 个北美多模式集合模型及其集合均值（EM）用于检验分位数映射。与分位数映射相比，使用单个模型的小波支持向量机和小波随机森林方法，相关系数的中位数增加 0.05 或平均值增加 0.1～0.3。在均方根误差方面，与分位数映射相比，小波支持向量机和小波随机森林方法的月降水预报误差中值减少 18～30 mm、平均值减少 18～40 mm（21%～33%）。因此可以看到，分位数映射方法可以在很

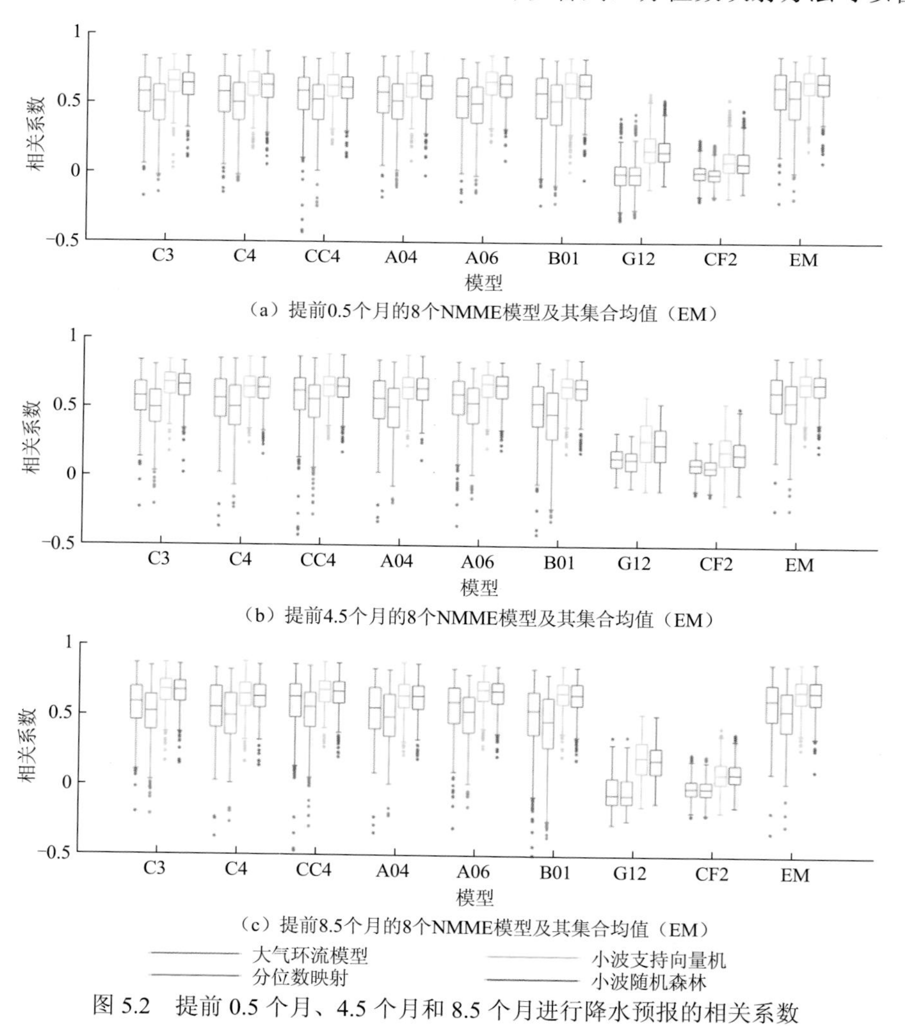

（a）提前0.5个月的8个NMME模型及其集合均值（EM）

（b）提前4.5个月的8个NMME模型及其集合均值（EM）

（c）提前8.5个月的8个NMME模型及其集合均值（EM）

图 5.2　提前 0.5 个月、4.5 个月和 8.5 个月进行降水预报的相关系数

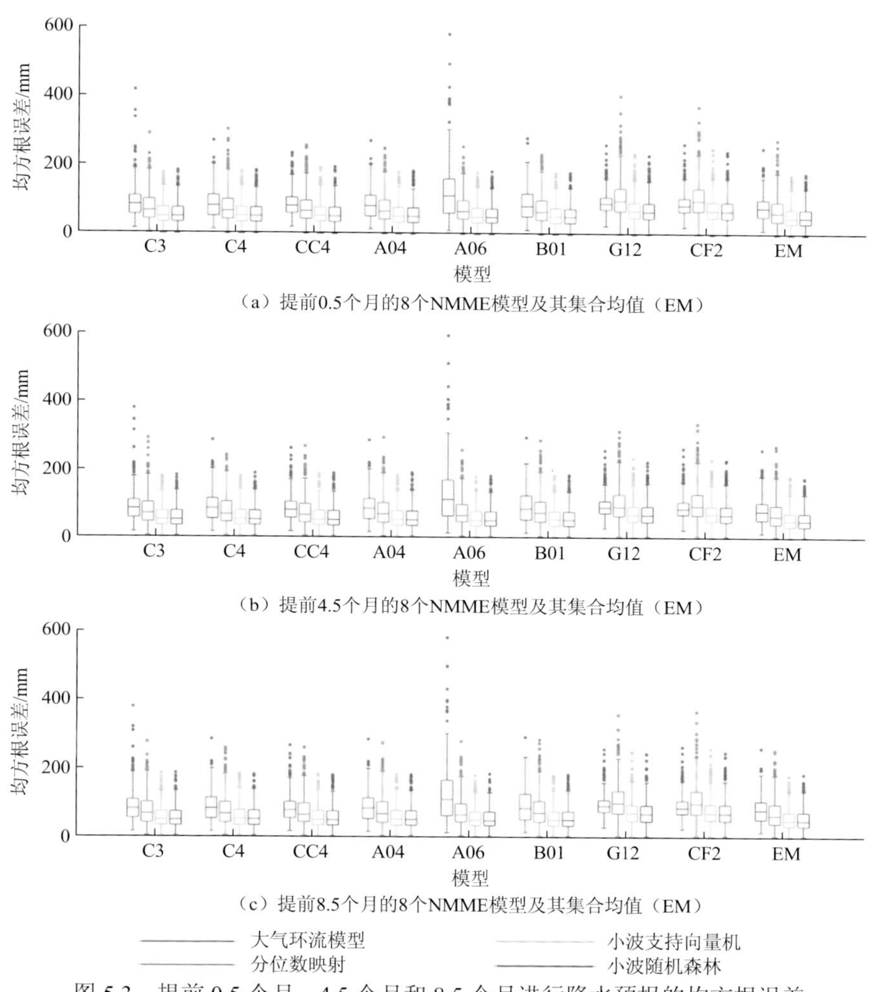

图 5.3　提前 0.5 个月、4.5 个月和 8.5 个月进行降水预报的均方根误差

大程度上纠正原始北美多模式集合的输出，而小波支持向量机和小波随机森林方法可以进一步提高降尺度精度。原始北美多模式集合降水预报与观测值之间的中值相关性通常低于 0.6。分位数映射方法相对于大气环流模型没有显示出任何改进，而小波支持向量机和小波随机森林方法中的相关性可以达到 0.65。而在 G12 和 CF2 模型中，小波支持向量机和小波随机森林方法将相关性从分位数映射方法中的 0 增加到约 0.1，这两个方法中的预测和观测值之间的相关性非常相似，表明在降尺度方面几乎具有相同的性能。

在均方根误差方面的偏差校正结果与相关性系数略有不同。除了 G12 和 CF2，分位数映射的校正降水预测通常比所有模型的原始北美多模式集合预测具有更低的误差。这可能是由于这些模型中模拟降水变化的能力较差。小波支持向量机和小波随机森林方法可以实现比分位数映射和原始数据更小的误差。在所有 9 个模型中，小波支持向量机和小波随机森林方法中的均方根误差相对于分位数映射方法可以减少大约 20 mm。本节中演示的集合模型（EM 模型）是 8 种北美多模式集合模型的平均值，然后通过小波支持向量机和小波随机森林方法进行校正。可以看到，各个模型的集合组合略微改善了降水预报，具有相对较高的相关系数和较低的均方根误差。

在相关系数和均方根误差方面，小波支持向量机和小波随机森林方法优于分位数映射方法。分位数映射调整大气环流模型的数据分布以对齐区域观测，但不会在时间尺度上对齐数据。基于小波的机器学习模型（WSVM 和 WRF）不仅利用了数据的多尺度分辨率的优势，可以从数据中提取不同的特征并抑制噪声，还可以利用机器学习模型的非线性映射，对齐大气环流模型在时间和空间上的观测。因此，基于小波的机器学习模型改进体现在多特征分解、非线性属性和时间对齐。

5.1.4　多模型集合预测精度的空间对比分析

图 5.4 显示了中国 7 个地理区域的偏差修正结果。总体而言，降水预报的空间格局存在一些差异。偏差校正后，相对于其他区域，中部和西南地区与观测值的相关性较低，误差较高。北美多模式集合在华南地区具有最高的相关性和最小的误差。通过小波支持向量机和小波随机森林方法校正华南地区预测的平均均方根误差约为 30 mm，表明北美多模式集合在近赤道地区具有良好的模拟能力，这与现有研究一致。在中国东北、华东、华北和西北地区，小波支持向量机和小波随机森林方法的预测相关系数高于 0.6，均方根误差约为 60 mm。与原始大气环流模型预测或分位数映射校正相比，这两种基于小波的机器学习方法在所有 7 个区域都显示出明显的优势。

总体来说，华东地区的大气环流模型和分位数映射预测都存在低相关性，而小波支持向量机和小波随机森林模型可以在很大程度上纠正它们，并且提高了相关性，特别是在东北、华东和中部地区，大部分相关系数都在 0.4～0.8。对于均方根而言，分位数映射可以纠正中国南部和东南部的降水，而小波方法可以进一步纠正中部、北部和西南部分地区的降水。此外，小波方法可以在云南省（中国西南）和山东省（华东）略微纠正误差，而分位数映射方法则不能。尽管存在偏差调整，但西南、华东和华中地区的均方根误差仍然很大。可以看出，中国西南

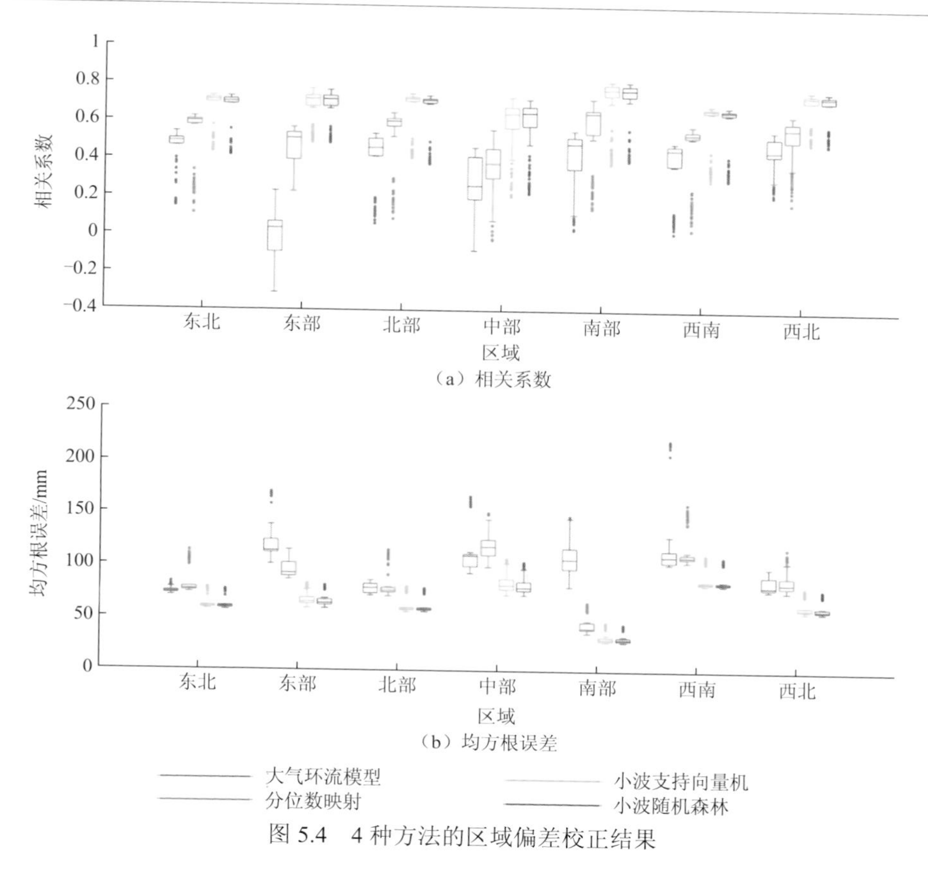

（a）相关系数

（b）均方根误差

图 5.4　4 种方法的区域偏差校正结果

和中部的均方根误差通常高于北部、东北部和中国西北地区，这很可能与中国的气候有关。因为在气候学中，西南部和中部地区的降水量多于北部、东北部和西北地区。华南和华东南部地区的绝对误差小于西南地区和中部地区，这主要是由于北美多模式集合模型热带地区海温的可预测性较高。

5.1.5　多模型集合预测精度的季节对比分析

如图 5.5 所示，分位数映射、小波支持向量机和小波随机森林模型方法的相关性显示出相对于原始大气环流模型预测的显著改善，体现出机器学习模型的性能优势。春夏季节的相关性比夏秋季更好。夏季的均方根误差是最大的，其次是春季和秋季，最后是冬季，这也与一年中的降水模式一致，因为夏季降水量增加，冬季减少。因此可以看到，北美多模式集合降水的预报性能取决于季节。就相关性而言，冬季和春季降水预报的表现优于夏秋季。这可能与季节性最强的气候驱动因素之一——厄尔尼诺-南方涛动（ENSO）的影响有关，因为冬季和春季的正负相位多于夏季和秋季。就均方根误差而言，夏季的结果最差，而春季的结果并不是那么好。这可以用季节性降水的气候学来解释。夏季降水量最多，其次是春季、秋季和冬季。因此，夏季最糟糕的预报表现可能归因于其属于气候学中最大的降水季节，春季的预测表现也可以用气候学第二大降水季节来解释。

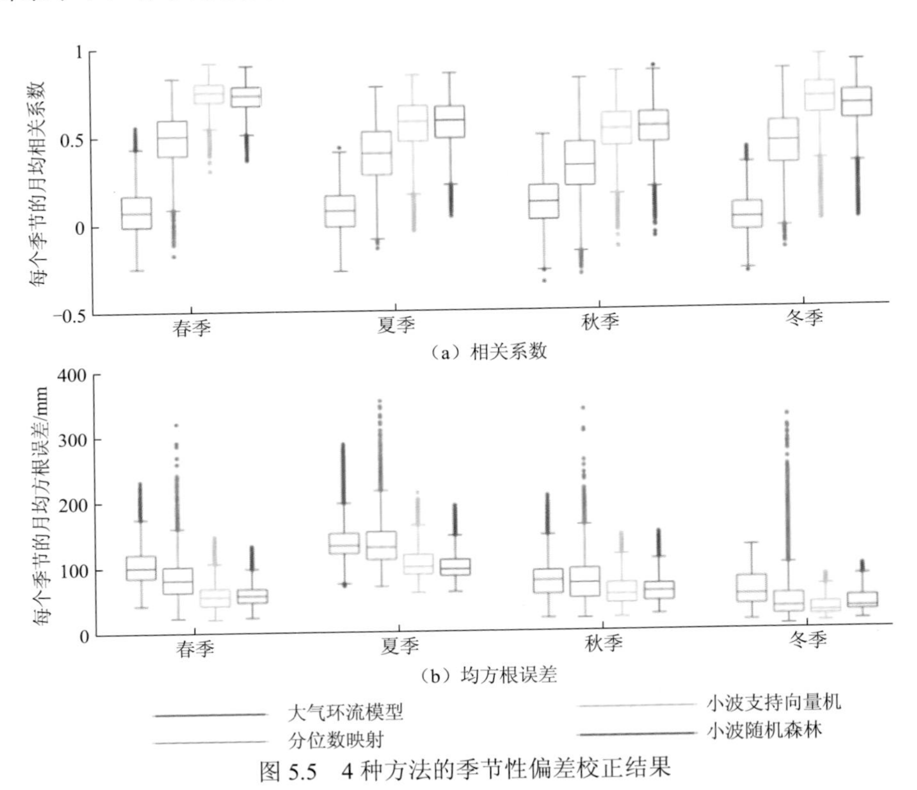

图 5.5　4 种方法的季节性偏差校正结果

5.1.6　多模型集合预测的精度校正

如图 5.6 和图 5.7 所示，进一步研究了北美多模式集合模型在预测极值偏差校正前后的能力。气候定义为该月 1982～2016 年观测到的降水量的平均值。根据《气象干旱等级》（GB/T 20481—2017），将相对于气候学的 50%亏损的降水量定义为干燥，并将大于 50%的降水量视为湿润。至于相关性，在通过三种方法校正后干燥、湿润和接近正常情况下的相关性系数与校正前的大气环流模型相比显示出明显的改善，两种基于小波的机器学习方法具有最佳结果。潮湿气候的相关性略高于干燥极端，而均方根误差则相反。相对一致性可能并不意味着绝对接近。因为相关性系数是一种相对指标，用于衡量基于协方差的配对变量之间的关联程度，而均方根误差是一种绝对指标。干燥气候的较小均方根误差可能是因为干旱与海温驱动的气候条件更紧密相关。较高的均方根误差和湿气候的较高相关性可能归因于与变化观测的高度一致性，但在北美多模式集合中有较大的偏差。

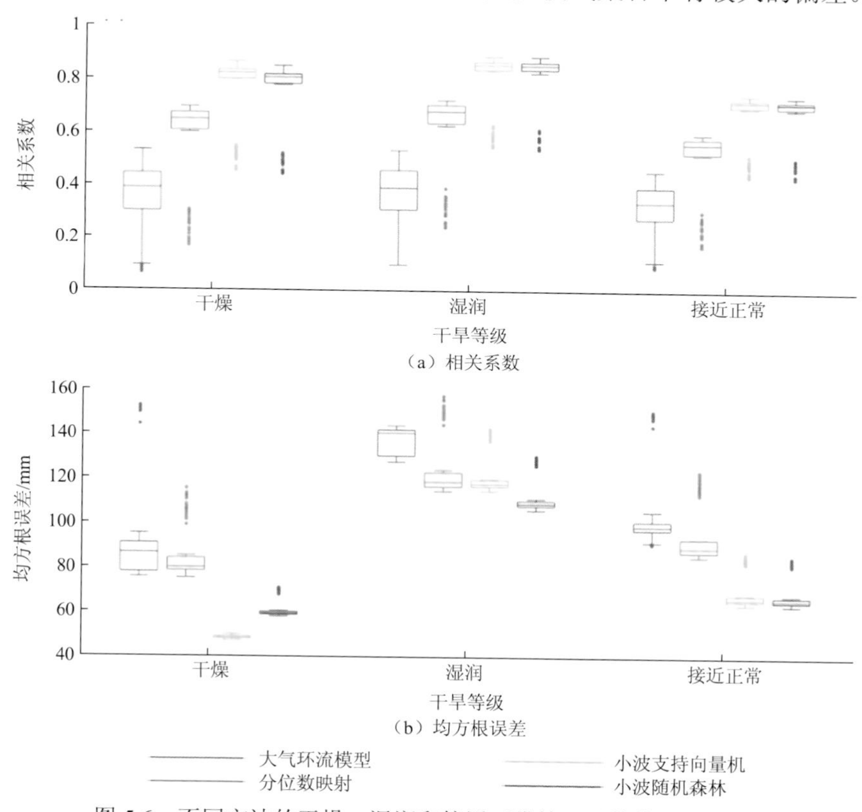

（a）相关系数

（b）均方根误差

图 5.6　不同方法的干燥、湿润和接近正常情况下的偏差校正结果

与此同时可以发现，分位数映射方法改善了命中次数，但也增加了相对于原始大气环流模型的干燥极端值的误报，而湿极值则相反。相对于大气环流模型，小波支持向量机方法可以增加命中率并降低干燥极端的误报，但是在极端潮湿时无法表现出更多的性能。与此同时，很难评估小波随机森林方法是否比大气环流模型有所改进，因为它不仅降低了可预测性，还降低了误报率。就命中率和误报率而言，分位数映射和小波支持向量机方法似乎比大气环流模型更好，而所有这 4 种方法都具有较高的误报率。

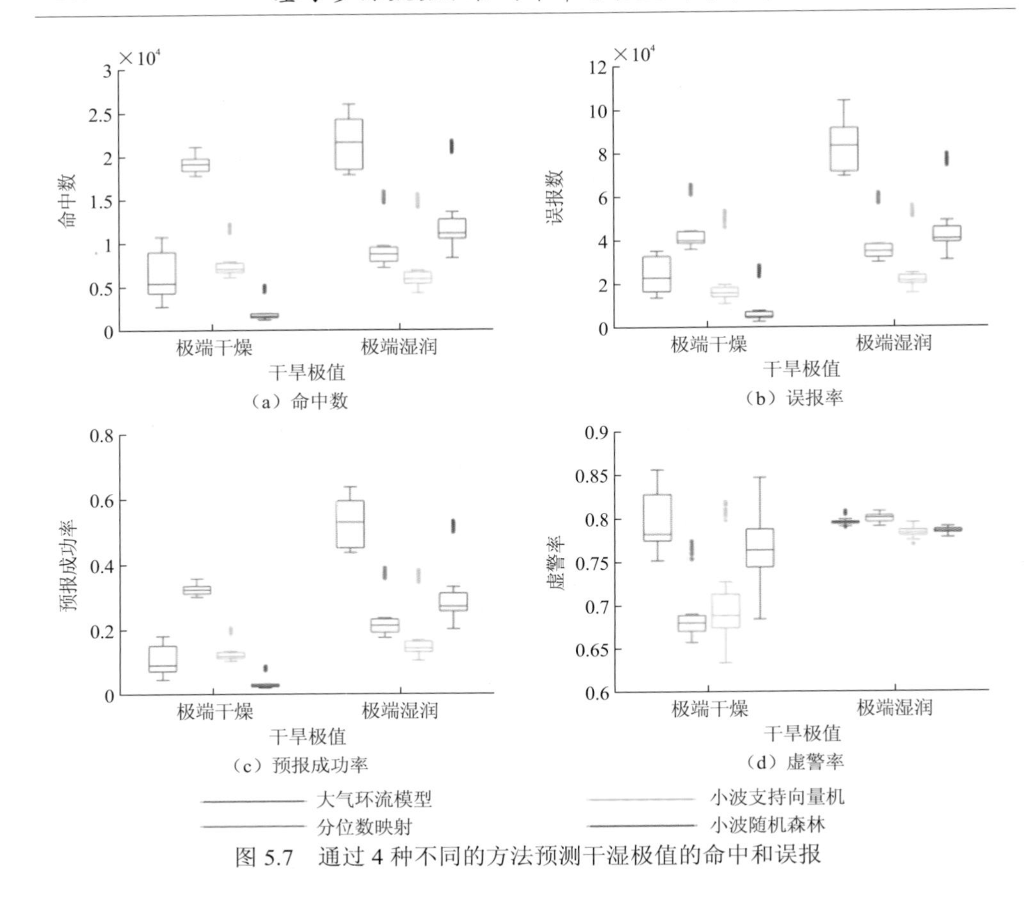

图 5.7　通过 4 种不同的方法预测干湿极值的命中和误报

5.2　全球升温背景下降水可预测性分析

5.2.1　全球升温背景下降水可预测性概述

通过前述章节的论述，可以看到，可预测性是干旱感知中的关键。降水的可预测性被假定为给定提前期可预测能力的极限。经典可预测性衡量的是预测器对预测变量的再现能力。降水受多种因素的影响，不能直接获得降水的可预测性。因此，潜在的可预测性是从方差分数的角度量化可预测性的另一种方法。它描述了可能与内部产生的自然变异性相区别的长期变异性部分，这种自然变异性在长时间尺度上是不可预测的，因此可能被视为“噪声”。潜在可预测性类似于信噪比，描述了潜在可预测性，在以前的研究中广泛用于评估降水可预测性。因此，潜在降水可预测性（PPP）被引入来估计全球陆地上的降水可预测性。

降水预测的准确性因区域、模型和时间尺度的不同而变化。由于热带地区的深部对流，热带地区的降水可预测性通常高于温带地区。两种重要的热带气候模式，即厄尔尼诺-南方涛动（ENSO）和季节内振荡（MJO），在很大程度上影响了次季节性到季节性时间尺度的降水可预测性。统计方法和动态气候模型通常用于评估降水的可预测性。至于未来的可预测性，耦合模式比较计划第五阶段（CMIP5）包括了在各种变暖情景下的大量气候模拟。由于低频率气候变化，热带地区的降水可预测超过 2 周，且可预测性一般随着提前时间的增加而降低。

在未来全球变暖的影响下，天气和气候的可预测性可能会降低。据预测，在一个更温暖的世界里，降水变异性将会增加。然而，降水的可预测性不仅取决于气候学的可变性，而且取决于不同时间尺度上的可变性。最近的一项研究得出结论，基于持久性方法，在未来全球变暖的情况下，最小的潜在降水可预测性将增加。一些研究发现，由于在最近的全球变暖下出现了新的遥相关，降水可预测性可能不会降低。根据气候模型模拟，在未来变暖的情况下，年代际降水的可预测性可能会降低。因此，在未来变暖的情况下，潜在降水可预测性在次季节性到季节性时间尺度上如何变化值得进一步研究。

在这其中，海表温度（SST）是全球变暖的关键指标和全球极端降水的关键驱动因素。海温异常是热带降水变率的主要前兆，并进一步利用季节内振荡等潜在的降水预测因子调节多种气候模式。根据政府间气候变化专门委员会（IPCC）第五次报告，全球平均温度预计将比前工业化时代增加约 3℃。暖化海温会如何影响降水的可预测性，还没有得到一致的结论。阐明降水可预测性如何随海温变暖而变化，将为未来天气和气候预测提供理论支持，与此同时，潜在降水可预测性如何随变暖水平、区域和时间尺度变化还有待澄清。为了回答这些问题，此处利用 CMIP5 模型研究未来全球变暖相对于前工业化时代的潜在降水可预测性变化。在 2 周、1 个月、2 个月和 3 个月的时间尺度上，研究全球陆地潜在降水可预测性变化的时空格局。此外，还讨论潜在降水可预测性变化的根本原因，包括海温及其可预测性。

5.2.2　潜在降水可预测性评估方法和输入数据

潜在降水可预测性表示为长期降水方差与气候方差的比值。气候方差是在不同完整周期的日尺度上计算的，而长期方差是在 2 周、1 月、2 月和 3 月时间尺度上计算的。如果长期降水差异与气候差异是不同的，那么长期尺度下的降水是可以预测的。此处共使用 12 个 CMIP5 模型模拟了前工业控制（PiControl）、历史、代表性浓度路径（RCP）2.6、RCP4.5 和 RCP8.5 变暖情景下的降水可预测性。1850～1899 年的 PiControl 实验（P1）被假定为前工业时代的模拟。利用 1956～2005 年的历史模拟（P2）来表示历史情景。CMIP5 在 2051～2100 年（P3）的模拟为未来的模拟。单个模型仿真可能具有较大的不确定性，而集成模型仿真可以在一定程度上降低可预测的不确定性。因此，此处首先计算每个模型的潜在降水可预测性，得到一个整体情况，然后用整体计算出均值、中值和其他统计数据。利用这些 CMIP5 模式中的海温变量，采用与潜在降水可预测性相同的方法计算全球海洋变暖趋势和潜在海表稳定可预报性（PSSTP）。

进一步利用 1980～2019 年的历史和 RCP8.5 模拟（P4）计算近期全球变暖下的绝对潜在降水可预测性，并与观测数据进行比较。在计算 P4 时期的潜在降水可预测性时，采用研究与应用第 2 版（MERRA-2）数据中的观测降水数据集。与一些再分析或插值数据相比，MERRA-2 降水数据总体表现良好。所有数据均重采样到 5°×5° 的日分辨率。同时利用二次多项式拟合某一时段降水或海温与时间的关系，保留残差去除二次趋势。日降水量或海温数据集的多年平均值被视为对可预测性的季节性影响，并通过在整个降水或海温数据集中减去它来剔除。另外，去趋势过程在季节性去除程序之前进行。

5.2.3　观测和模拟的降水可预测性

图 5.8 展示了从观测和模型中获得的潜在降水可预测性。可以看到，全球陆地上的模拟潜在降水可预测性平均值与实际观测结果较为一致。从 2 周到 3 个月，观察和模拟的潜在降水可预测性呈现下降趋势。观测到的潜在降水可预测性与热带地区（23.5°S～23.5°N）的集合模拟一致，且接近模型集合的上限。此处使用 12 个 CMIP5 模型计算图 5.8 中的单个潜在降水可预测性值以及平均值。在空间上，与现有研究一致，热带地区的可预测性高于亚热带地区，如非洲、印度、马来群岛、澳大利亚、南美大部分地区和墨西哥的大部分地区。热带地区较高的潜在降水可预测性与大尺度气候模式有关，如厄尔尼诺-南方涛动（ENSO）和季节内振荡（MJO）。温带地区的降水可预测性来源可能包括雪、海冰和其他一些大尺度模式。模型模拟显示了与观测结果相似的空间模式，尽管模拟的总体平均值的可预测性比某些地区（如中非）的观测结果要大。潜在降水可预测性的空间格局总体上呈现出随着预测时间的增加而减少的趋势。这一结果是符合预期的，因为较长时间尺度数据的方差通常小于较短时间尺度数据的方差。这一结果也符合认识，即长期领先的降水预报可能不如短期预报准确。

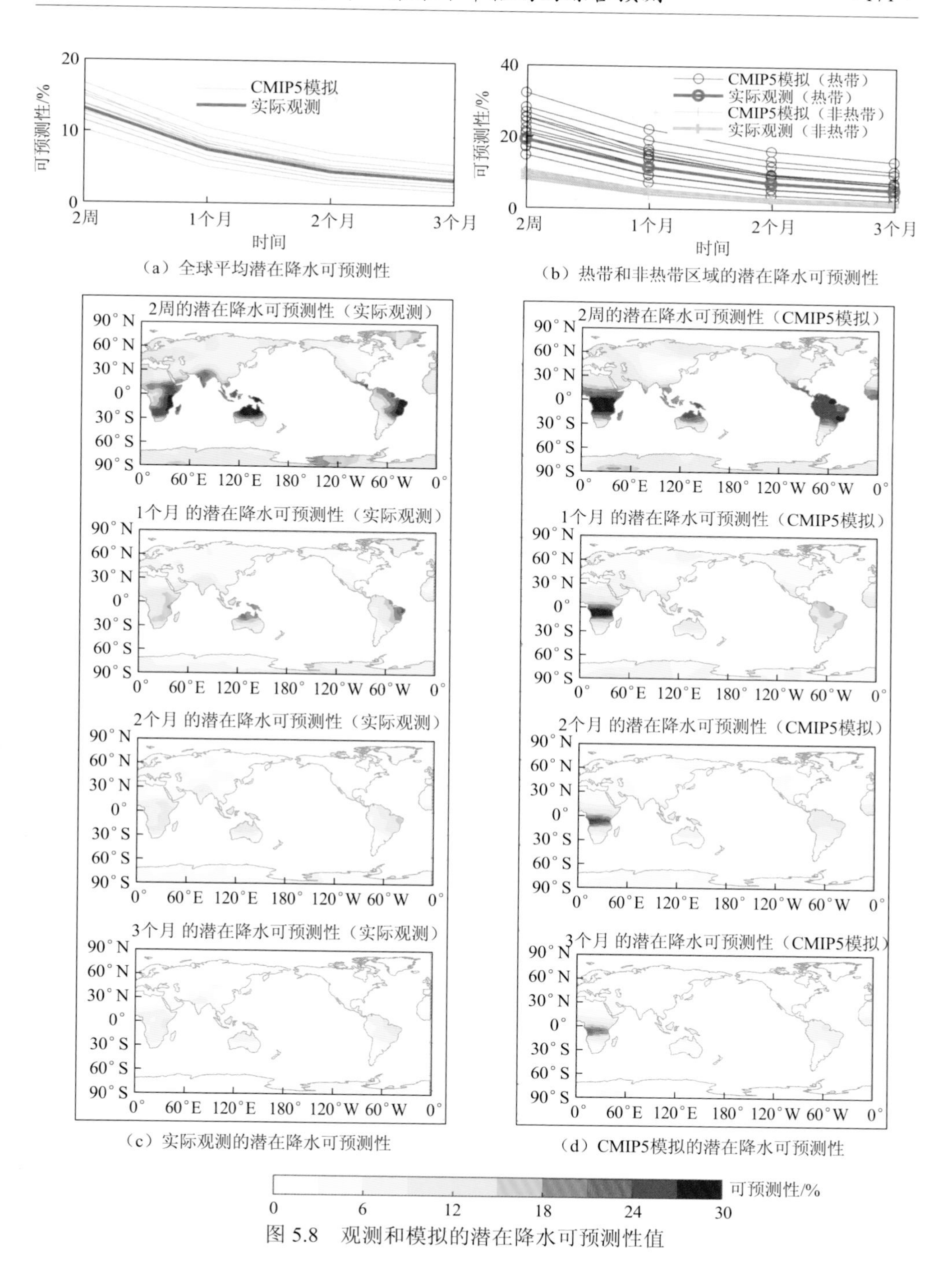

（a）全球平均潜在降水可预测性

（b）热带和非热带区域的潜在降水可预测性

（c）实际观测的潜在降水可预测性

（d）CMIP5模拟的潜在降水可预测性

图 5.8　观测和模拟的潜在降水可预测性值

5.2.4　未来变暖情景下的降水可预测性变化

图 5.9 显示了未来增温情景下潜在降水可预测性的变化及其与海温变化的关系。当全球变暖水平从历史水平上升到 RCP2.6、RCP4.5 和 RCP8.5 时，全球潜在降水可预测性中值尽管差异很大，但呈现下降趋势。在 2 周、1 个月、2 个月和 3 个月的尺度中，潜在降水可预测性的下降幅度很小，而且非常接近。两样本 t 检验表明，在短期尺度和热带地区，潜在降水可预测性的变化可能不会显著大于长期尺度和 90%置信区间下的热带外地区。尽管在这些变暖水平下，集合显示出不同的 PPP 趋势，但这些模型的集合均值呈现出稳步下降的趋势。潜在降水可预测性的减少与日气候降水方差相对于长期方差的快速变化有关。

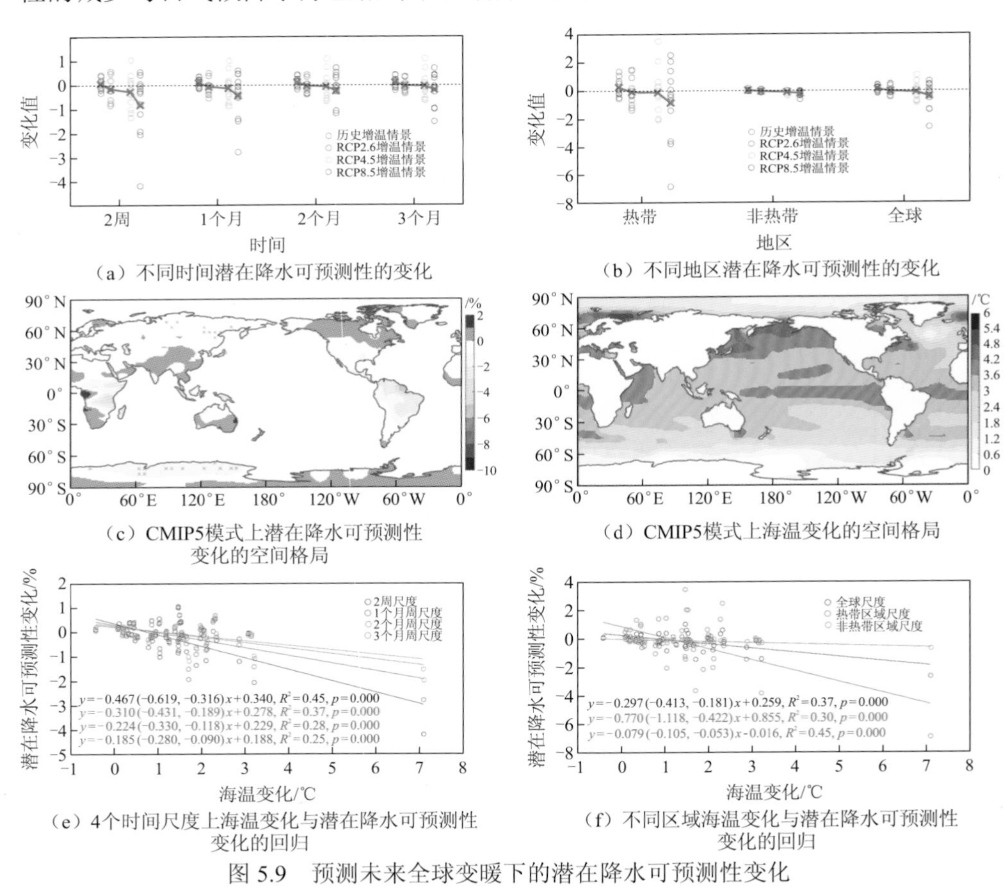

（a）不同时间潜在降水可预测性的变化　（b）不同地区潜在降水可预测性的变化

（c）CMIP5模式上潜在降水可预测性变化的空间格局　（d）CMIP5模式上海温变化的空间格局

（e）4个时间尺度上海温变化与潜在降水可预测性变化的回归　（f）不同区域海温变化与潜在降水可预测性变化的回归

图 5.9　预测未来全球变暖下的潜在降水可预测性变化

基于克劳修斯-克拉珀龙（C-C）关系，极端降水增加与大气持水能力随温度的变化有关。日气候方差的增长速度比长期方差快，这表明日降水量比长期平均值更加混乱。降水变率与大气含水量和大气环流密切相关，如水分通量辐合（MFC）、土壤水分和湿度。水分通量辐合能增加大气湿度，增强水汽静能和大气不稳定性，促进对流。土壤水分影响源自地表的热量和水分的通量，从而改变大气湿度、温度和降水。水分通量辐合、土壤水分和湿度的变化均通过局部蒸散发和远距离水分输送影响全球变暖下的降水变异性，但这些影响可能因地区而异。

如图 5.9 所示，在未来变暖的情况下，热带地区的潜在降水可预测性变化比温带地区有更大的模式传播。就空间格局而言，全球很大一部分土地的潜在降水可预测性呈现下降趋势（大部分地区潜在降水可预测性变化在±1%以内），如中非和北非、马来群岛、北澳大利亚、南美洲、美国、亚洲大部分地区和欧洲。在气候平均降水量高的热带地区，潜在降水可预测性明显下降。相反，其在南亚、澳大利亚南部、北美北部、非洲南部和南极洲部分地区略有增加。潜在降水可预测性变化的空间格局在不同地区的个体模型中也存在很大差异，特别是在非洲东部和中部及南美北部和东部。在一些模型中，坦桑尼亚和圭亚那的潜在降水可预测性较高变化与移除每日气候学后模型中某些年份的异常降水模拟有关。降水异常导致降水方差异常、潜在降水可预测性异常及其变化异常。总体来看，潜在降水可预测性在空间上发生显著变化的地区很少，这表明模型结果存在分歧。

如前所述，厄尔尼诺-南方涛动和季节内振荡是两种主要的大尺度气候模式，解释了热带地区的可预测性。在全球变暖的情况下，太平洋厄尔尼诺-南方涛动的预测可能更具有挑战性，因为平均气候对流层稳定性的增加，在赤道大西洋上空的上升减弱，对太平洋的影响减弱。热带静态稳定性的增加可能会削弱风遥联系，从而削弱季节内振荡在未来更温暖气候中影响极端事件的能力。此外，哈德利环流向极地迁移也将改变热带地区的降水模式，并可能削弱热带地区的远程联系。相对于前工业时代，在 RCP8.5 情景中，全球海表温度在全球各大洋上呈上升趋势。一些地区，如中太平洋、北太平洋、西印度洋和中大西洋，预计气温将升高 4℃以上。在靠近两极的高纬度地区，海温的增加比热带地区要小。这种海温空间格局可能与 IPCC 报告不同，且依赖于具体模型。总体来看，未来增暖期全球海温有增加趋势。

如图 5.9 所示，使用线性回归模型分析海温变化和潜在降水可预测性变化，得到决定系数（R^2）在 2 周、1 个月、2 个月和 3 个月时间尺度上分别为 0.45、0.37、0.28 和 0.25。4 个时间尺度的回归模型的斜率均表明，潜在降水可预测性随海表温度的升高呈下降趋势，且短期尺度的下降幅度可能大于长期尺度。图 5.9（f）展示了 4 个时间尺度上平均的潜在降水可预测性变化与海表温度变化的回归。线性回归模型的斜率表明，全球海表温度每增加 1℃，热带、温带和全球的潜在降水可预测性将分别增加−0.8%（−1.1%～−0.4%）、−0.08%（−0.1%～−0.05%）和−0.3%（−0.4%～−0.2%）。在短期时间尺度上，潜在降水可预测性的下降可能比长期尺度的下降略大。剔除回归中超过 5℃的极端海温值后，估计的潜在降水可预测性变化趋势是相似的。

5.2.5　厄尔尼诺-南方涛动与降水可预测性的相关性

图 5.10 显示了厄尔尼诺-南方涛动与陆表降水相关变化、潜在海温可预测性变化及海温预测性和降水预测性的关系，并探讨了未来气候变暖下影响潜在降水可预测性变化的可能原因。图 5.10（a）绘制了相对于工业前模拟 RCP8.5 情景下土地降水与厄尔尼诺-南方涛动的相关性在 4 个时间尺度上的平均变化，滞后时间

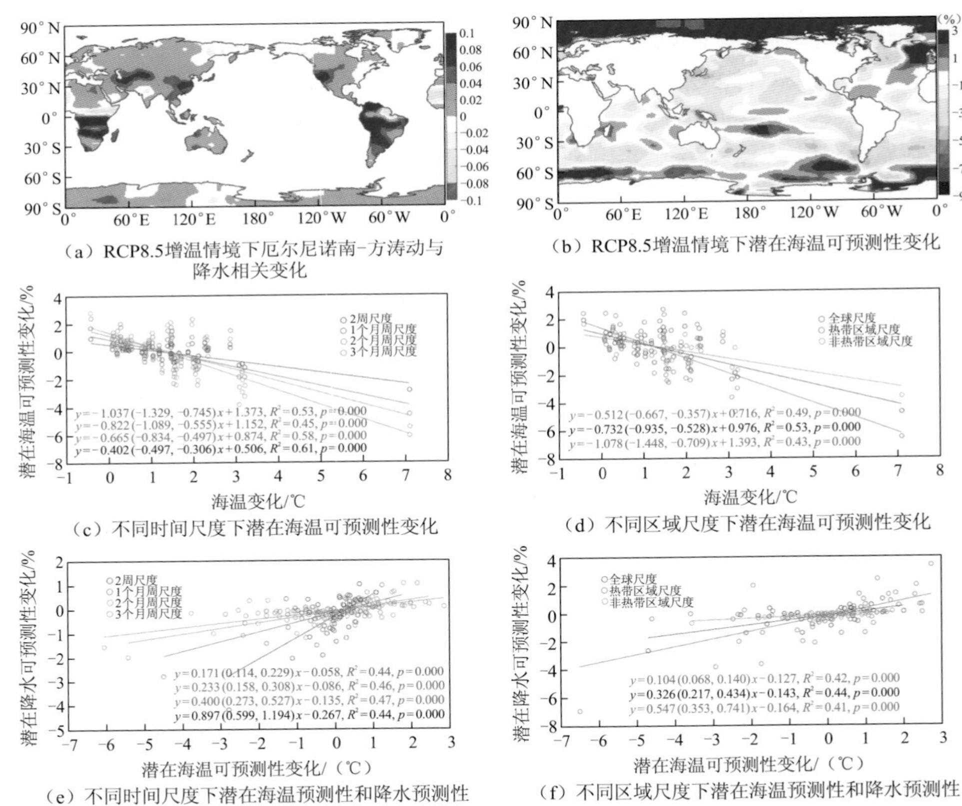

（a）RCP8.5增温情境下厄尔尼诺南-方涛动与降水相关变化　（b）RCP8.5增温情境下潜在海温可预测性变化

（c）不同时间尺度下潜在海温可预测性变化　（d）不同区域尺度下潜在海温可预测性变化

（e）不同时间尺度下潜在海温预测性和降水预测性　（f）不同区域尺度下潜在海温预测性和降水预测性

图 5.10　未来变暖下厄尔尼诺-南方涛动与陆表降水相关变化、潜在海温可预测性变化及海温预测性和降水预测性的关系

分别为 2 周、1 个月、2 个月和 3 个月。这里的厄尔尼诺-南方涛动表示为 Niño 3.4 区域（5°～5° S，170～120° W）的海温异常。在世界上大部分地区，厄尔尼诺-南方涛动相关的降水相关性都在增加，这表明在未来变暖的情况下，厄尔尼诺-南方涛动导致的陆地降水事件可能会增强。在使用的 CMIP5 模式中，厄尔尼诺-南方涛动与陆地降水的相关性是不同的，并且有限的区域显示出模型在空间上的显著一致性，这表明模型具有相当大的不确定性。然而，厄尔尼诺-南方涛动与陆地降水相关性的增强并不意味着降水可预测性的增加，因为厄尔尼诺-南方涛动的可预测性在更暖的情境下可能不会增加。

图 5.10（b）为 RCP8.5 场景下潜在海温可预测性从 P1 到 P3 的变化。除两极、中太平洋和一些小区域外，大部分海域的潜在海温可预测性在未来变暖过程中普遍减小。然而，降水和海温可预测性的不显著变化在空间上阻碍了稳健归因。潜在海温可预测性的变化可能与海洋分层加剧和大气长波（Rossby 波）传播加速有关。图 5.10（c）和（d）分别显示了不同时间尺度和区域潜在海温可预测性变化与海温变化之间的线性关系。当海温增加时潜在海温可预测性可能会降低，因为这些回归的斜率都是负值。在短期时间尺度上，减弱的潜在海温可预测性幅度小于长期尺度，而在热带地区，减弱的潜在海温可预测性幅度大于热带之外地区。在剔除回归中的极端高海温值时，也可以看到类似的结果。目前的研究更多地关注海温强迫气候的可预测性，而较少关注海温本身的可预测性。海洋分层、海表温度梯度、混合层夹带和人类温室排放等影响海表温度可预测性的内在物理机制有待进一步研究。

回归潜在海温可预测性变化和潜在降水可预测性变化，用以检查它们之间的联系，因为降水的可预测性主要来自海表温度的变化。如图 5.10（e）和（f）所示，在 4 个时间尺度和不同地区上，潜在降水可预测性变化和潜在海温可预测性变化之间存在正相关关系，即当潜在海温可预测性增加时，PPP 很可能会增加，尽管速度较慢。潜在海温可预测性对潜在降水可预测性的短期影响大于长期影响，且在热带地区的影响大于温带地区。总之，研究发现两者之间的关系具有统计学意义，海温可预测性对降水可预测性有较强的影响。

此处还计算了 Niño 3.4 区域的海表温度的可预测性，以代表潜在厄尔尼诺-南方涛动可预测性（PENSOP）。并利用线性回归分析了 PENSOP 变化与 PPP 变化之间的关系，前者变化可以解释有限的后者变化百分比。例如，全球 17%的潜在降水可预测性变化可以用 3 个月时间尺度上的潜在厄尔尼诺-南方涛动可预测性变化来解释，并且随着时间尺度的减小，这个百分比会减小。全球 9%的潜在降水可预测性变化可以用 4 个时间尺度上的平均潜在厄尔尼诺-南方涛动可预测性变化来解释。

5.3　在 1.5℃和 2℃升温背景下全球干旱格局分析

5.3.1　全球升温背景下干旱趋势分析方法

全球变暖可能会增加干旱的面积和程度，但全球干旱模式目前仍不明确。《巴黎协定》希望将本世纪全球平均气温上升幅度控制在前工业化时期水平之 2℃甚至 1.5℃以内。所以，为了应对全球变暖和制定有效的气候政策，有必要量化在 1.5℃和 2℃变暖环境下的全球干旱风险。2021 年 8 月 9 日，日内瓦发布的政府间气候变化专门委员会（IPCC）第一工作组报告《气候变化 2021：自然科学基础》指出，自 1850～1900 年以来，全球地表平均温度已上升约 1℃，并指出从未来 20 年的平均温度变化来看，全球温升预计将达到或超过 1.5℃。报告同时对未来几十年内超过 1.5℃的全球升温水平的可能性进行了新的估计，指出除非立即、迅速和大规模地减少温室气体排放，否则将升温限制在接近 1.5℃或甚至是 2℃将是无法实现的。因此，研究多种排放情景下的全球尺度干旱变化，有助于为未来的极端气候做好准备。但是未来的变暖趋势如何影响干旱风险，仍待讨论与研究。

为此，本节分析气象干旱与土壤水分干旱之间的异同。通过基于 CMIP5 的多模型数据来评价不同干旱的长期差异。通过对气象干旱和土壤水分干旱的分析，描述不同变暖程度下的全球干旱，也讨论温度、降水、地表和根区土壤水分在植物生长中起到不同的作用。最后，基于常用的干旱特征指数，包括干旱强度、持续时间、频率和面积，建立全球时空干旱模式。

表 5.2 展示了此处采用的 18 个 CMIP5 模型，用以模拟历史和未来的气候变化。CMIP5 模拟是干旱趋势分析中广泛使用的模型。这里采用 CMIP5 实验（esmHistorical，esmrcp85，historical，rcp26，rcp60，rcp85）来模拟历史和未来的可能排放路径。从 CMIP5 模型中选择了月最大温度、月最小温度、平均温度、降水、地表土壤水分、土壤水分和垂直层土壤水分。

表 5.2　本节使用的 CMIP5 模型

模型	列数×行数	土壤深度/m	土壤层数
ACCESS1-0	192×145	3	4
ACCESS1-3	192×145	4.6	6
CCSM4	288×192	43.8（3.8）	15（10）
CNRM-CM5	256×128	8	8

续表

模型	列数×行数	土壤深度/m	土壤层数
CanESM2	128×64	4	3
GFDL-CM3	144×90	10	20
GFDL-ESM2G	144×90	10	20
GISS-E2-H	144×90	3.5	6
GISS-E2-H-CC	144×90	3.5	6
GISS-E2-R	144×90	3.5	6
GISS-E2-R-CC	144×90	3.5	6
HadGEM2-CC	192×145	3	4
HadGEM2-ES	192×145	3	4
MIROC-ESM	128×64	14	6
MIROC-ESM-CHEM	128×64	14	6
MIROC5	256×128	14	6
NorESM1-M	144×96	43.8（3.8）	15（10）
INMCM4	180×120	10	23

此处认为干旱事件是连续至少三个月且特定干旱指数小于-1 的状态。而一个地区的干旱频率是通过干旱事件的数量与时间长度（年）和该地区总面积的乘积之比得出的。需要说明的是，基于格网数据的干旱事件分析便于连续地估算当地的干旱状况，并采用 5×5 平均滤波器对每个网格单元中的干旱统计进行平滑。

同时，选取 4 个干旱指数，即标准化降水指数（SPI）、标准化降水蒸散指数（SPEI）、表层土壤水分指数（SMI_s）和根区土壤水分指数（SMI_r）用于表示不同类型的干旱。SPI 和 SPEI 用于描述气象干旱，而 SMI_s 和 SMI_r 用来描述土壤水分干旱。虽然 SPEI 更适合代表气象干旱，但 SPI 可用于展示全球降水趋势。基于非参数经验概率分布方法，所有 4 个干旱指数都是在 6 个月内计算出来的。此处计算了 1850～2100 年的数据，并比较了 1℃、1.5℃和 2℃情景。当特定模拟的 30 年全球平均温度首次达到与前工业化时期（1850～1900 年）相比的目标升温水平，30 年被视为升温水平的时间间隔。干旱特征的置信区间由 5 000 个自举样本的 10%～90%计算。全球和区域干旱统计数据按面积加权平均数计算。

另外，此处使用双线性内插法来得到土壤下 100～200 cm 的土壤水分。为了纠正模型模拟中的误差，使用多源数据。温度和降水数据来自 NCEP/NCAR 再分析。土壤水分数据来自全球陆地数据同化系统（GLDAS）2.0 版。通过双线性插值，模拟和观测的数据被重采样到 2° 分辨率。另外，基于等距分位数匹配方法对月温度、降水和土壤水分数据进行偏差校正，并且在偏差校正过程中使用经验概率分布函数。

5.3.2　全球干旱时空分布格局

如表 5.3 所示，未来变暖的环境下，在 1971～2000 年，北半球大部分地区的降水量将增加，而南半球某些地区，特别是南美洲的降水量呈下降趋势。SPI 相关结果表明北半球干旱频率和面积呈下降趋势，这主要是由于降水增加。然而，在 2℃变暖的情况下，美国西南部的干旱持续时间显著增加。并且，由于降水减少，南美洲的持续时间和频率预计会在进一步变暖的情况下增加。

表 5.3　南北半球干旱趋势的差异

参数	干旱指数	参考	1 ℃增温情景	1.5 ℃增温情景	2 ℃增温情景
干旱面积/%	SPI 气象干旱	−21	−5	15	34
	SPEI 气象干旱	−12	−4	4	9
	SMI_s 表层土壤水分干旱	−16	−3	9	19
	SMI_r 根区土壤水分干旱	−9	−1	9	19
干旱频率/（次/年）	SPI 气象干旱	−20	−7	9	26
	SPEI 气象干旱	−16	−9	−3	2
	SMI_s 表层土壤水分干旱	−6	4	12	20
	SMI_r 根区土壤水分干旱	17	24	31	37
干旱历时/月	SPI 气象干旱	−2	1	3	−2
	SPEI 气象干旱	3	4	4	1
	SMI_s 表层土壤水分干旱	−11	−7	−6	1
	SMI_r 根区土壤水分干旱	−20	−19	−18	−7

如果采用 SPEI 评估干旱，除了亚洲北部，世界上几乎所有陆地区域的干旱都在增加。美国西南部、南美洲、非洲、澳大利亚、欧洲、中亚和西亚地区，干旱持续时间和频率可能明显增加。如果采用 SMI_s 指标，在进一步变暖的情况下，

北美洲、南美洲、欧洲、非洲南部、中国南部和澳大利亚的表层土壤水分可能变得更加干燥。这些区域的表面土壤水分干旱持续时间和频率同样呈现增加趋势。至于根区土壤水分 SMI_r 指标，干旱地区则主要包括北美洲、南美洲、非洲南部、欧洲和亚洲部分地区。

在全球平均水平上，SPEI 和 SMI_s 的频率在进一步变暖的情况下表现出持续增加趋势（表 5.4），这表明气象干旱和表层土壤水分干旱将更加频繁。根区土壤水分的干旱频率略有增加。SMI_s 和 SMI_r 干旱地区面积的变化很小，而 SPEI 的干旱地区面积呈现出增加的趋势。所有指数均显示干旱持续时间在 1.5℃和 2℃变暖时增加。与参考期间相比，在 2℃变暖时，全球平均气象干旱持续时间将增加 20%，地表和根区土壤水分干旱的干旱持续时间平均增加 2%和−4%，而在 1.5℃变暖时为 5%和 1%。

表 5.4　全球平均的不同变暖水平下的干旱特征

参数	干旱指数	参考	1℃增温情景	1.5℃增温情景	2℃增温情景
干旱面积/%	SPI 气象干旱	12.89	11.38	10.27	8.67
	SPEI 气象干旱	7.22	8.52	11.06	11.80
	SMI_s 表层土壤水分干旱	11.94	12.05	12.71	12.11
	SMI_r 根区土壤水分干旱	13.64	13.33	13.39	12.37
干旱频率/（次/年）	SPI 气象干旱	0.28	0.25	0.23	0.22
	SPEI 气象干旱	0.16	0.19	0.22	0.27
	SMI_s 表层土壤水分干旱	0.21	0.22	0.22	0.24
	SMI_r 根区土壤水分干旱	0.14	0.14	0.14	0.15
干旱历时/月	SPI 气象干旱	5.50	5.38	5.50	5.13
	SPEI 气象干旱	5.13	5.31	5.88	6.14
	SMI_s 表层土壤水分干旱	6.68	6.65	7.02	6.83
	SMI_r 根区土壤水分干旱	11.67	11.45	11.84	11.19

如图 5.11 所示，与参考期相比，大洋洲（93%±10%）和南美洲（79%±10%）等几个大陆，2℃以下的气象干旱频率相显著增加，而在 1.5℃水平下，对应的指标会降低，大洋洲为 52%±8%，南美洲为 47%±7%。欧洲地表土壤水分干旱的频率分别在 1.5℃和 2℃变暖时增加 32%（±5%）和 51%（±6%）。除南美外，

根区土壤水分干旱的干旱频率没有太大增加，在 2℃（1.5℃）情景下增加 31%（15%），欧洲在 2 ℃（1.5 ℃）以下增加 15%（5%）。大陆干旱地区在不同大陆呈现出不同的趋势，非洲、大洋洲和南美洲的干旱面积增加最多，一般不到 10%。在进一步变暖的情况下，几乎所有指数都在六大洲表现出干旱持续时间增加。增加最大的干旱持续时间在非洲，相对于参考期，在 2℃（1.5℃）增加 33%（17%）。在未来变暖的情况下，非洲、欧洲、北美洲和南美洲的地表和根区土壤层中干旱持续时间可能显著增加。

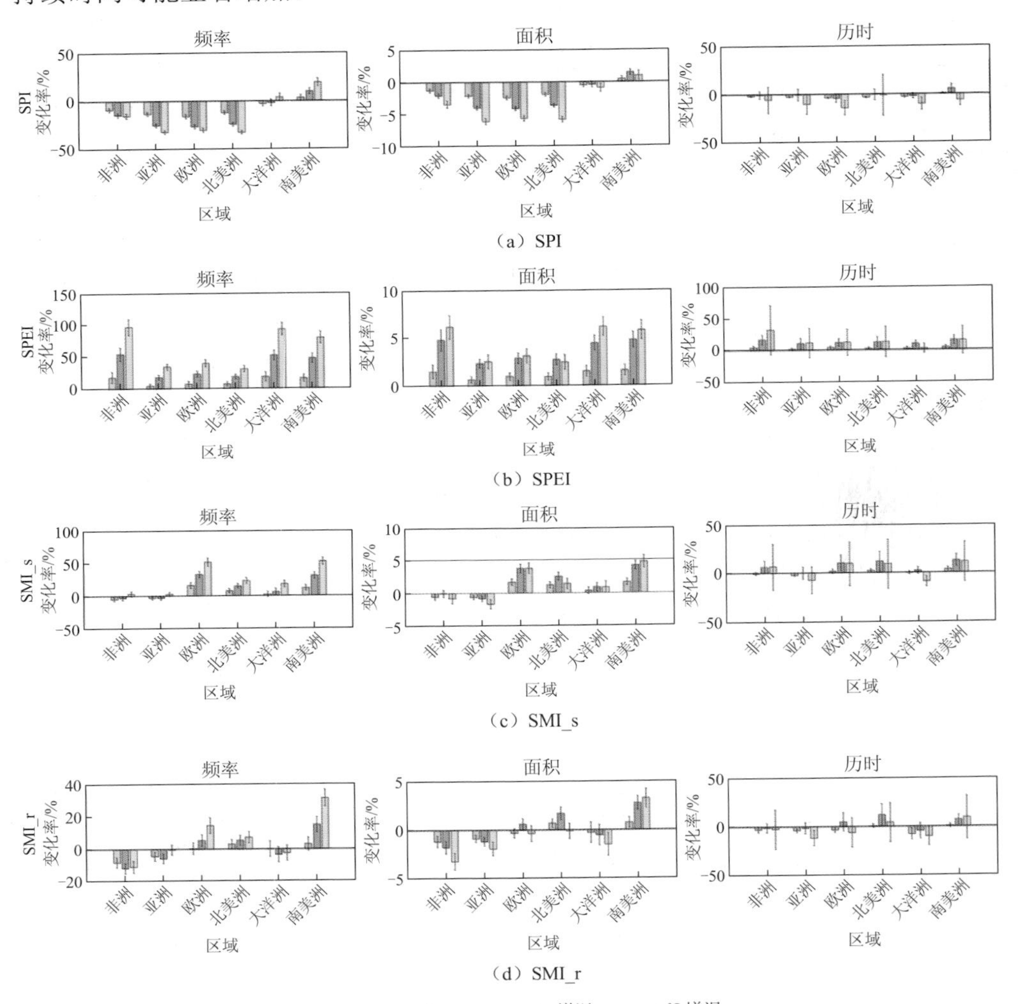

图 5.11　不同全球变暖程度下的区域干旱趋势

5.3.3　全球潜在干旱风险格局

此处采用特定变暖水平的干旱统计数据除以参考时间的干旱统计数据得到潜在干旱风险。SPI 的持续时间和频率通常表明北半球的风险较小，而美国西南部、南美洲、非洲南部、马来群岛和部分澳大利亚预计在进一步变暖后将面临更大的干旱风险。美国西南部的干旱持续时间可能会在 2℃变暖水平下翻倍。在未来变暖的情况下，几乎全世界由 SPEI 代表的气象干旱持续时间会增加。2℃水平下，在美国西南部、非洲和西亚这种风险大约是参考期的两倍。SPEI 的频率可能比持续时间增加得更快。在 2℃的情况下，几乎所有陆地区域的干旱频率呈上升趋势，一些地区的风险超过 4 倍，特别是在非洲北部。而在某些地区，地表土壤水分的干旱风险可能会变大。持续时间和频率在空间上的模式基本一致。美国、南美洲、欧洲、非洲南部、中国南部和澳大利亚可能会遭受更严重的地表土壤水分干旱。然而，加拿大西部、非洲南部和亚洲大部分地区等一些地区可能会缓解频繁和持久的干旱，这与未来变暖后 SPEI 的增长趋势不同。最后，根区土壤水分干旱与不同升温水平下表面土壤水分的空间模式大体一致。然而，其风险可能不如表层土壤水分高，如欧洲和非洲南部。在未来变暖的情况下，预计南美洲北部的干旱频率将显著增加。

5.3.4　全球干旱区和湿润区的格局和趋势对比

已有研究表明，干旱地区预计将比湿润地区面临 44%的变暖威胁。干旱地区和湿润地区的干旱趋势及其在不同变暖水平下的差异如图 5.12 和表 5.5 所示。干旱地区的定义是气候年降水量小于 600 mm 的区域，湿润地区为年降水量大于 600 mm 的区域。当仅考虑降水时，SPI 在干旱地区表现出较少的干旱面积和频率，这主要是由于干旱地区降水增加和湿润地区降水减少的原因。然而，SPEI 在干旱地区和湿润地区没有明显的差异。最大的差异发生在根区层，其中干旱地区的干旱频率比湿润地区小得多（>34%），而干旱持续时间远高于（>40%）湿润地区。在目前和未来的变暖水平下，湿润的土地更容易受到干旱的影响，但可以比干旱地区更快地恢复。

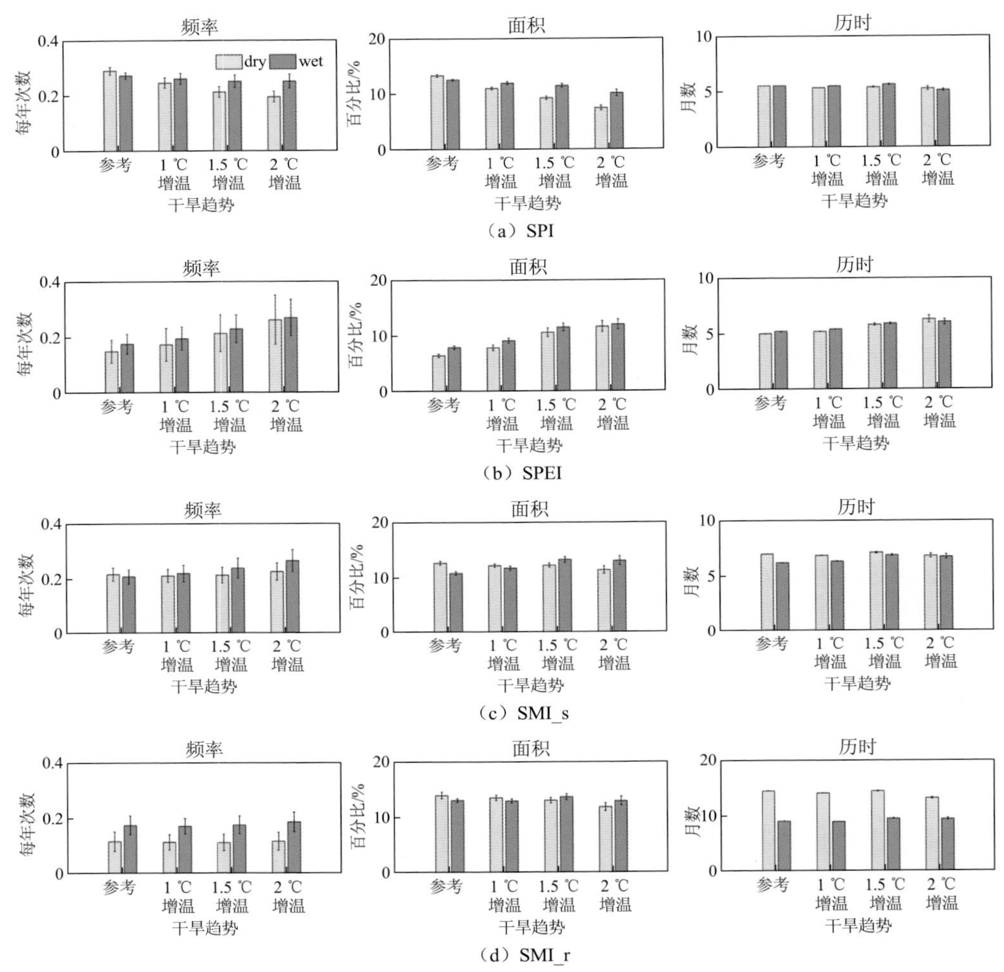

图 5.12　不同全球变暖水平下干旱地区和湿润地区的干旱趋势

表 5.5　干旱地区和湿润地区干旱趋势的差异

参数	干旱指数	参考	1℃增温情景	1.5℃增温情景	2℃增温情景
干旱面积/%	SPI 气象干旱	6	−8	−19	−26
	SPEI 气象干旱	−18	−14	−8	−3
	SMI_s 表层土壤水分干旱	17	4	−8	−13
	SMI_r 根区土壤水分干旱	7	5	−4	−8

续表

参数	干旱指数	参考	1℃增温情景	1.5℃增温情景	2℃增温情景
干旱频率/（次/年）	SPI 气象干旱	6	−6	−15	−22
	SPEI 气象干旱	−15	−11	−7	−3
	SMI_s 表层土壤水分干旱	4	−4	−11	−15
	SMI_r 根区土壤水分干旱	−34	−34	−37	−38
干旱历时/月	SPI 气象干旱	0	−3	−4	3
	SPEI 气象干旱	−4	−4	−1	4
	SMI_s 表层土壤水分干旱	13	8	3	1
	SMI_r 根区土壤水分干旱	60	58	51	40

目前的变暖幅度比前工业化时期已上升近 1℃。此处计算并比较了两个 0.5℃之间的差值，即 1.5℃和 1℃及 2℃和 1.5℃。如图 5.13 所示，在全球平均值上，2℃相对于 1.5℃（后 0.5℃）变暖的干旱面积相对于 1℃相对于 1.5℃（前 0.5℃）变暖而略有下降。然而，干旱频率在 4 个干旱指数中持续增加，SPI 的最大频率变化增加了 5%。与前者相比，后一个 0.5℃的气象干旱预计干旱持续时间减少 6%～9%。

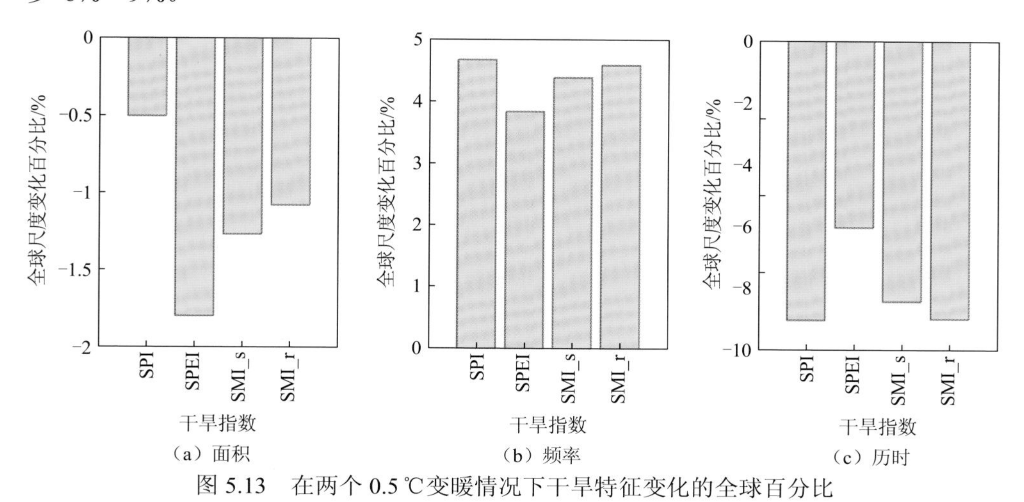

图 5.13　在两个 0.5℃变暖情况下干旱特征变化的全球百分比

如图 5.14 所示，两个 0.5℃间隔的干旱指标的区域变化是不同的。在后者 0.5℃，几乎所有大陆干旱频率都显示出相对于前者 0.5℃的增加，尽管增幅小于 10%。在几乎所有大陆都可以看到干旱面积略有减少。干旱持续时间在这些大陆表现出很大的不一致性，但是非洲的 4 个干旱指数中干旱持续时间呈现一致的减少。

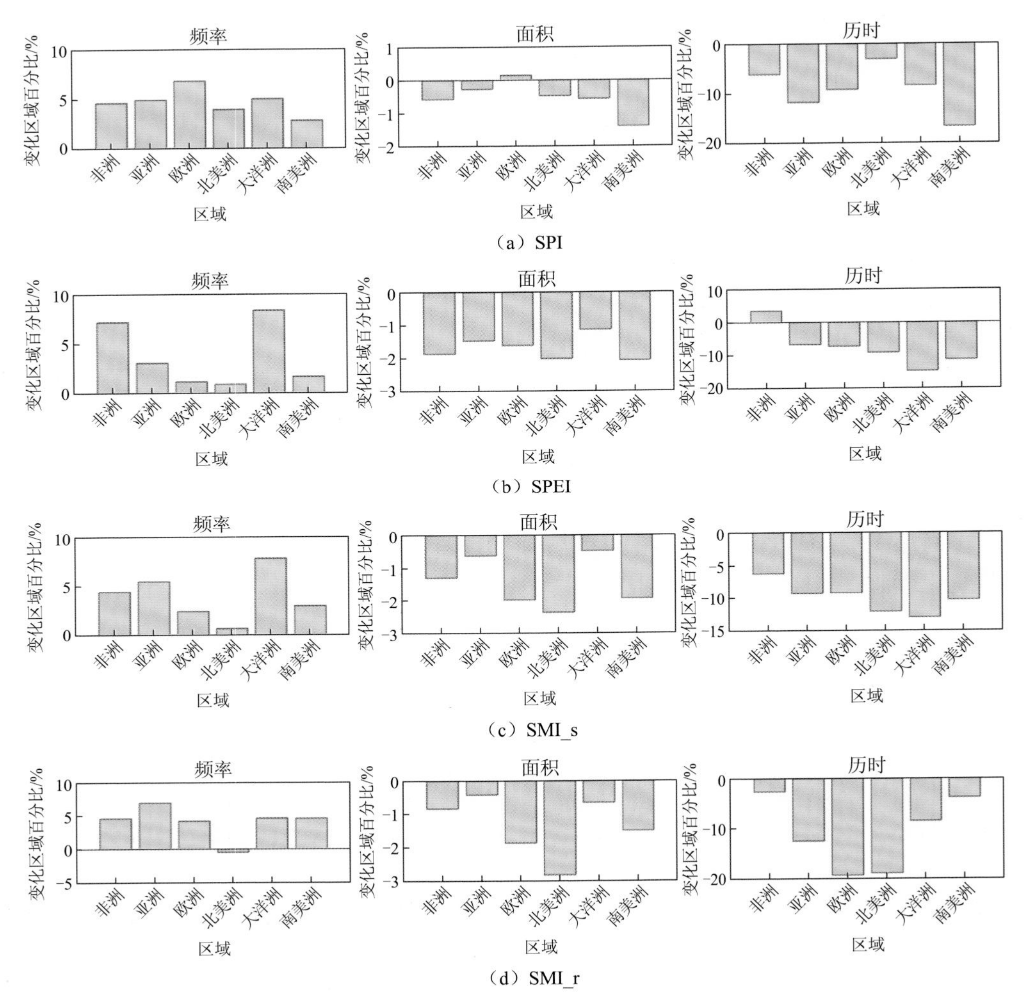

图 5.14　在两种 0.5 ℃变暖情况下干旱特征变化的区域百分比

参 考 文 献

董超华, 1999. 气象卫星业务产品释用手册. 北京: 气象出版社: 155-159.

董金玮, 匡文慧, 刘纪远, 2018. 遥感大数据支持下的全球土地覆盖连续动态监测. 中国科学(地球科学), 48(2): 259-260.

杜灵通, 田庆久, 黄彦, 等, 2012. 基于 TRMM 数据的山东省干旱监测及其可靠性检验. 农业工程学报, 28(2): 121-126.

杜灵通, 田庆久, 王磊, 等, 2014. 基于多源遥感数据的综合干旱监测模型构建. 农业工程学报, 30(9): 126-132.

符淙斌, 马柱国, 2008. 全球变化与区域干旱化. 大气科学, 32(4): 752-760.

何俊琦, 余锦华, 高歌, 等, 2015. 西南地区农业旱情的气象干旱指数适应性研究. 气象科学, 35(4): 454-461.

侯英雨, 何延波, 柳钦火, 等, 2007. 干旱监测指数研究. 生态学杂志, 26(6): 892-897.

蒋桂芹, 裴源生, 翟家齐, 2012. 农业干旱形成机制分析. 灌溉排水学报, 31(6): 84-88.

金菊良, 杨齐祺, 周玉良, 等, 2016. 干旱分析技术的研究进展. 华北水利水电大学学报(自然科学版), 37(2): 1-15.

李德仁, 童庆禧, 李荣兴, 等, 2012. 高分辨率对地观测的若干前沿科学问题. 中国科学(地球科学), 42(6): 805-813.

李耀辉, 周广胜, 袁星, 等, 2017. 干旱气象科学研究: "我国北方干旱致灾过程及机理"项目概述与主要进展. 干旱气象, 35(2): 165-174.

刘宪锋, 朱秀芳, 潘耀忠, 等, 2015. 农业干旱监测研究进展与展望. 地理学报, 70(11): 1835-1848.

刘元波, 傅巧妮, 宋平, 等, 2011. 卫星遥感反演降水研究综述. 地球科学进展, 26(11): 1162-1172.

裴源生, 蒋桂芹, 翟家齐, 2013. 干旱演变驱动机制理论框架及其关键问题. 水科学进展, 24(3): 449-456.

王劲松, 郭江勇, 倾继祖, 2007. 一种K干旱指数在西北地区春旱分析中的应用. 自然资源学报, 22(5): 709-717.

王劲松, 李耀辉, 王润元, 等, 2012. 我国气象干旱研究进展评述. 干旱气象, 30(4): 497-508.

王劲松, 李忆平, 任余龙, 等, 2013. 多种干旱监测指标在黄河流域应用的比较. 自然资源学报, 28(8): 1337-1349.

王鹏新, WAN Z M, 龚建雅, 等, 2003. 基于植被指数和土地表面温度的干旱监测模型. 地球科学进展, 18(4): 527-533.

王鹏新, 龚健雅, 李小文, 2001. 条件植被温度指数及其在干旱监测中的应用. 武汉大学学报(信息科学版), 26(5): 412-418.

王胜, 田红, 张存杰, 等, 2015. 安徽冬麦区4种干旱指数应用对比. 气象科技, 43(2): 295-301.

王素萍, 王劲松, 张强, 等, 2015. 几种干旱指标对西南和华南区域月尺度干旱监测的适用性评价. 高原气象, 34(6): 1616-1624.

王芝兰, 王劲松, 李耀辉, 等, 2013. 标准化降水指数与广义极值分布干旱指数在西北地区应用的对比分析. 高原气象, 32(3): 839-847.

王志伟, 翟盘茂, 2003. 中国北方近50年干旱变化特征. 地理学报, 58(S1): 61-68.

吴霞, 王培娟, 霍治国, 等, 2017. 1961—2015年中国潜在蒸散时空变化特征与成因. 资源科学, 39(5): 964-977.

谢五三, 王胜, 唐为安, 等, 2014. 干旱指数在淮河流域的适用性对比. 应用气象学报, 25(2): 176-184.

许继军, 潘登, 2014. 基于干旱过程模拟的旱情综合评估方法应用研究. 长江科学院院报, 31(10): 16-22.

杨庆, 李明星, 郑子彦, 等, 2017. 7种气象干旱指数的中国区域适应性. 中国科学(地球科学), 47(3): 337-353.

姚玉璧, 张存杰, 邓振镛, 等, 2007. 气象、农业干旱指标综述. 干旱地区农业研究, 25(1): 185-189.

张红丽, 张强, 刘骞, 等, 2016. 中国干旱状况的时空分布特征及影响因素. 兰州大学学报(自然科学版), 52(4): 484-491.

张强, 张良, 崔显成, 等, 2011. 干旱监测与评价技术的发展及其科学挑战. 地球科学进展, 26(7): 763-778.

张强, 韩兰英, 张立阳, 等, 2014. 论气候变暖背景下干旱和干旱灾害风险特征与管理策略. 地球科学进展, 29(1): 81-91.

张强, 姚玉璧, 李耀辉, 等, 2015. 中国西北地区干旱气象灾害监测预警与减灾技术研究进展及其展望. 地球科学进展, 30(2): 196-211.

赵平伟, 郭萍, 李立印, 等, 2017. SPEI及SPI指数在滇西南地区干旱演变中的对比分析. 长江流域资源与环境, 26(1): 162-149.

周磊, 武建军, 张洁, 2015. 以遥感为基础的干旱监测方法研究进展. 地理科学, 35(5): 630-636.

ABDULSHAHEED A, MUSTAPHA F, GHAVAMIAN A, 2017. A pressure-based method for monitoring leaks in a pipe distribution system: A Review. Renewable and Sustainable Energy Reviews, 69: 902-911.

ACUTO M, PARNELL S, SETO K C, 2018. Building a global urban science. Nature Sustainability, 1(1): 2-4.

AGHAKOUCHAK A, FARAHMAND A, MELTON F S, et al., 2015a. Remote sensing of drought: Progress, challenges and opportunities. Reviews of Geophysics, 53(2): 452-480.

AGHAKOUCHAK A, FELDMAN D, HOERLING M, et al., 2015b. Water and climate: Recognize anthropogenic drought. Nature News, 524(7566): 409.

AITSI-SELMI A, EGAWA S, SASAKI H, et al., 2015. The Sendai framework for disaster risk reduction: Renewing the global commitment to people's resilience, health, and well-being. International Journal of Disaster Risk Science, 6(2): 164-176.

ATTARI S Z, 2014. Perceptions of water use. Proceedings of the National Academy of Sciences, 111(14): 5129-5134.

BEERING P S, 2002. Threats on tap: Understanding the terrorist threat to water. Journal of Water Resources Planning and Management, 128(3): 163-167.

BEHMEL S, DAMOUR M, LUDWIG R, et al., 2016. Water quality monitoring strategies: A review and future perspectives. Science of the Total Environment, 571: 1312-1329.

BRACK W, ALTENBURGER R, SCHüüRMANN G, et al., 2015. The SOLUTIONS project: Challenges and responses for present and future emerging pollutants in land and water resources management. Science of the Total Environment, 503: 22-31.

BROWN J F, WARDLOW B D, TADESSE T, et al., 2008. The vegetation drought response index (VegDRI): A new integrated approach for monitoring drought stress in vegetation. GIScience & Remote Sensing, 45(1): 16-46.

BRUVOLD W H, 1979. Residential response to urban drought in central California. Water Resources Research, 15(6): 1297-1304.

BUSKER T, ROO A D, GELATI E, et al., 2019. A global lake and reservoir volume analysis using a surface water dataset and satellite altimetry. Hydrology and Earth System Sciences, 23(2): 669-690.

BUURMAN J, MENS M J P, DAHM R J, 2017. Strategies for urban drought risk management: A comparison of 10 large cities. International Journal of Water Resources Development, 33(1): 31-50.

CAO C, LEE X, LIU S, et al., 2016. Urban heat islands in China enhanced by haze pollution. Nature Communications, 7(1): 1-7.

CARRÃO H, NAUMANN G, BARBOSA P, 2016. Mapping global patterns of drought risk: An empirical framework based on sub-national estimates of hazard, exposure and vulnerability. Global Environmental Change, 39: 108-124.

CHAN F K S, GRIFFITHS J A, HIGGITT D, et al., 2018. "Sponge City" in China: A breakthrough of planning and flood risk management in the urban context. Land Use Policy, 76: 772-778.

CHEN C, PARK T, WANG X, et al., 2019. China and India lead in greening of the world through land-use management. Nature Sustainability, 2(2): 122-129.

CIAIS P, REICHSTEIN M, VIOVY N, et al., 2005. Europe-wide reduction in primary productivity caused by the heat and drought in 2003. Nature, 437(7058): 529-533.

CREED I F, LANE C R, SERRAN J N, et al., 2017. Enhancing protection for vulnerable waters. Nature geoscience, 10(11): 809-815.

DALIN C, KONAR M, HANASAKI N, et al., 2012. Evolution of the global virtual water trade network. Proceedings of the National Academy of Sciences, 109(16): 5989-5994.

DIFFENBAUGH N S, SWAIN D L, TOUMA D, 2015. Anthropogenic warming has increased drought risk in California. Proceedings of the National Academy of Sciences, 112(13): 3931-3936.

DILLING L, DALY M E, KENNEY D A, et al., 2019. Drought in urban water systems: Learning lessons for climate adaptive capacity. Climate Risk Management, 23: 32-42.

DUTTA D, KUNDU A, PATEL N R, et al., 2015. Assessment of agricultural drought in Rajasthan (India) using remote sensing derived vegetation condition index (VCI) and standardized precipitation index (SPI). The Egyptian Journal of Remote Sensing and Space Science, 18(1): 53-63.

ELIMELECH M, PHILLIP W A, 2011. The future of seawater desalination: Energy, technology, and the environment. Science, 333(6043): 712-717.

FLÖRKE M, SCHNEIDER C, MCDONALD R I, 2018. Water competition between cities and agriculture driven by climate change and urban growth. Nature Sustainability, 1(1): 51-58.

GAMPE D, NIKULIN G, LUDWIG R, 2016. Using an ensemble of regional climate models to assess climate change impacts on water scarcity in European river basins. Science of the Total Environment, 573: 1503-1518.

GLEICK P H, 1998. The human right to water. Water policy, 1(5): 487-503.

GRAFTON R Q, PITTOCK J, DAVIS R, et al., 2013. Global insights into water resources, climate change and governance. Nature Climate Change, 3(4): 315-321.

GRANT S B, FLETCHER T D, FELDMAN, et al., 2013. Adapting urban water systems to a changing climate: Lessons from the millennium drought in southeast Australia. Environmental Science & Technology, 47(19): 10727-10734.

GREVE P, KAHIL T, MOCHIZUKI J, et al., 2018. Global assessment of water challenges under uncertainty in water scarcity projections. Nature Sustainability, 1(9): 486-494.

GRIGGS D, STAFFORD-SMITH M, GAFFNEY O, et al., 2013. Sustainable development goals for people and planet. Nature, 495(7441): 305-307.

GROOPMAN A, 1968. Effects of the northeast water crisis on the New York City water supply system. Journal-American Water Works Association, 60(1): 37-47.

HADDELAND I, HEINKE J, BIEMANS H, et al., 2014. Global water resources affected by human interventions and climate change. Proceedings of the National Academy of Sciences, 111(9): 3251-3256.

HANIGAN I C, BUTLER C D, KOKIC P N, et al., 2012. Suicide and drought in new South Wales, Australia, 1970–2007. Proceedings of the National Academy of Sciences, 109(35): 13950-13955.

HERING D, CARVALHO L, ARGILLIER C, et al., 2015. Managing aquatic ecosystems and water resources under multiple stress: An introduction to the MARS project. Science of the Total Environment, 503: 10-21.

HOERLING M, EISCHEID J, KUMAR A, et al., 2014. Causes and predictability of the 2012 Great Plains drought. Bulletin of the American Meteorological Society, 95(2): 269-282.

HOU D, AL-TABBAA A, 2014. Sustainability: A new imperative in contaminated land remediation. Environmental Science & Policy, 39: 25-34.

HOWELLS M, HERMANN S, WELSCH M, et al., 2013. Integrated analysis of climate change, land-use, energy and water strategies. Nature Climate Change, 3(7): 621-626.

HUANG S, LI P, HUANG Q, et al., 2017. The propagation from meteorological to hydrological drought and its potential influence factors. Journal of Hydrology, 547: 184-195.

IMMERZEEL W W, VAN BEEK L P H, BIERKENS M F P, 2010. Climate change will affect the Asian water towers. Science, 328(5984): 1382-1385.

JACKSON R D, IDSO S B, REGINATO R J, et al., 1981. Canopy temperature as a crop water stress indicator. Water Resources Research, 17(4): 1133-1138.

JARAMILLO F, DESTOUNI G, 2015. Local flow regulation and irrigation raise global human water consumption and footprint. Science, 350(6265): 1248-1251.

JONES E, VAN VLIET M T H, 2018. Drought impacts on river salinity in the southern US: Implications for water scarcity. Science of the Total Environment, 644: 844-853.

KHAJEHEI S, MORADKHANI H, 2017. Towards an improved ensemble precipitation forecast: A probabilistic post-processing approach. Journal of Hydrology, 546: 476-489.

KOGAN F N, 1995. Droughts of the late 1980s in the United States as derived from NOAA polar-orbiting satellite data. Bulletin of the American Meteorological Society, 76(5): 655-668.

KOGAN F N, 1997. Global drought watch from space. Bulletin of the American Meteorological Society, 78(4): 621-636.

LESK C, ROWHANI P, RAMANKUTTY N, 2016. Influence of extreme weather disasters on global crop production. Nature, 529(7584): 84-87.

LI R, TSUNEKAWA A, TSUBO M, 2014. Index-based assessment of agricultural drought in a semi-arid region of Inner Mongolia, China. Journal of Arid Land, 6(1): 3-15.

LIU L, LIAO J, CHEN X, et al., 2017. The microwave temperature vegetation drought index (MTVDI) based on AMSR-E brightness temperatures for long-term drought assessment across China (2003–2010). Remote Sensing of Environment, 199: 302-320.

MAO Y, NIJSSEN B, LETTENMAIER D P, 2015. Is climate change implicated in the 2013–2014 California drought? A hydrologic perspective. Geophysical Research Letters, 42(8): 2805-2813.

MAZDIYASNI O, AGHAKOUCHAK A, 2015. Substantial increase in concurrent droughts and heatwaves in the United States. Proceedings of the National Academy of Sciences, 112(37): 11484-11489.

MCKEE T B, DOESKEN N J, KLEIST J, 1993. The relationship of drought frequency and duration to time scales. Proceedings of the 8th Conference on Applied Climatology, 17(22): 179-183.

MISHRA V, CHERKAUER K A, 2010. Retrospective droughts in the crop growing season: Implications to corn and soybean yield in the Midwestern United States. Agricultural and Forest Meteorology, 150(7-8): 1030-1045.

MOMBLANCH A, PAREDES-ARQUIOLA J, MUNNéA, et al., 2015. Managing water quality under drought conditions in the Llobregat River Basin. Science of the Total Environment, 503: 300-318.

MOREHOUSE B J, CARTER R H, TSCHAKERT P, 2002. Sensitivity of urban water resources in Phoenix, Tucson, and Sierra Vista, Arizona, to severe drought. Climate Research, 21(3): 283-297.

MU Q, ZHAO M, KIMBALL J S, et al., 2013. A remotely sensed global terrestrial drought severity index. Bulletin of the American Meteorological Society, 94(1): 83-98.

NAVARRO-ORTEGA A, ACUNA V, BELLIN A, et al., 2015. Managing the effects of multiple stressors on aquatic ecosystems under water scarcity. The GLOBAQUA project. Science of the Total Environment, 503: 3-9.

O'LOUGHLIN J, WITMER F D W, LINKE A M, et al., 2012. Climate variability and conflict risk in East Africa, 1990–2009. Proceedings of the National Academy of Sciences, 109(45): 18344-18349.

OTKIN J A, ANDERSON M C, HAIN C, et al., 2016. Assessing the evolution of soil moisture and vegetation conditions during the 2012 United States flash drought. Agricultural and Forest Meteorology, 218: 230-242.

PALMER W C, 1965. Meteorological Drought. US Department of Commerce, Weather Bureau.

PALMER L, 2018. Urban agriculture growth in US cities. Nature Sustainability, 1(1): 5-7.

PIAO S, CIAIS P, HUANG Y, et al., 2010. The impacts of climate change on water resources and agriculture in China. Nature, 467(7311): 43-51.

PISTOCCHI A, UDIAS A, GRIZZETTI B, et al., 2017. An integrated assessment framework for the analysis of multiple pressures in aquatic ecosystems and the appraisal of management options. Science of the Total Environment, 575: 1477-1488.

PORSE E, MIKA K B, LITVAK E, et al., 2018. The economic value of local water supplies in Los Angeles. Nature Sustainability, 1(6): 289-297.

PRIHODKO L, GOWARD S N, 1997. Estimation of air temperature from remotely sensed surface observations. Remote Sensing of Environment, 60(3): 335-346.

RHEE J, IM J, CARBONE G J, 2010. Monitoring agricultural drought for arid and humid regions using multi-sensor remote sensing data. Remote Sensing of Environment, 114(12): 2875-2887.

RODELL M, FAMIGLIETTI J S, WIESE D N, et al., 2018. Emerging trends in global freshwater availability. Nature, 557(7707): 651-659.

SACHS J D, 2013. High stakes at the UN on the Sustainable Development Goals. Lancet, 382(9897): 1001-1002.

SANDHOLT I, RASMUSSEN K, ANDERSEN J, 2002. A simple interpretation of the surface temperature/vegetation index space for assessment of surface moisture status. Remote Sensing of Environment, 79(2-3): 213-224.

SAROJINI B B, STOTT P A, BLACK E, 2016. Detection and attribution of human influence on regional precipitation. Nature Climate Change, 6(7): 669-675.

SHERIDAN S C, LEE C C, 2018. Temporal trends in absolute and relative extreme temperature events across North America. Journal of Geophysical Research: Atmospheres, 123(21): 11889-11898.

SRINIVASAN V, SANDERSON M, GARCIA M, et al., 2017. Prediction in a socio-hydrological world. Hydrological Sciences Journal, 62(3): 338-345.

STEDUTO P, FAURèS J M, HOOGEVEEN J, et al., 2012. Coping with water scarcity: An action framework for agriculture and food security. FAO Water Reports, 16: 78.

SUN Y, FU R, DICKINSON R, et al., 2015. Drought onset mechanisms revealed by satellite solar-induced chlorophyll fluorescence: Insights from two contrasting extreme events. Journal of Geophysical Research: Biogeosciences, 120(11): 2427-2440.

SVOBODA M, LECOMTE D, HAYES M, et al., 2002. The drought monitor. Bulletin of the American Meteorological Society, 83(8): 1181-1190.

TAYLOR R G, SCANLON B, DÖLL P, et al., 2013. Ground water and climate change. Nature Climate Change, 3(4): 322-329.

TRENBERTH K E, DAI A, VAN DER SCHRIER G, et al., 2014. Global warming and changes in drought. Nature Climate Change, 4(1): 17-22.

TRENBERTH K E, FASULLO J TSHEPHERD T G, 2015. Attribution of climate extreme events.

Nature Climate Change, 5(8): 725-730.

TUCKER C J, 1979. Red and photographic infrared linear combinations for monitoring vegetation. Remote Sensing of Environment, 8(2): 127-150.

TUCKER C J, CHOUDHURY B J, 1987. Satellite remote sensing of drought conditions. Remote Sensing of Environment, 23(2): 243-251.

TURNER B L, KASPERSON R E, MATSON P A, et al., 2003a. A framework for vulnerability analysis in sustainability science. Proceedings of the National Academy of Sciences, 100(14): 8074-8079.

TURNER B L, MATSON P A, MCCARTHY J J, et al., 2003b. Illustrating the coupled human-environment system for vulnerability analysis: Three case studies. Proceedings of the National Academy of Sciences, 100(14): 8080-8085.

TURNER B L, 2010. Vulnerability and resilience: Coalescing or paralleling approaches for sustainability science? Global Environmental Change, 20(4): 570-576.

TURNER S W D, BENNETT J C, ROBERTSON D E, et al., 2017. Complex relationship between seasonal streamflow forecast skill and value in reservoir operations. Hydrology and Earth System Sciences, 21(9): 4841-4859.

VAN LOON A F, 2015. Hydrological drought explained. Wiley Interdisciplinary Reviews: Water, 2(4): 359-392.

VAN LOON A F, VAN HUIJGEVOORT M H J, VAN LANEN H A J, 2012. Evaluation of drought propagation in an ensemble mean of large-scale hydrological models. Hydrology and Earth System Sciences, 16(11): 4057-4078.

VAN LOON A F, GLEESON T, CLARK J, et al., 2016. Drought in the Anthropocene. Nature Geoscience, 9(2): 89-91.

VICENTE-SERRANO S M, GOUVEIA C, CAMARERO J J, et al., 2013. Response of vegetation to drought time-scales across global land biomes. Proceedings of the National Academy of Sciences, 110(1): 52-57.

VON UEXKULL N, CROICU M, FJELDE H, et al., 2016. Civil conflict sensitivity to growing-season drought. Proceedings of the National Academy of Sciences, 113(44): 12391-12396.

VÖRÖSMARTY C J, MCINTYRE P B, GESSNER M O, et al., 2010. Global threats to human water security and river biodiversity. Nature, 467(7315): 555-561.

WAN W, ZHAO J, WANG J, 2019. Revisiting water supply rule curves with hedging theory for climate change adaptation. Sustainability, 11(7): 1827.

WANG L, QU J J, 2007. NMDI: A normalized multi-band drought index for monitoring soil and vegetation moisture with satellite remote sensing. Geophysical Research Letters, 34(20): L20405.

WHITE G F, 1935. Shortage of public water supplies in the United States during 1934. Journal

American Water Works Association, 27(7): 841-854.

WILHITE D A, GLANTZ M H, 1985. Understanding: The drought phenomenon: The role of definitions. Water international, 10(3): 111-120.

WRIGHT D J, WANG S, 2011. The emergence of spatial cyberinfrastructure. Proceedings of the National Academy of Sciences, 108(14): 5488-5491.

WU J, ZHOU L, LIU M, et al., 2013. Establishing and assessing the integrated surface drought index (ISDI) for agricultural drought monitoring in mid-eastern China. International Journal of Applied Earth Observation and Geoinformation, 23: 397-410.

WU J S, LEE J J, 2015. Climate change games as tools for education and engagement. Nature Climate Change, 5(5): 413-418.

XIA J, ZHANG Y, XIONG L H, et al., 2017. Opportunities and challenges of the Sponge City construction related to urban water issues in China. Science China Earth Sciences, 60(4): 652-658.

ZAWAHRI N A, 2009. India, Pakistan and cooperation along the Indus River system. Water Policy, 11(1): 1-20.

ZHANG D, ZHANG Q, QIU J, et al., 2018a. Intensification of hydrological drought due to human activity in the middle reaches of the Yangtze River, China. Science of the Total Environment, 637: 1432-1442.

ZHANG L, JIAO W, ZHANG H, et al., 2017c. Studying drought phenomena in the Continental United States in 2011 and 2012 using various drought indices. Remote Sensing of Environment, 190: 96-106.

ZHANG Q, 2009. The South-to-North Water Transfer Project of China: Environmental implications and monitoring strategy 1. Journal of the American Water Resources Association, 45(5): 1238-1247.

ZHANG X, 2013. Going green: initiatives and technologies in Shanghai World Expo. Renewable and Sustainable Energy Reviews, 25: 78-88.

ZHANG X, CHEN N, LI J, et al., 2017a. Multi-sensor integrated framework and index for agricultural drought monitoring. Remote Sensing of Environment, 188: 141-163.

ZHANG X, OBRINGER R, WEI C, et al., 2017b. Droughts in India from 1981 to 2013 and implications to wheat production. Scientific Reports, 7(1): 1-12.

ZHANG X, WEI C, OBRINGER R, et al., 2017d. Gauging the severity of the 2012 Midwestern US drought for agriculture. Remote Sensing, 9(8): 767.

ZHANG X, CHEN N, CHEN Z, et al., 2018b. Geospatial sensor web: A cyber-physical infrastructure for geoscience research and application. Earth-Science Reviews, 185: 684-703.

ZUBAIDI S L, GHARGHAN S K, DOOLEY J, et al., 2018. Short-term urban water demand prediction considering weather factors. Water Resources Management, 32(14): 4527-4542.

附录　中英文对照表

英文简称	英文全称	中文名
AAE	average absolute error	绝对误差平均值
ADW	angular distance weight	角距离权重
AE	absolute error	绝对误差
AIEM	advanced integral equation model	改进的积分方程模型
AMSR2	advanced microwave scanning radiometer 2	高级微波扫描辐射计二代
AMSR-E	advanced microwave scanning radiometer for Earth observation satellite	对地观测高级微波扫描辐射计
AMSU	advanced microwave sounding unit	先进微波探测单元
ARE	average relative error	平均相对误差
ASCAT	advanced scatterometer	先进散射计
AVHRR	advanced very high-resolution radiometer	高级甚高分辨率辐射仪
B&R	The Belt and Road Initiatives	“一带一路”倡议
BCC	Beijing Climate Center	北京气候中心
C-C	Clausius-Clapeyron	克劳修斯-克拉珀龙
CCI	Climate Change Initiative	气候变化倡议
CDF	cumulative distribution function	累计分布函数
CDR	climate data record	气候数据记录
CFS	coupled forest system	耦合预报系统
CHES	coupled human-environment system	人地耦合系统
CHIRPS	climate hazards group infrared precipitation with station data	气候灾害组织融合地面站点的红外降水数据
CHRS	Center for Hydrometeorology and Remote Sensing	水文气象遥感中心
CI	composite index	综合气象干旱指数
CINew	composite index new	改进的综合气象干旱指数
CLM	community land model	通用陆面模型
CM	climate model	气候模型
CMA	China Meteorological Administration	中国气象局
CMC	Canadian Meteorological Center	加拿大气象中心

续表

英文简称	英文全称	中文名
CMDC	China Meteorological Data Center	中国气象资料服务中心
CMG	climate modeling grid	气候模型网格
CMIP5	coupled model intercomparison project phase 5	耦合模式比较计划第五阶段
CMORPH	climate prediction center morphing technique	气候预测中心变形技术
CNN	convolutional neural network	卷积神经网络
CPC	Climate Prediction Center	气候预测中心
CPS	cyber-physical system	信息物理系统
CREST	core research for evolutional science and technology	演化科学与技术核心研究
CRU	Climatic Research Unit	气候研究中心
CSM	climate system model	气候系统模型
CWDI	crop water deficit index	作物水分亏缺指数
CWM	conjunctive water management	联合水管理
CWSI	crop water stress index	作物水分胁迫指数
DEM	digital elevation model	数字高程模型
DoY	day of the year	某年中的某日
DMSP	Defense Meteorological Satellite Program	国防气象卫星计划
DSI	drought severity index	干旱严重指数
ECMWF	European Centre for Medium-Range Weather Forecasts	欧洲中期天气预报中心
EM	ensemble mean	集合均值
ENSO	El Nino-Southern Oscillation	厄尔尼诺-南方涛动
ENVI	environment for visualizing images	可视化影像环境
EPMC	evolution process-based multi-sensor collaboration	基于演化过程的多传感器协同
ERA-5	5th major atmospheric reanalysis	第五代大气再分析
ESA	European Space Agency	欧洲空间局
ESI	evaporative stress index	蒸发胁迫指数
FAO	Food and Agriculture Organization of the United Nations	联合国粮食及农业组织
FIRO	forecast informed reservoir operations	基于预测告知的水库运营
FNN	forward neural network	前馈神经网络
FP	forward processing	向前处理
FP7	7th Framework Programme	欧盟第七框架计划
GCM	general circulation model	大气环流模型
GEE	Google Earth Engine	谷歌地球引擎

续表

英文简称	英文全称	中文名
GEOS	Goddard Earth Observing System	戈达德对地观测系统
GEVI	generalized extreme value index	广义极值分布指数
GFDL	Geophysical Fluid Dynamics Laboratory	地球物理流体动力学实验室
GHCN	global historical climatology network	全球历史气候网络
GIMMS	global inventory monitoring and modeling system	模拟与制图研究全球数据集
GLDAS	global land data assimilation system	全球陆表数据同化系统
GMAO	Global Modeling and Assimilation Office	全球建模和同化办公室
GMI	global microwave imager	全球微波成像仪
GPCC	Global Precipitation Climatology Centre	全球降水气候中心
GPM	global precipitation measurement	全球降水测量
GPS	global positioning system	全球定位系统
GSMap	global satellite mapping of precipitation	全球卫星降水测图
GSI	Gini-Simpson index	基尼-辛普森指数
GTS	global telecommunication system	全球电信系统
IDL	interface define language	接口定义语言
IEM	integral equation model	积分方程模型
IGBP	International Geosphere Biosphere Programme	国际陆界生物圈方案
IGP	Indus-Ganges River Plain	印度河-恒河平原
ILR	Interlinking of Rivers	河流互联项目
IR	infrared spectroscopy	红外光谱
IMERG	integrated multi-satellite retrievals for GPM	全球降水测量综合多卫星反演
IPCC	Intergovernmental Panel on Climate Change	政府间气候变化专门委员会
IRI	international research institute	国际研究机构
ISDI	integrated surface drought index	地表干旱综合指数
ISMN	international soil moisture network	国际土壤水分网络
ITU	International Telecommunication Union	国际电信联盟
ITU-T	International Telecommunication Union Telecommunication Standardization Sector	国际电信联盟标准化组织
JAXA	Japan Aerospace Exploration Agency	日本宇宙航空研究开发机构
JMA	Japan Meteorological Agency	日本气象机构
JRA-55	Japanese 55-year reanalysis	日本 55 年再分析
JST	Japan Science and Technology Agency	日本科学技术厅

续表

英文简称	英文全称	中文名
K-S	Kolmogorov-Smirnov	柯尔莫哥罗夫-斯米尔诺夫
LAI	leaf area index	叶面积指数
LDEO	Lamont-Doherty Earth Observatory	拉蒙特-多尔蒂地球观测站
L-MEB	l-band microwave emission of biosphere	L 波段生物微波辐射
LPRM	land parameter retrieval model	地表参数反演模型
LSM	land surface model	陆面过程模型
LST	land surface temperature	地表温度
LULC	land use and land cover	土地利用与土地覆盖
MARS	managing auqatic ecosystems and water resources under multiple stress	多重压力下水生态系统和水资源管理项目
MCI	meteorological drought composite index	气象干旱综合指数
MERRA-2	Modern-Era Retrospective analysis for Research and Applications，version 2	研究和应用的现代时代回顾性分析第 2 版
METROMEX	METROpolitan Meteorological Experiment	大都市气象观测试验计划
MHS	microwave humidity sounder	微波湿度探测仪
MI	moisture index	相对湿润度指数
MJO	Madden-Julian Oscillation	季节内振荡
MODIS	moderate resolution imaging spectroradiometer	中分辨率成像光谱仪
NASA	National Aeronautics and Space Administration	（美国）国家航空航天局
NASS	National Agricultural Statistics Service	国家农业统计服务
NCAR	National Center for Atmospheric Research	国家大气研究中心
NCEP	National Centers for Environmental Prediction	国家环境预测中心
NIDIS	national integrated drought information system	国家集成干旱信息系统
NDMI	normalized difference moisture index	归一化湿度指数
NDVI	normalized difference vegetation index	归一化植被指数
MetOp	meteorological operational satellite	气象运行卫星
NLDAS	North American Land Data Assimilation System	北美陆表数据同化系统
NMME	North American Multi-Model Ensemble	北美多模式集合
NOAA	National Oceanic and Atmospheric Administration	美国国家海洋和大气管理局
NSE	Nash-Sutcliffe efficiency coefficient	纳什效率系数
NWCC	National Water and Climate Center	国家水和气候中心

续表

英文简称	英文全称	中文名
MFC	moisture flux convergence of	水汽通量辐合
MRLC	Multi-Resolution Land Characteristics Consortium	多分辨率土地特征联盟
MSWEP	multi-source weighted-ensemble precipitation	多源加权集合降水
MTVDI	microwave temperature vegetation drought index	微波温度-植被干旱指数
OGD	open government data	开放政府数据
OLI	operational land imager	陆地成像仪
OOR	one-outlier-removed	剔除一离群值
OVDI	optimized vegetation drought index	优化的植被干旱指数
PA	precipitation anomaly	降水异常
PADI	process-based accumulated drought index	基于过程的累计干旱指数
PCC	Pearson correlation coefficient	皮尔逊相关系数
PCI	precipitation condition index	降水状态指数
PDSI_CN	Palmer drought severity index_China	基于中国台站观测数据的帕尔默干旱指数
PDSI	Palmer drought severity index	帕尔默干旱严重度指数
PENSOP	potential El Nino-Southern Oscillation predictability	潜在厄尔尼诺-南方涛动可预测性
PERSIANN	precipitation estimation from remotely sensed information using artificial neural networks	基于遥感信息和人工神经网络的降水估计
PPP	potential predictability of precipitation	潜在降水可预测性
PSSTP	potential sea surface temperature predictability	潜在海表温度可预报性
QM	quantile mapping	分位数映射
RCM	regional climate model	区域气候模型
RCP	representative concentration pathways	代表性浓度路径
RE	relative error	相对误差
RFI	radio frequency interference	射频干扰
RIKEN	RIkagaku KENkyusho Institute of Physical and Chemical Research	日本理化学研究所
RMSE	root mean square error	均方根误差
RZSM	root zone soil moisture	根区土壤水分
SAR	synthetic aperture radar	合成孔径雷达
SCAN	soil climate analysis network	土壤气象分析网络

续表

英文简称	英文全称	中文名
SCA-V	single channel algorithm-vertical	单通道垂直算法
scPDSI	self-calibrating Palmer drought severity index	自适应帕尔默干旱指数
SD	standard deviation	标准差
SDAT	standard drought analysis toolbox	标准化干旱分析工具箱
SDCI	scaled drought condition index	归一化旱情综合指数
SDI	synthesized drought index	综合干旱指数
SDGs	sustainable development goals	可持续发展目标
SETI	standardized evapotranspiration index	标准化蒸散指数
SICR	satellite in-situ collaboration reconstruction	星地协同重建
SIF	solar-induced chlorophyll fluorescence	日光诱导叶绿素荧光
SM	soil moisture	土壤水分
SMAP	soil moisture active passive	主被动土壤水分
SMCI	soil moisture condition index	土壤水分状态指数
SMI	soil moisture index	土壤水分指数
SMOS	soil moisture and ocean salinity	土壤水分和海洋盐度
SMOS-IC	SMOS-INRA-CESBIO	土壤水分和海洋盐度卫星-国家农学研究所-生物圈空间研究中心
SNR	signal noise ratio	信噪比
SOFSME	SAR-optical data fusion method for soil moisture estimation	基于合成孔径雷达和光学数据融合的土壤水分估算
SSMIS	special sensor microwave imager sounder	专用传感器微波成像仪
SPI	standardized precipitation index	标准化降水指数
SPEI	standardized precipitation evapotranspiration index	标准化降水蒸散指数
SRI	standardized runoff index	标准化径流指数
SRHI	standardized relative humidity index	标准化相对湿度指数
SSI	standardized soil moisture index	标准化土壤水分指数
SSM	surface soil moisture	表层土壤水分
SSM/I	special sensor microwave/imager	特殊传感器微波/成像仪
SST	sea surface temperature	海表温度
SWM	smart water management	智能水管理
TB	brightness temperature	亮度温度

续表

英文简称	英文全称	中文名
TC	triple-collocation	三重组合分析
TCH	three-cornered hat	三角帽
TCI	temperature condition index	温度状态指数
TMI	TRMM microwave imager	热带雨量测量任务微波成像仪
TMPA	TRMM multi-satellite precipitation analysis	热带雨量测量任务多卫星降水分析
TRMM	tropical rainfall measuring mission	热带雨量测量任务
TVDI	temperature vegetation drought index	温度-植被干旱指数
ubRMSE	unbiased root mean square error	无偏均方根误差
UCSB	University of California Santa Barbara	加利福尼亚大学圣塔芭芭拉分校
UDEL	University of Delaware	特拉华大学
UIQI	universal image quality index	通用图像质量指数
USDA	United States Department of Agriculture	美国农业部
USDM	United States Drought Monitor	美国干旱监测器
USGS	United States Geological Survey	美国地质调查局
VCI	vegetation condition index	植被状态指数
VegDRI	vegetation drought response index	植被干旱响应指数
VHI	vegetation health index	植被健康指数
VHP	vegetation health product	植被健康产品
VIS	visual spectral	可见光光谱
VOD	vegetation optical depth	植被光学厚度
VTCI	vegetation temperature condition index	条件植被温度指数
VSWI	vegetation supply water index	植被供水指数
VWC	vegetation water content	植被含水量
WFD	watch forcing data	观测强迫数据
WFDEI	WATCH Forcing Data methodology applied to ERA-Interim data	应用于大气再分析临时数据的观测强迫数据方法
WMO	World Meteorological Organization	世界气象组织
WRF	wavelet random forest	小波随机森林
WSVM	wavelet support vector machine	小波支持向量机
WTO	World Trade Organization	世界贸易组织
YAI	yield anomaly index	产量异常指数
YRB	Yangtze River Basin	长江流域

编 后 记

《博士后文库》是汇集自然科学领域博士后研究人员优秀学术成果的系列丛书。《博士后文库》致力于打造专属于博士后学术创新的旗舰品牌，营造博士后百花齐放的学术氛围，提升博士后优秀成果的学术和社会影响力。

《博士后文库》出版资助工作开展以来，得到了全国博士后管委会办公室、中国博士后科学基金会、中国科学院、科学出版社等有关单位领导的大力支持，众多热心博士后事业的专家学者给予积极的建议，工作人员做了大量艰苦细致的工作。在此，我们一并表示感谢！

《博士后文库》编委会